高等院校通识课系列"新形态"规划教材

计算思维与人工智能

主 编 刘卫国

本书资源使用说明

北京邮电大学出版社
·北京·

内容简介

本书根据教育部高等学校大学计算机课程教学指导委员会提出的《新时代大学计算机基础课程教学基本要求》，并融入新一代信息技术编写而成。全书共分为8章，包括计算与计算思维、问题求解与算法基础、数据表示与编码、计算机系统、操作系统基础、网络应用与网络安全、数据管理与数据分析、人工智能基础与应用。

本书以计算思维能力培养为切入点，坚持问题导向，通过编程实践来阐释基本概念和基本原理，将程序实现贯穿于新技术的学习与应用之中，可帮助读者在解决实际问题的过程中提升对新技术的认知能力，理解新技术在学科交叉融合中的重要作用，培养计算思维能力和信息素养。

本书配有《计算思维与人工智能实践教程》教学参考书，便于教师教学和学生自学。本书可作为高等学校"大学计算机"或"人工智能通识课"课程的教材，也可供计算机应用或专业技术人员阅读参考。

图书在版编目(CIP)数据

计算思维与人工智能 / 刘卫国主编. -- 北京 : 北京邮电大学出版社, 2025.(2025重印). -- ISBN 978-7-5635-7521-3

Ⅰ. O241; TP18

中国国家版本馆CIP数据核字第2025GS2527号

策划编辑：韩　霞　　**责任编辑**：韩　霞　　**封面设计**：广信达雅

出版发行：北京邮电大学出版社
社　　址：北京市海淀区西土城路10号(100876)
电话传真：010-82333010　62282185(发行部)　010-82333009　62283578(传真)
网　　址：www.buptpress3.com
电子信箱：buptpress3@163.com
经　　销：各地新华书店
印　　刷：鸿博睿特(天津)印刷科技有限公司
开　　本：787 mm×1 092 mm　1/16
印　　张：18.5
字　　数：460千字
版　　次：2025年4月第1版
印　　次：2025年8月第2次印刷

ISBN 978-7-5635-7521-3　　定价：56.80元

前言

“大学计算机”课程作为高等学校计算机基础教育的起点，承担着普及信息技术知识、提升大学生计算思维能力和信息技术应用水平的重要任务。通过这门课程，学生将能全面了解计算机科学的概貌，构建持续学习和应用计算机的知识框架，培养应用计算机的能力，能有意识地在自己的专业领域中借鉴、引入计算机科学中的原理、技术和方法，从而在更高的层次上运用计算机分析和解决实际问题。

党的二十大报告指出：“当前，世界百年未有之大变局加速演进，新一轮科技革命和产业变革深入发展，国际力量对比深刻调整，我国发展面临新的战略机遇。”信息技术作为推动新一轮科技革命和产业变革的重要力量，愈发凸显其国家战略地位的重要性。当前，新一代信息技术，如云计算、物联网、区块链、大数据和人工智能等，正在以惊人的速度蓬勃发展，并逐渐渗透经济社会的各个角落，极大地促进了传统生产方式向数字化、网络化和智能化转型。在新的时代背景下，“大学计算机”课程必须紧密结合信息技术发展的最新趋势和人才培养的现实需求，将新技术和新应用有机地融入课程之中，实现价值塑造、知识传授和能力培养的有机结合。

本书根据教育部高等学校大学计算机课程教学指导委员会提出的《新时代大学计算机基础课程教学基本要求》，并按照问题导向、应用驱动的编写思路，深入地融入了新一代信息技术。全书共分为 8 章，第 1 章介绍计算与计算思维，主要包括计算的概念与计算工具的发展演变、图灵机和冯·诺依曼体系结构的基本思想、现代计算机的发展与应用、计算思维及其能力培养等内容。第 2 章介绍问题求解与算法基础，主要包括问题求解的基本步骤、算法的概念与描述方法、程序设计语言与程序设计方法、基于 Python 语言的程序实现方法、问题求解的常用算法等内容。本书后续各章都将用 Python 语言来说明问题，让读者在理解程序的过程中理解基本方法与基本原理，同时在潜移默化中逐渐感知和领会程序设计的基本思想与基础知识。需要说明的是，本书只是利用 Python 语言作为程序的实现工具，无意系统地介绍 Python 语言，更不是系统地介绍程序设计方法，因此不要求读者会编写复杂的程序（这是后续程序设计课程要学习的内容）。第 3 章介绍数据表示与编码，主要包括数制转换方法、数值数据的表示方法、字符的编码方法、多媒体数据的编码方法等内容。第 4 章介绍计算机系统，主要包括计算机系统的组成、计算机的基本工作原理、微型计算机的总线结构和组成部件等内容。第 5 章介绍操作系统基础，主要包括操作系统的概念和功能、常用操作系统的应用等内容。第 6 章介绍网络应用与网络安全，既包含传统的计算机网络的内容，又包含新一代网络应用技术，主要包括计算机网络的概念和体系结构、网络的拓扑结构和局域网基础知识、Internet 基本知识、网络安全相关技术以及云计算、物联网和区块链的基础知识与应用等内容。第 7 章介绍数据管理与数据分析，主要包括数据库系统相关概念及数据模型、关系数据库的概念及 SQL 操作、数据分析与处理的方法、大数据处理关键技术及框架等内容。第 8 章介绍人工智能基础与应用，主要包括人工智能的起源与研究领域、机器学习的概念、机器学习算法及其应用、人工神经网络的结构及深度学习模型等内容，最后还介绍了当下流行的大语言模型以及 WPS AI 的应用。

本书以计算思维能力培养为切入点，将计算机科学中方法论层面的原理与思维规律贯穿始终，突出新一代信息技术对学科交叉融合的关键作用；坚持问题导向，在解决实际问题的过程中实现新一代信息技术赋能；通过编程实践来阐释概念和原理，将程序设计方法贯穿于全书，但又不是以程序设计为主要学习内容，而是将程序作为载体来理解计算机问题求解的思想和方法。

本书由刘卫国任主编，参与编写的人员还有吕格莉、何小贤、刘丽敏、康松林、严晖、曹岳辉等。此外，苏文章、杨玉梅构思并设计了全套书在线课程教学资源的结构与配置，赵梅、张展华编辑了教学资源的内容，范如婷、邓凡、马双武审查了全书配套的在线课程教学资源，李敏提供了版式和装帧设计方案。在本书的编写过程中，得到了许多教师的大力支持和协助，在此，对他们表示诚挚的感谢。

由于编者水平所限，书中难免存在不足之处，恳请广大读者批评指正。

编　者

2024 年 9 月

目　录 CONTENTS

第1章 计算与计算思维

本章导读

计算既是一种数学技能，也是推动科技进步的重要手段。从远古时期的用于手工计数的石头、绳结等，到今日功能强大的电子计算机，人类一直在持续不断地探寻新的计算工具。电子计算机的诞生无疑是20世纪最杰出的科技成果之一，它是人类科技发展历程中的一个重要里程碑。

在21世纪的今天，计算机与信息技术已经深度融入社会的每一个角落，成为推动社会进步、经济发展和文化繁荣的重要力量。从日常生活中的智能手机、智能家居，到工业领域的智能制造、智能工厂，再到科研探索的深空探测、基因编辑，计算机与信息技术的应用无处不在，深刻地改变着人类的生产方式、生活方式乃至思维方式。因此，掌握计算机知识，具备较强的计算机应用能力，对每一位大学生而言，不仅是掌握一门技能的需要，更是把握时代脉搏、洞察未来趋势的必然要求。

学习目标

◇理解计算的概念。

◇了解计算工具的发展历程。

◇理解图灵机和冯·诺依曼体系结构的基本思想。

◇了解信息技术及其对现代社会的影响。

◇理解计算思维的概念、本质与方法。

1.1 计算工具的发展历程

计算是自然界中很普遍的现象，人人都离不开计算，人人都具有计算能力。为了追求强大的计算能力，人类在漫长的发展过程中，发明了许许多多的计算工具，每一种计算工具在相应的历史阶段都发挥了重要作用。

1.1.1 什么是计算

“计算”一词有各种含义，在汉语词意中有“谋划”“考虑”之意，还有“算计”的意思，但通常的理解是“核算数目”“运算”，即根据已知量算出未知量。随着电子计算机的出现以及电子计算机应用的普及，人们对计算的理解发生了很大变化。

(1)计算是指算术运算。

算术运算即数据在运算符的作用下按照一定的计算规则进行的数据运算，小学阶段称为算术。例如，计算银行账户的余额，如果账户原有800元，取出了100元，那么余额就是700元(800－100)。这是一种简单的算术运算，“计算”体现的是一种基本的数学技能，且是人类必须具备的一种基本技能。这是对计算最简单、最直接的理解。

(2)计算是指较复杂的运算。

例如，求 $y=\sin x$，这里给定自变量 x，按照正弦函数计算得到函数值 y，由 x 得到 y 是一次计算。又如，定积分 $\int_0^1 x^2 \mathrm{d}x = 1/3$，这也是计算。再如，当 $f(x)=ax^2+bx+c$ 时，可以直接用求根公式求 $f(x)=0$ 的根。这里，“计算”体现的是问题求解的方法和手段。

问题是，当待求解的问题变得复杂而用传统的数学方法无法求出精确解时，例如，求定积分时无法求得原函数，当一元方程 $f(x)=0$ 的 $f(x)$ 是高次多项式或包含其他函数时，如何计算？这时只能利用一种先进的计算工具来取代人工计算，这种计算工具就是电子计算机。

(3)计算是指符号变换。

先看下面的例子。

①将数学表达式 $12\times3+4$ 变换成40，这是做算术运算。

②将 x^2 变换成 $2x$，这是求导数的计算。

③将apple变换成“苹果”或将“苹果”变换成apple，这种机器翻译也是计算。

④将数据序列98、65、56、89、75变换成数据序列56、65、75、89、98，显然原来的数据序列是无序的，变换后的数据序列是有序的，这里进行了排序操作，排序是计算机科学中一种经典的计算。

通过这些例子可以更广义地理解计算，即计算是一种符号变换，是从一个符号串按照一定的规则变换成另一个符号串的过程。符号变换的规则由程序来决定。从这个意义上讲，电子计算机是一个具有程序执行能力的符号变换工具，如图1-1所示。

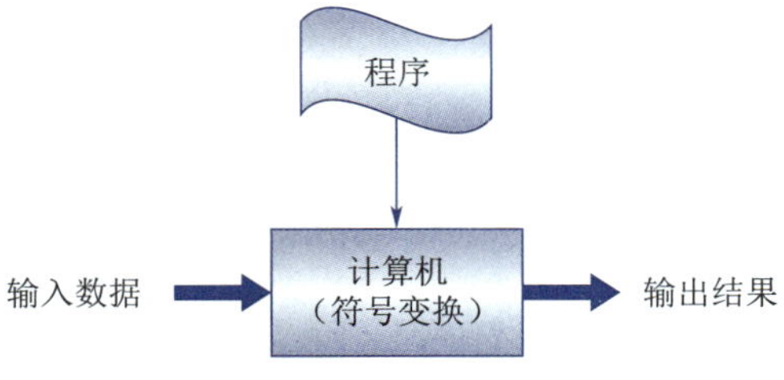

图 1-1　符号变换工具

在图1-1所示的模型中，符号变换所得到的输出结果，除取决于输入的数据外，还取决于程序，即程序不同，数据处理方法不同，得到的结果也不同。图1-2展示了同样的数据因程序不同而得到的结果也不同的情形。对于数据序列 12、3、10、5、6，由于处理数据的程序不同，结果可能是 36(求和)、3(求最小值)等。

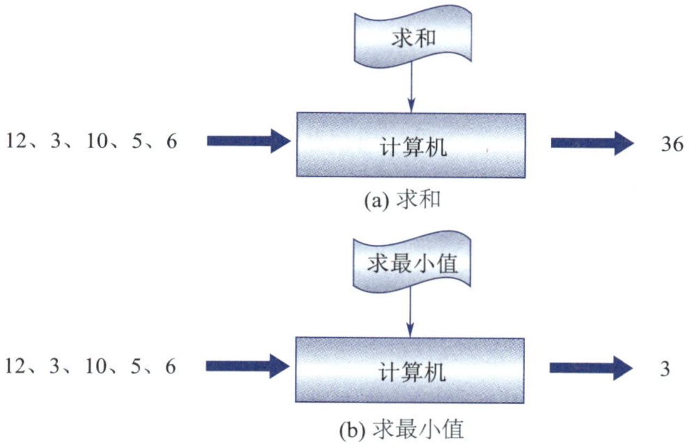

图 1-2　不同的程序完成不同的符号变换

“计算”一词的英文表示通常是 computing，以计算机为工具实现符号变换的过程都可以称为计算。

1.1.2　早期的计算工具

自从人类社会形成，人们对自动计算的追求就一直没有停止过。古今中外，人类创造了众多的计算工具，每一种计算工具的发明无不闪烁着智慧的光芒。

人类最初用手指进行计算，后来开始用石头、绳结等作为工具来延伸手指的计算能力。再后来，人们用算筹作为计算工具，其中要数我国的算筹最有名气。商周时代问世的算筹，实际上是一种竹制、木制或骨制的小棍，采用十进制计数法，有纵式和横式两种摆法，这两种摆法都可以表示 1～9 九个数字，数字 0 用空位表示，如图 1-3 所示。算筹的计数方法是个位用纵式，十位用横式，百位用纵式，千位用横式……这样从右到左，纵横相间，就可以表示任意大的自然数了。我国南北朝科学家祖冲之最先算出了圆周率小数点后的第 7 位，使用的工具正是算筹。

数字	0	1	2	3	4	5	6	7	8	9
纵式	〇	𝍠	𝍡	𝍢	𝍣	𝍤	𝍥	𝍦	𝍧	𝍨
横式	〇	𝍩	𝍪	𝍫	𝍬	𝍭	𝍮	𝍯	𝍰	𝍱

图 1-3　算筹计数

欧洲人发明的算筹与我国的算筹不尽相同，欧洲的算筹是根据“格子乘法”的原理制成的。例如，要计算 934×314，首先画一个 3×3 的方框，并用对角线把小方格一分为二，将 9、3、4 和 3、1、4 摆成如图 1-4(a)所示的形式；然后将 934 分别和 3、1、4 做乘法运算，各位数字乘积的十位数与个位数分别写在小方格对角线的上、下处，如图 1-4(b)所示；对于每一行，从右往左将对角线上的两个数字相加，容易得到 934 分别乘以 3、1、4 的结果为 2 802、934 和 3 736，然后从右下角开始，将右上左下对角线方向上的数字相加，即得到所要求的结果 293 276，如图 1-4(c)

所示。1617 年，英国数学家约翰·纳皮尔(John Napier)把格子乘法表中可能出现的结果，印刻在一些长条的算筹上，利用算筹的摆放来进行乘、除或其他运算。纳皮尔算筹在很长一段时间里是欧洲人主要的计算工具。

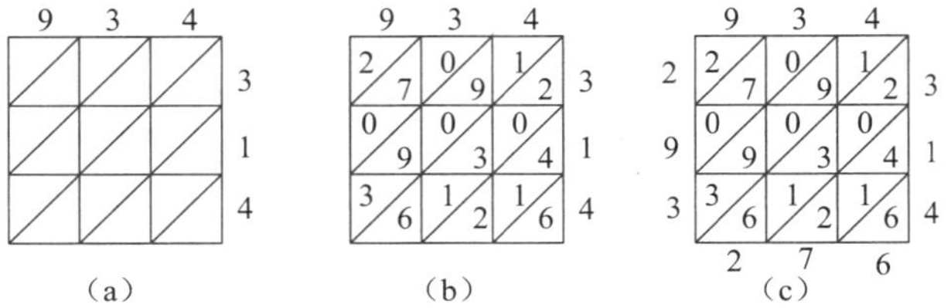

图 1-4 “格子乘法”原理

除了算筹，我国还有一个更先进的计算工具——算盘，如图 1-5 所示。汉代的《数术记遗》就对算盘有过记载，经过宋代、元代的发展，算盘的使用十分流行，后来更是广传亚洲及至欧洲各国。算盘利用进位制计数，通过拨动算珠进行运算，上珠每珠为 5，下珠每珠为 1，每列可当作一个数位。打算盘必须记住一套口诀，口诀相当于算盘的“软件”。在电子计算器出现以前，算盘是我国深受欢迎和使用普遍的计算工具，为世界计算工具的发展做出了重要贡献，被称为“东方计算机”。我国第一颗原子弹研制时出现了数百位科学家在大礼堂埋头打算盘的壮观场景。算盘在我国的经济生活中长期发挥着重要作用。

图 1-5 算盘

15 世纪以后，随着天文、航海的发展，人们对三角函数、对数、指数等更复杂运算的需求日益增大，计算尺应运而生。1622 年，英国数学家威廉·奥特雷德(William Oughtred)根据对数表设计了计算尺，可执行加、减、乘、除、三角函数、对数、指数等运算。18 世纪末，以发明蒸汽机闻名于世的英国发明家詹姆斯·瓦特(James Watt)，成功地制出了第一把名副其实的计算尺，用于快速计算蒸汽机的功率和气缸体积，其尺座上增加了一个滑标，用来“存储”计算的中间结果。这种计算尺一直沿用到 20 世纪 70 年代才被计算器取代。

1.1.3 机械计算机与机电计算机

凝聚着许许多多科学家和能工巧匠智慧的早期计算工具，在不同的历史阶段发挥过巨大的作用，但也随着科学的发展而逐渐消亡，最终完成了它们的历史使命。随后，计算工具进入计算机时代，计算机的发展经历了机械计算机和机电计算机两个阶段。

计算机的发展

1. 机械计算机

从 17 世纪到 19 世纪中期长达 200 多年的时间里，一批杰出的科学家相继进行了机械计算机的研制，其中的代表人物有法国数学家布莱士·帕斯卡(Blaise Pascal)、德国数学家戈特弗里德·莱布尼茨(Gottfried Leibniz)和英国发明家查尔斯·巴贝奇(Charles Babbage)。这一时期的计算机虽然构造和性能都非常简单，但是其中体现的许多原理和思想已经开始接近电子计算机。

1642 年，法国数学家帕斯卡发明了加法器，如图 1-6 所示。加法器采用类似于钟表传动装置的齿轮旋转进位的方式执行运算，但只能做十进制加、减法运算。帕斯卡提出了一个有意义的设想，即利用纯粹机械的装置来代替人们的思考和记忆。该加法器被认为是人类历史上第一台自动计算机。为了纪念这位自动计算的先驱，著名的程序设计语言 Pascal 就是以他的名字命名的。

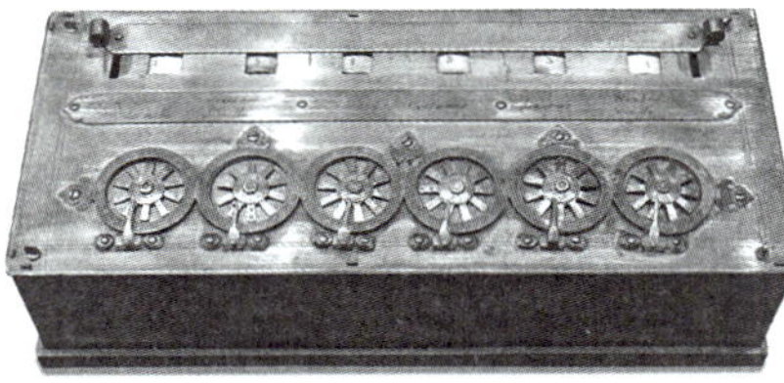

图 1-6　帕斯卡发明的加法器

自此，人们开始了对自动计算工具的极致追求，计算工具向着高速和自动化方向飞速发展。1673 年，著名的德国数学家莱布尼茨改进了帕斯卡的设计，发明了乘法机。这是第一台可以进行四则运算的机器。同时，莱布尼茨还提出了“可以用机械代替人进行烦琐、重复的计算工作”的伟大思想，这一思想至今鼓舞着人们不断探求新的计算机。

1822 年，巴贝奇发明了差分机，如图 1-7(a)所示，用于计算各种数学函数表，这是最早采用寄存器(齿轮式装置)来存储数据的计算机，体现了早期程序设计思想的萌芽。1834 年，巴贝奇设计了一种程序控制的通用分析机，如图 1-7(b)所示，该分析机由三个主要部件构成：齿轮寄存器、运算装置和控制装置。寄存器用于保存数据；运算装置从寄存器中取出数据进行运算，机器的乘法以累次加法来实现；控制装置控制操作顺序、选择所需处理的数据及输出结果。这台分析机描绘出有关程序控制方式计算机的雏形，其设计思想为电子计算机的产生奠定了基础。英国数学家奥古斯特·埃达·洛夫莱斯(Augusta Ada Lovelace)为分析机编写了一个程序，用来计算伯努利(Bernoulli)数序列。埃达·洛夫莱斯因此成为世界上第一个程序员。分析机可谓是机械计算机史上最复杂的巅峰之作。

(a) 差分机　　(b) 分析机

图 1-7　差分机和分析机

2. 机电计算机

在巴贝奇关于分析机的设想提出之后的100多年间，电磁学、电工学、电子学的研究和应用取得重大进展，出现了真空电子二极管和真空电子三极管，发明了无线电报、电视和雷达等。同时，20世纪，各个科学领域和技术部门的计算困难堆积如山，引发了人们对高速计算工具的迫切需要。

1938年，德国科学家康拉德·祖思（Konrad Zuse）设计制造了第一台采用二进制的Z-1型计算机。此后他研制了Z系列计算机。其中，Z-3型计算机是世界上第一台通用程序控制机电式计算机，它全部采用继电器，同时采用了浮点计数法、带数字存储地址的指令形式等。

1944年，美国科学家霍华德·艾肯（Howard Aiken）成功地研制出世界上第一台大型自动顺序控制计算机MARK-Ⅰ，它在贝塞尔函数（Bessel function）的计算上发挥了巨大的作用，艾肯由此获得1980年美国IEEE（电气电子工程师学会）计算机先驱奖。1947年，艾肯又研制出运算速度更快的机电式计算机MARK-Ⅱ。到1949年，由于当时电子管技术已取得重大进步，艾肯又研制出电子管计算机MARK-Ⅲ。

至此，在计算机技术上存在着两条发展道路：一条是各种台式机械和较大机械式计算机的发展道路；另一条是采用继电器作为计算机电路元件的发展道路。后来建立在电子管和晶体管之类电子元件基础上的计算机正是受益于这两条发展道路，计算机开始了真正意义上的由机械向电子的进化。

1.1.4 现代电子计算机

几乎是在制造机电计算机的同时，人们开始了制造电子计算机的努力。电子计算机的研制过程经历了从制作部件到整机、从专业机到通用机、从“外加式程序”到“存储程序”的演变。

1. 萌芽期的电子计算机

在20世纪30年代后期，许多目光敏锐的科学家纷纷跻身于制造电子计算机这一大有可为的领域，其中最著名的是美国艾奥瓦州立大学教授约翰·文森特·阿塔纳索夫（John Vincent Atanasoff）。1939年，阿塔纳索夫提出设计计算机的三原则：采用二进制进行运算；采用电子技术来实现控制和运算；采用把计算功能和存储功能相分离的结构。1939年，阿塔纳索夫和他的学生克利福特·贝瑞（Clifford E. Berry）设计并试制了数字电子计算机的样机——ABC计算机（Atanasoff-Berry Computer），但未能完工。ABC计算机是计算机发展史上的一座里程碑，有些科学史学家认为，如果ABC计算机当时能被正式制造出来，那将是世界上第一台电子计算机。

2. 第一台通用电子计算机的诞生

1946年2月，世界上第一台电子计算机“埃尼阿克”（electronic numerical integrator and calculator，ENIAC）在美国宾夕法尼亚大学研制成功，由约翰·威廉·莫奇利（John Willian Mauchly）和约翰·普雷斯伯·埃克特（John Prester Eckert）设计，美籍匈牙利数学家冯·诺依曼（Von Neumann）以技术顾问的身份参与，他的设计思想在其中起到了关键作用。ENIAC由18 000多个电子管、1 500多个继电器及其他元器件组成，重量达30 t，占地170 m²，功率为150 kW，如图1-8所示。ENIAC的运算速度为每秒执行5 000次加法运算，是MARK-Ⅰ运算速度的1 000倍。这在当时是相当了不起的成就。ENIAC完全采用电子线路，能完成算术运算、逻辑运算和信息存储，最初专门用于火炮弹道计算，后来经多次改进用于各种科学计算，直到 1955 年才停止使用，服役了 9 年多。ENIAC 是世界上第一台真正意义上的通用电子计算机，它的问世标志着人类计算工具发生了历史性的变革，预示着人们将从大量繁重的计算中解脱出来，人类从此进入了电子计算机的新时代，具有划时代的意义。

图 1-8 第一台电子计算机 ENIAC

在计算机的发展过程中，有许多引人入胜的故事。计算机的产生和许多科学家的探索创造密不可分，沿着他们的足迹，也许会带给我们许多启迪。ENIAC 的问世充分表明，一项重大发明只有被社会所迫切需要时，才能脱颖而出。同样，个人的发展只有融于集体事业之中才更有力量和价值。

1.2 计算机的理论模型与体系结构

电子计算机区别于其他计算工具的一个重要特征是计算的自动化。由于采用存储程序的工作方法，一旦输入所编制好的程序，只要给定运行程序的条件，计算机从开始工作，直到得到计算处理结果，整个工作过程都可以在程序控制下自动进行，不需要人的直接干预。

电子计算机是基于艾伦·图灵（Alan Turing）的计算理论和冯·诺依曼的体系结构设计的。图灵提出了图灵机的概念，从理论上证明了计算机是可以做出来的，奠定了可计算理论的基础。冯·诺依曼则提出了计算机的体系结构，这一结构被后来的所有电子计算机使用。

1.2.1 图灵机模型

图灵机（Turing machine）是由英国数学家艾伦·图灵于 1936 年提出的一种抽象的计算模型，即将人们使用纸和笔进行数学运算的过程进行抽象，由一个虚拟的机器代替人们进行数学运算。1936 年，图灵在其《论可计算数及其在判定问题中的应用》一文中，构造了一台完全属于想象中的计算机——图灵机。图灵机不是一种具体的机器，但是通过这种模型可以制造一种十分简单但运算能力极强的计算装置，用来计算所有能想象得到的可计算函数。

计算模型——图灵机

1. 图灵机的组成

图灵机的基本思想是用虚拟的机器来模拟人们用笔和纸进行数学运算的过程，这样的过程可以看作下列两种简单的动作：一是在纸上写上或擦除某个符号；二是把注意力从纸上的一个位置移动到另一个位置。在每个阶段，人要决定下一步的动作，这依赖于此人当前所关注的纸上某个位置的符号和此人当前思维的状态。图灵机的结构如图 1-9 所示。

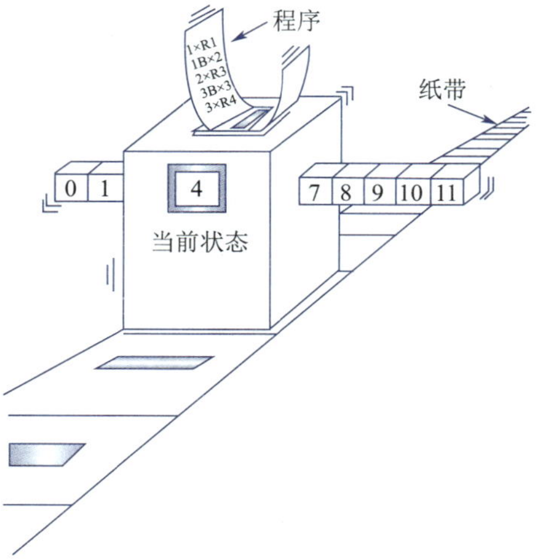

图 1-9　图灵机的结构

图灵机由以下几个部分组成。

(1)一条无限长的纸带(tape)。

纸带被划分为一个接一个的方格，每个方格上包含一个来自有限字母表的符号，字母表中有一个特殊的符号表示空格。纸带上的方格从左到右依次被编号为 0，1，2，…，纸带的右端可以无限伸展。

(2)一个读写头(head)。

该读写头可以在纸带上左右移动，它能读出当前所指的方格上的符号，并能改变当前方格上的符号。

(3)一套控制规则表(table)。

它根据当前机器所处的状态及当前读写头所指的方格上的符号来确定读写头下一步的动作，并改变状态寄存器的值，令机器进入一个新的状态。

(4)一个状态寄存器。

它用来保存图灵机当前所处的状态。图灵机的所有可能状态的数目是有限的，并且有一个特殊的状态，称为停机状态。

图灵机就是根据程序的命令以及它的内部状态进行纸带的读写和移动的。

2. 图灵机的工作过程

图灵机工作时，将输入写在一条无限长的纸带上，读写头从指定的开始状态出发，读出纸带方格上的符号，根据控制规则表得出一个输出动作，即判断是在纸带上写信息，还是移动读写头到下一个方格，如此一步一步地动作，直到进入某个停机状态而停机，这时纸带上的内容就是输出结果。

图灵机的动作完全由 3 个因素确定：机器所处的当前状态、读写头所在方格的符号和转换规则。每个转换规则由以下 4 元组说明。

(current_state, symbol, action, next_state)

其含义是当前图灵机处于 current_state 状态时，读写头扫描到纸带方格上的符号为 symbol，则执行动作 action，并转移到 next_state 状态。

下面以计算 $x+1$ 的图灵机为例，分析图灵机的工作过程。图灵机的控制规则表如表 1-1 所示。其中，S 表示图灵机的起始状态，P 表示中间状态，G 表示结束状态。

表 1-1　$x+1$ 图灵机的控制规则表

状态	当前符号(读)	输出符号(写)	动作	下一个状态
S	0 或空格	1		G
S	1	0	左移一位	P
P	0 或空格	1		G
P	1	0	左移一位	P
G			停机	

设 $x=37$，计算过程如下。

①将原始数据 x 以二进制的形式写在无限长的纸带上，并假定读写头开始位于右边第一个方格，如图 1-10(a)所示。

②读到的方格符号为 1，所以该方格中写入 0，读写头向左移动一位，同时图灵机进入 P 状态，如图 1-10(b)所示。

③处于 P 状态时，读写头读到 0，所以该方格改写为 1，同时图灵机进入 G 状态，立即停机，如图 1-10(c)所示。此时记录在无限长的纸带上的结果为 100110，即 $x=38$，完成了 $x+1$ 运算。

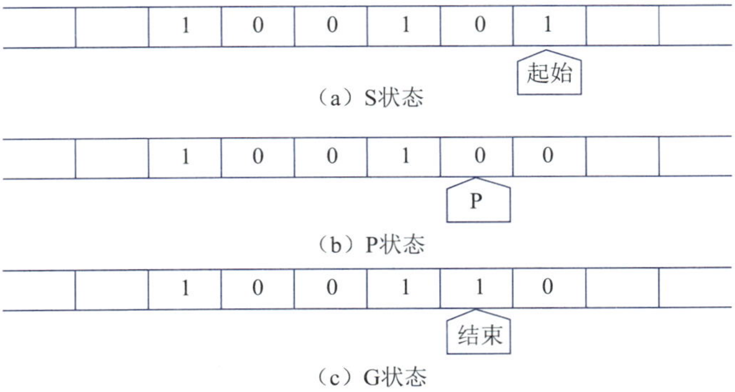

图 1-10　$x+1$ 运算的图灵机工作过程

可以看出，只要改变图灵机的控制规则表，它就可以完成其他任务。

注意 图灵机的每一部分都是有限的，但它有一个潜在的无限长的纸带，因此这种机器只是一个理想的设备。图灵认为这样的一台机器就能模拟人类所能进行的任何计算过程。

图灵机是一类离散的有限状态自动机。它虽然简单，但是具有充分的一般性，反映了计算的本质。电子计算机仅仅是图灵机的扩展，其计算能力与图灵机等价。

图灵机证明了通用电子计算机是可以制造出来的，对电子计算机的逻辑结构和可实现性产生了深远影响,为可计算性理论奠定了基础。图灵机是关于计算机的抽象模型,通过抽象(abstration),可以剔除事物的细枝末节而体现其实质内容,呈现事物的一般规律,是一种重要的分析方法,被广泛应用于各领域。

图灵在数理逻辑和计算机科学方面的贡献,构成了现代计算机技术的基础。为了纪念图灵对计算机科学的卓越贡献,美国计算机学会(Association for Computing Machinery,ACM)于1966年设立了图灵奖,每年颁发一次,以表彰在计算机科学领域取得突出成就的科学家。这一奖项一直是世界计算机科学领域的最高奖项,与物理学、化学、生理学或医学、经济学等领域的诺贝尔奖齐名。

1.2.2 冯·诺依曼体系结构

计算模型——
冯·诺依曼机

1. 基本思想

1944年,冯·诺依曼认识到现有计算机设计在存储程序和程序控制方面的不足。1945年,他在与小组成员共同讨论的基础上起草了存储程序通用电子计算机方案——《关于EDVAC的报告草案》,其基本思想有以下几点。

(1)方案具体地介绍了制造电子计算机的新思想,指出了电子计算机应由运算器、控制器、存储器、输入设备和输出设备5个部分组成,并描述了它们的功能和相互关系。

(2)方案建议计算机中应该采用二进制数而不是十进制数,分析了二进制数的优点,并预言二进制数的采用将极大简化机器的逻辑线路。

(3)方案提出了计算机的基本工作原理应该是存储程序和程序控制,即计算机可以按照程序规定的顺序,自动地从一条程序指令进行到下一条程序指令。

2. 在现代计算机中的应用与影响

长达101页的《关于EDVAC的报告草案》是计算机发展史上的一个划时代的文献。这一方案提出了电子计算机的基本体系结构,使得计算机在硬件组成、数据处理方式等方面都具有了高度的统一性和规范性,从而奠定了现代计算机的发展基础。

现代计算机在硬件和软件技术方面取得了巨大进步,如引入流水线技术、并行处理技术、多核处理器、高速缓存等,以缓解"冯·诺依曼瓶颈"和存储访问延迟问题。然而,这些进步都是在冯·诺依曼体系结构的基础上进行的,人们普遍使用的计算机仍是冯·诺依曼体系结构的计算机。

此外,冯·诺依曼体系结构还深刻影响了计算机科学的各个领域,如操作系统、编译原理、算法设计等。它提供了一种理解和设计计算机系统的基本框架,使人们能够更好地掌握计算机技术的核心原理和应用方法。作为计算机科学与技术的学习者,应该深入理解并掌握这一体系结构的基本原理和应用方法,为未来的学习和工作打下坚实的基础。

3. 优点与局限性

冯·诺依曼体系结构作为现代计算机设计的基础框架,具有一系列显著的优点,同时也存在一些局限性。

(1)优点。

①通用性强。按冯·诺依曼体系结构设计的计算机能够执行各种不同类型的程序,包括数值计算、数据处理、实时控制等,具有广泛适用性。

②灵活性高。由于程序和数据都存储在内存中,并且计算机可以根据存储的程序自动执行,因此具有很高的灵活性。这种灵活性使得计算机能够适应不同的应用场景,并根据需要进行调整和扩展。

③可扩展性好。冯·诺依曼体系结构的计算机可以通过增加存储器和外部设备来扩展其功能和性能。随着技术的发展,可以轻松地升级硬件以满足更高的计算需求。

④易于实现。冯·诺依曼体系结构的设计相对简单明了,易于实现,这使得计算机制造商能够按照这一体系结构生产出可靠、稳定的计算机产品。

⑤支持高级语言。虽然冯·诺依曼体系结构本身是基于机器语言的,但它也为高级语言的发展提供了基础。利用高级语言编写的程序可以通过编译器或解释器转换成机器语言,并且在冯·诺依曼体系结构的计算机上执行。

(2)局限性。

①"冯·诺依曼瓶颈"。冯·诺依曼体系结构中的 CPU(中央处理器)与存储器是分离的,且 CPU 执行指令的速度远快于从存储器中读取数据的速度,这导致存储器成为制约计算机性能的关键因素之一,即"冯·诺依曼瓶颈"。为了提高性能,现代计算机中广泛采用了缓存(cache)等高速存储技术。

②串行执行。冯·诺依曼体系结构的计算机采用串行执行方式,即按照指令的顺序逐一执行。这种方式限制了计算机并行处理的能力,影响了计算速度的提升。尽管现代计算机采用了多核处理器等并行处理技术来缓解这一问题,但并行处理仍然是计算机领域的一个重要研究方向。

③非数值处理能力有限。冯·诺依曼体系结构最初是为数值计算而设计的,因此在非数值处理领域(如图像处理、语音识别等)的发展相对缓慢。虽然现代计算机通过增加专门的硬件和算法支持提高了非数值处理能力,但仍需要进一步优化和改进。

④功耗问题。随着处理器集成度的增加,功耗问题日益突出,对散热和能源效率也提出了更高的要求。

(3)未来的发展趋势。

为了克服冯·诺依曼体系结构的局限性,研究人员正在探索非冯·诺依曼体系结构,如量子计算、光子计算等。新型存储技术,如非易失性存储器(NVM)和三维堆叠存储器的出现,有望缓解"冯·诺依曼瓶颈"。随着多核处理器和分布式计算技术的发展,计算机系统的并行处理能力将进一步得到提升。

1.2.3　现代计算机的发展

按所采用的逻辑器件的不同,电子计算机经历了 4 代变迁。同时,人们正在积极研制新一代计算机。

1. 第一代电子计算机(1946—1958 年)

1946 年,第一台电子计算机 ENIAC 开创了电子计算机发展的新纪元。离散变量自动电子计算机(electronic discrete variable automatic computer,EDVAC)的研发和 EDVAC 方案为电子计算机的发展奠定了基础。1952 年,冯·诺依曼领导设计的 EDVAC 正式投入运行,如图 1-11 所示。

图 1-11 冯·诺依曼和 EDVAC

虽然 EDVAC 是首台按存储程序思想设计的电子计算机,但并非首台实现存储程序的计算机。1946 年,英国剑桥大学教授莫里斯·文森特·威尔克斯(Maurice Vincent Wilkes)到宾夕法尼亚大学参加"电子数字计算机设计理论和技术"讲习班,接受了冯·诺依曼的存储程序计算机思想。回国后,威尔克斯领导设计了电子延迟存储自动计算机(electronic delay storage automatic calculator,EDSAC),于 1949 年 5 月首次试运行成功,如图 1-12 所示。EDSAC 比 EDVAC 早两年多投入运行,从而成为世界上首次实现存储程序的计算机。

图 1-12 EDSAC

1951 年 6 月,莫奇利和埃克特再度合作,研制成功第一台商用计算机系统 UNIVAC-Ⅰ。UNIVAC-Ⅰ不仅可以进行科学计算,而且能进行数据处理。随后 UNIVAC-Ⅰ被用于美国人口普查,这标志着电子计算机进入商业应用,由此开启了计算机应用的新时代。

第一代电子计算机是电子管计算机,使用的主要逻辑元件是电子管,这一时代也称为电子管时代。此时计算机的内存储器采用磁鼓、磁芯,外存储器采用磁带、纸带、卡片等。这个时期,计算机体积庞大、运算速度低(一般为每秒几千次到几万次)、成本高、可靠性低、内存容量小(一般为几千字节)。这一代的电子计算机没有系统软件,用机器语言和汇编语言编写程序,主要用于科学计算。

IBM 公司(international business machines corporation)于 1952 年推出了程序控制的计算机 701,1955 年又推出了 702 计算机,后来形成了 700/7000 系列产品,广泛应用于商业

领域。

1958 年，中国科学院计算技术研究所研制成功我国第一台小型电子管通用计算机——103 机，如图 1-13 所示，标志着我国第一台电子计算机的诞生。

中国计算机发展史

图 1-13　103 机

2. 第二代电子计算机(1958—1964 年)

1958 年，电子计算机进入了以晶体管为主要元件的第二代，也称为晶体管时代。第一个晶体管虽然早在 1947 年就已问世，但直到 20 世纪 50 年代中期才批量生产出价格较低的晶体管，为电子计算机步入第二代，即晶体管时代创造了条件。

第一台使用晶体管线路的电子计算机，是在 1954 年由美国贝尔(Bell)实验室研制的 TRADIC，其中安装了 800 个晶体管。1955 年是第二代电子计算机崛起的一年，这一年美国在阿塔拉斯洲际导弹上装备了以晶体管为主要元件的小型电子计算机。1958 年，IBM 公司制成了第一台全部使用晶体管的电子计算机 RCA 501，从而宣告电子计算机进入第二代的发展阶段。1959 年，IBM 公司又生产出全部晶体管化的电子计算机 IBM 7090，如图 1-14 所示。IBM 7090 从 1960 年到 1964 年一直“统治”着科学计算领域，并作为第二代电子计算机的典型代表被载入计算机发展史册。

图 1-14　IBM 7090

第二代电子计算机使用的主要逻辑元件是晶体管，内存储器采用磁芯，外存储器采用磁带和磁盘。第二代电子计算机在软件方面初期使用管理程序，后期使用操作系统，并出现了

FORTRAN、COBOL、ALGOL 等一系列高级程序设计语言。这个时期计算机的应用扩展到了数据处理、工业控制等方面。计算机的运行速度此时已提高到每秒几十万次,体积已大大减小,可靠性和内存容量也有较大的提高。

1965 年,我国研制成功第一台大型晶体管电子计算机——109 乙机。两年后又推出 109 丙机,这台计算机运行了 15 年,在我国"两弹一星"研制中发挥了重要作用,被誉为"功勋计算机"。

3. 第三代电子计算机(1964—1970 年)

随着固体物理技术的发展,可以通过半导体集成技术将许多逻辑电路集中在一块只有几平方毫米的硅片上。1958 年,美国物理学家杰克·基尔比(Jack Kilby)和罗伯特·诺伊斯(Robert Noyce)同时发明了集成电路(integrated circuit,IC),集成电路的问世推动了计算机的更新换代。1964 年 4 月,最早采用集成电路的通用计算机系列 IBM 360 问世(见图 1-15),标志着电子计算机进入了第三代,即集成电路计算机时代。

图 1-15 IBM 360

第三代电子计算机主要以中、小规模集成电路为逻辑元件,内存储器开始采用半导体元件代替磁芯,存储容量达到几兆字节,运行速度提高到每秒几十万次到几百万次,体积进一步变小,成本进一步降低,而可靠性和性能进一步提高。在软件方面,其操作系统得到了进一步完善,高级语言数量增多,使电子计算机的功能越来越强。正是从第三代开始,电子计算机进入普及阶段,被广泛应用于科学计算、数据处理、工业控制等各个领域。

我国直到 20 世纪 70 年代初期才陆续推出采用集成电路的大、中、小型计算机。1973 年,北京大学与北京有线电厂等单位合作研制成功了运算速度为每秒 100 万次的大型通用电子计算机。

4. 第四代电子计算机(1971 年至今)

20 世纪 70 年代初期,随着大规模集成(large scale integration,LSI)电路和超大规模集成(very large scale integration,VLSI)电路的应用,电子计算机迅速发展到第四代,即大规模集成电路时代。

这个时期电子计算机的主要逻辑元件是大规模和超大规模集成电路,存储器采用的是半导体存储器,外存储器采用大容量的软盘、硬盘、光盘、U 盘等。在软件方面,其操作系统得到了不断发展和完善,同时发展了数据库管理系统、通信软件等。计算机的运行速度可达到每秒上千万次到万亿次,其可靠性又有了很大提高,功能也更加完备。

在第四代电子计算机的发展过程中,有一个值得注意的发展趋势,那就是计算机微型化、巨型化、网络化和智能化。

第四代电子计算机的一个重要标志是微处理器(microprocessor)和微型计算机(microcomputer)的诞生。所谓微处理器,是指将运算器和控制器集成在一块芯片上。1971 年,美国英特尔(Intel)公司推出第一个微处理器芯片 Intel 4004。以这类微处理器为核心的电子计算机就是微型计算机,也称为个人计算机(personal computer,PC)。1981 年,IBM 公司推出个人计算机 IBM PC(见图 1-16),由此开启了计算机普及应用的新篇章。

图 1-16　IBM PC

1980 年,IBM 公司与微软(Microsoft)公司合作,为微型计算机 IBM PC 配置了专门的操作系统。从 1981 年开始,IBM 公司连续推出了 IBM PC、PC/XT、PC/AT 等机型。之后,奔腾(Pentium)系列、酷睿(Core)系列微处理器应运而生,这使得微型计算机的性能越来越强、可靠性越来越高、价格越来越低。

在微处理器和微型计算机深刻地影响着计算机技术发展的同时,超级计算机(supercomputer,又称为巨型计算机或高性能计算机)成为第四代电子计算机另一个引人注目的成就。这类处理速度极快、存储容量极大的计算机系统,在现代化的大规模工程建设、军事防御系统、国民经济宏观管理及社会发展中的大范围统计、复杂的科学计算和数据处理等方面大有用武之地。超级计算机是世界各国竞相角逐的科技制高点,也是一个国家科技实力的重要标志之一。1964 年诞生的 CDC 6600 被公认为世界上第一台巨型计算机。1975 年,美国 CRAY 公司研制成功巨型计算机 CRAY-1(见图 1-17),实现了当时绝无仅有的超高速的每秒 1 亿次运算。

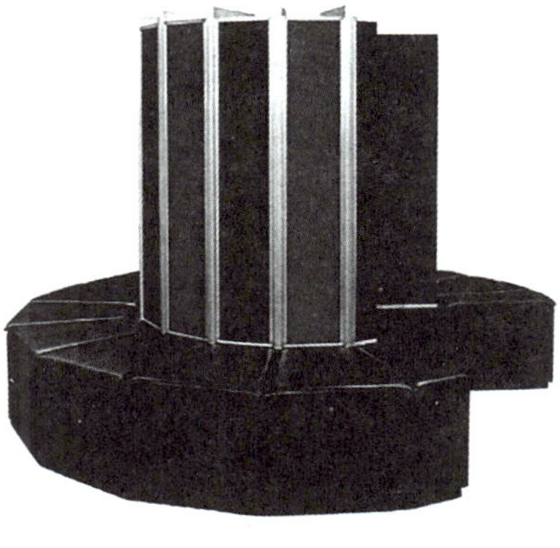

图 1-17　巨型计算机 CRAY-1

我国在高性能计算机的研制方面取得了重大成就，先后研制成功了“银河”系列、“天河”系列、“曙光”系列、“神威”系列、“深腾”系列高性能计算机。国际 TOP 500 组织每半年公布一次全球高性能计算机 500 强排行榜。在 2010—2015 年连续 6 届的 TOP 500 榜单上，我国高性能计算机“天河二号”一直排名第一。2016—2017 年，完全采用中国设计和制造的处理器的“神威·太湖之光”计算机 4 次名列榜首，成为全球运行速度最快的高性能计算机。“神威·太湖之光”的峰值性能达到每秒 12.5 亿亿次，是全球首个突破每秒 10 亿亿次的高性能计算机，其 1 min 的计算能力，相当于全球 72 亿人同时用计算器不间断计算 32 年。2023 年 12 月，我国发布了新一代超级计算机——“天河星逸”，如图 1-18 所示。该计算机的系统以应用为中心，采用国产先进计算架构、高性能多核处理器、高速互联网络、大规模存储等关键技术构建，在通用 CPU 计算能力、网络能力、存储能力以及应用服务能力等多方面较“天河二号”超级计算机实现倍增，全面满足高性能计算、人工智能大模型训练以及大数据分析等多种应用场景的需求。

图 1-18 “天河星逸”超级计算机

计算机网络化可以更好地管理网上的资源，它把整个互联网虚拟成一个空前强大的一体化信息系统，在这个动态变化的网络环境中，实现计算资源、存储资源、数据资源的全面共享，从而让用户从中享受可灵活控制的、智能的、协作式的信息服务，并获得前所未有的使用方便性和超强能力。计算机网络的发展水平已成为衡量国家现代化程度的重要指标，在社会经济的发展中也发挥着重要的作用。

计算机智能化是指使计算机具有模拟人的感觉和思维过程的能力，其研究内容包括目标检测、自然语言处理、定理自动证明、智能机器人等。计算机智能化不仅可以用计算机代替人类进行单调、重复的工作，而且可以带动产业结构的转型升级，推动人类社会的发展和进步。

1.2.4 未来的新型计算机

迄今为止，无论如何更新换代，计算机都是基于冯·诺依曼体系结构的。按照摩尔定律(Moore's law)，每 18 个月，微处理器硅芯片上晶体管的数量就会翻一番。随着大规模集成电路工艺的发展，芯片的集成度越来越高，也越来越接近工艺甚至物理的极限。人们认识到，在传统计算机的基础上大幅度提高计算机的性能必将遇到难以逾越的障碍，因此，从基本原理上寻找计算机发展的突破口才是正确的道路。从物理原理上看，科学家们认为以量子计算机、光子计算机和生物计算机为代表的新技术将推动新一轮超级计算技术革命。

1. 量子计算机

量子计算机是遵循量子力学规律进行高速运算、存储及处理量子信息的物理装置，是一种可以实现量子计算的机器。量子计算机也由存储器和逻辑门网络组成，但是量子计算机的存储内容和逻辑门与电子计算机的却有所不同。对电子计算机来说，信息由二进制位存储，每一个二进制位由 0 或 1 表示。而量子计算机的最小信息单位是量子比特（quantum bit）。不同的是，一个电子比特要么是 0，要么是 1，两者必取其一；而一个量子比特可以是 0 或者 1，也可以同时是 0 和 1。也就是说，在量子计算机中，数据位的存储内容可以是 0 和 1 的任意量子叠加态。一个电子比特只能存储 0 或者 1 其中的一个数据，n 个电子比特只能存储 2^n 个数中的一个；而一个量子比特可以同时存储 0 和 1 两个数据，n 个量子比特可以同时存储 2^n 个数据，从而大大提高了存储能力。对 n 个量子比特进行一次操作，等效于同时对 2^n 个数进行一次操作。这种信息表示方法，非常有利于并行处理。与电子计算机相比，量子计算机具有存储容量大、运算速度快、并行处理能力强等优点。

量子计算有多种技术路线，主要分为两大类，一是以超导、硅半导体为代表的技术路线，二是以离子阱、光量子和中性原子为代表的技术路线。近年来，各种主要技术路线的基础研究和工程研发均取得了重要进展。

其中，IBM 公司在量子计算研发方面起步很早，从 1999 年开始构建超导量子比特，在超导量子计算方面保持着领先地位。在 2023 年 IBM 量子峰会上，IBM 公司发布了千比特规模超导量子处理器 Condor，同时还推出了第一台模组化量子计算机“IBM 量子系统二号”，这是 IBM 公司新一代量子运算系统架构的基础。

我国本源量子在超导量子计算机领域也取得了突破性成果。2023 年 1 月，本源量子成功交付一台量子计算机给用户使用，使我国成为继加拿大、美国之后世界上第三个具备量子计算机整机交付能力的国家。时隔仅一年，2024 年 1 月，本源量子宣布我国第三代自主超导量子计算机“本源悟空”正式上线运行。“本源悟空”搭载的是 72 位超导量子芯片“悟空芯”。这款芯片在我国首条量子芯片生产线上制造，共有 198 个量子比特，其中包含 72 个工作量子比特和 126 个耦合器量子比特。

在光量子领域，我国科学家也取得了突破性进展。2017 年 5 月，我国科学家构建的光量子计算机实验样机的计算能力已超越早期电子计算机。2020 年 12 月，我国科学家成功构建了 76 个光子的量子计算原型机“九章”，用它求解高斯玻色取样的数学算法只需 200 s，而当时世界上最快的超级计算机求解该问题要用 6 亿年。2023 年 10 月，我国科学家又成功构建了 255 个光子的量子计算原型机“九章三号”，再度刷新了光量子信息的技术水平和量子计算优越性的世界纪录，求解高斯玻色取样的数学算法时，“九章三号”比当时全球最快的超级计算机快一亿亿倍。

2. 光子计算机

光子计算机用光束代替电子进行数据运算、传输和存储。在光子计算机中，不同波长的光代表不同的数据，可以对复杂度高、计算量大的任务实现快速的并行处理。

随着计算机芯片处理速度越来越快，数据的传送速度而非处理速度成为主要问题，目前计算机使用的金属导线已无法满足大量信息传输的需要。因此，未来的计算机可能是混合型的，即把极细的激光束与芯片相结合。那时，计算机将不采用金属导线，而是以大量的透镜、棱镜和反射镜将数据从一个芯片传送到另一个芯片，这种传送方式称为自由空间光学技术。

自由空间光学技术的原理非常简单。首先，将硅片内的电子脉冲转换为极细的闪烁光束，1 表示“接通”，0 表示“断开”；然后，将数据流通过反射镜和棱镜网络投射到需要数据的地方。在接收端，透镜将每根光束聚焦到微型光电池上，由光电池将闪光转换成一系列电子脉冲。

光子计算机有三大优势。光子的传播速度无与伦比，电子在导线中的运行速度与其相比就像蜗牛爬行一样慢。今天电子计算机的传送速度最高为每秒 10^9 字节，而采用硅光混合技术后，其传送速度可达到每秒万亿字节。更重要的是，光子不像带电的电子那样相互作用，因此经过窄小的空间通道可以传送更多数据。值得一提的是，光无须物理连接，如能将普通的透镜和激光器做得很小，足以装在微芯片的背面，那么未来的计算机就可以通过稀薄的空气传送信号了。

1990 年，美国贝尔实验室宣布研制出世界上第一台光子计算机。它采用砷化镓光学开关，运算速度达每秒 10 亿次。尽管这台光子计算机与理论上的光子计算机还有一定的差距，但已显示出其强大的生命力。目前，光子计算机的许多关键技术，如光存储技术、光存储器、光电子集成电路等都已取得重大突破。然而，要想研制出光子计算机，需要开发出可用一条光束来控制另一条光束变化的光学晶体管。尽管目前可以制造出这样的元件，但它们的体型庞大而笨拙，若用它们制造一台计算机，那么这台计算机将有一辆汽车那么大。因此，要想短期内使光子计算机实用化还存在一定的困难。

3. 生物计算机

生物计算机是以生物界处理问题的方式为模型的计算机。生物系统的信息处理过程基于生物分子的计算和通信过程，因此生物计算又常称为生物分子计算，其主要特点是极大规模并行处理与分布式存储。20 世纪 70 年代以来，人们发现脱氧核糖核酸（DNA）处在不同的状态下，可产生有信息和无信息的变化。科学家发现生物元件可以实现逻辑电路中的 0 或 1、晶体管的导通或截止、电压的高或低、脉冲信号的有或无等。经过特殊培养后制成的生物芯片可作为一种新型的高速计算机的集成电路。

除了 DNA 计算模型外，生物计算还有另一个发展方向，即在半导体芯片上加入生物分子芯片。科学家发现，蛋白质有开关特性，可以利用蛋白质分子作为元件制成生物芯片。因为这种芯片的一个存储点只有一个分子大小，因此它的存储量可以达到普通计算机的 10 亿倍。由蛋白质构成的集成电路，其大小只相当于硅片集成电路的十万分之一，而且运转速度更快，大大超过人脑的思维速度。生物计算机元件的密度比大脑神经元的密度高 100 万倍，传送信息的速度也比人脑思维的速度快 100 万倍。

生物芯片本身具有并行处理的功能，其运算速度要比当今最新一代的计算机的运算速度更快；生物芯片具有自愈能力，一旦出现故障，可以进行自我修复。生物计算机具有生物活性，能够和人体的组织有机地结合起来，尤其是能够与大脑和神经系统相连。这样，生物计算机就可直接接受大脑的综合指挥，成为人脑的辅助装置或扩充部分，并能由人体细胞吸收营养补充能量，因而不需要外界能源。另外，由于生物芯片内流动电子间碰撞的可能性极小，几乎不存在电阻，所以生物计算机的能耗极低。

总之，量子计算机、光子计算机和生物计算机是实现高性能计算的新途径，在 21 世纪，这些新技术可能会激发一场新的计算技术革命，但是，这些新技术的成熟还需要一个过程。

1.3 计算机与信息社会

自计算机问世以来，人类社会迅速由产业社会向信息社会过渡。信息社会是脱离工业化社会以后，信息起主要作用的社会。在农业社会和工业社会中，物质和能源是主要资源，所从事的是大规模的物质生产；而在信息社会中，信息成为与物质和能源同等重要的资源，以开发和利用信息资源为目的的信息经济活动迅速扩大，逐渐取代工业生产活动而成为国民经济活动的主要内容。信息经济在国民经济中占据主导地位，并构成社会信息化的物质基础。以计算机技术为核心的信息技术革命是社会信息化的动力源泉。

1.3.1 信息与信息技术

1. 信息

信息(information)常被理解为客观事物通过数据载体(如文字、声音、图像等)所产生的消息、知识等。信息通过载体传播，不同的载体传递信息的效率有所不同，所承载的信息量也有所不同。例如，声音和图像中承载的信息量就比文字多。从广义上说，随着科学与社会的飞速发展，信息所包括的范围越来越广，几乎覆盖了现代社会的所有领域，各种各样的信息无处不在。任何社会活动都包含着对信息的采集、传输、存储、加工处理和利用。信息是人类的一种宝贵资源，大量、有效地利用信息，是社会发展水平的重要标志之一。社会的进步将不断产生更多的信息，通过不断发展更有效的手段来传递信息和处理信息，从而促进人类社会更快地向前发展。

2. 信息技术

信息技术(information technology，IT)是指与信息的产生、获取、存储、传输、处理、表示和应用等相关的技术，其中计算机技术尤为重要，因为信息技术的实现与计算机的应用密切相关。计算机技术在信息处理过程中起着核心作用，使得数据处理更加高效，并推动了信息技术的发展。信息技术为人们提供了全新的、更加有效的信息获取、传递、处理和控制的手段与工具，极大地扩展了人类信息活动的范围和空间，增强了人类信息活动的能力。信息技术的发展，尤其是互联网(Internet)的发展，大大加快了社会信息化建设的步伐，使全球信息共享成为现实。

信息技术的发展对传统产业结构产生了重大的影响，孕育并产生了一个有着无限发展前景的信息产业。信息产业是以信息产生、加工和应用为核心的产业，它既给传统农业、工业和服务业注入了新的活力，加快了农业现代化、工业自动化和服务高效化，还改变了整个社会的产业结构，引发了第四次产业革命。

总之，信息技术的发展与变革将改变人们的时空观念、生活方式和工作方式。信息已成为继物质和能源之后人类的第三大资源。当前世界各国发展的过程就是一个信息化的过程。

1.3.2 新一代信息技术与学科交叉融合

1. 什么是新一代信息技术

新一代信息技术产业是我国七大战略性新兴产业之一，它代表了信息技术的最新发展方向和趋势。具体来说,新一代信息技术是指以计算机技术、通信技术和信息处理技术为核心,融合了云计算、大数据、物联网、区块链、人工智能等新兴技术,形成的一系列具有创新性、引领性和颠覆性的技术群。这些技术不仅是信息技术的纵向升级,也是信息技术的横向渗透融合,推动了社会经济的全面进步和发展。

云计算是一种面向服务的计算模式,它通过互联网上异构、自治的服务为个人和企业用户提供按需即取的计算资源和服务,已成为个人、企业应用各个领域不可或缺的一部分。

大数据是指通过采用先进的技术对海量、多样化的数据进行挖掘和分析,被广泛应用于金融、电商、医疗、交通等领域,为企业决策提供了重要的参考依据。

物联网通过网络连接物理设备和对象,实现互联互通,使这些设备和对象可以自动感知和交换信息,已被广泛应用于工业、物流、健康、智能家居等领域。

区块链是一种去中心化、分布式的账本技术,它可以对交易进行可靠验证和确认,在金融、电子商务、物联网等领域得到广泛应用。

人工智能具有自我学习、判断和推理的能力,已经在医疗保健、金融、教育、智慧城市等多个行业中得到广泛应用。

云计算、大数据、物联网、区块链、人工智能这 5 项技术之间存在着紧密的技术融合关系。云计算为其他技术提供了基础设施支持;大数据为其他技术提供了数据处理和分析的能力;物联网为其他技术提供了丰富的数据来源;区块链为其他技术提供了数据安全和共享的解决方案;人工智能则通过算法优化和模型训练来推动其他技术的发展和应用。这 5 项技术相互依存、相互促进,共同推动着信息技术的发展和应用。云计算的发展推动了大数据和物联网的普及与应用,大数据和物联网的广泛应用又进一步促进了人工智能和区块链的创新与发展,而人工智能和区块链的发展又反过来推动了云计算、大数据和物联网的深入应用与发展。

2. 新一代信息技术在学科交叉融合中的作用

新一代信息技术与各学科交叉融合,正在引发新一轮科技革命和产业变革,推动传统学科不断升级与转型,并给相关学科的发展带来新的挑战和机遇。

新一代信息技术在学科交叉融合中的重要作用,具体体现在以下几个方面。

(1)促进知识整合与创新。

新一代信息技术如大数据、人工智能等,具有强大的数据处理和分析能力,能够将不同学科领域的知识进行高效整合。这种整合不仅打破了传统学科之间的壁垒,还促进了知识的交叉融合和创新。通过信息技术的支持,不同学科的研究者可以更容易地获取、利用其他领域的知识和数据,从而推动新的科学发现和技术创新。

(2)提供高效的研究工具与平台。

新一代信息技术为学科交叉融合提供了高效的研究工具与平台。例如,云计算技术提供了强大的计算和存储能力,使得大规模的数据处理和分析成为可能;物联网技术通过连接各种设备和传感器,实现了数据的实时采集和传输;人工智能技术则能够自动化地进行数据挖掘、模式识别和预测分析等工作。这些研究工具和平台极大地提高了学科交叉融合的效率和准确性。

(3)加速产业升级与转型。

新一代信息技术在产业领域的广泛应用也加速了产业升级与转型的进程。通过信息技术与传统产业的深度融合,可以推动生产方式的智能化、自动化和数字化改造,提高生产效率和产品质量。同时，信息技术还能够促进不同产业之间的交叉融合和协同创新，形成新的产业生态和经济增长点。这种产业升级与转型的过程往往伴随着学科交叉融合的深入发展。

(4)推动教育模式与方法的变革。

新一代信息技术还推动了教育模式与方法的变革，促进了学科交叉融合在教育领域的应用。在线教育平台、虚拟仿真实验室等信息技术手段使得学生可以跨越地域和时间的限制，接触到多元化的学科知识和研究方法。同时，智能教学系统能够根据学生的个性化需求和学习进度提供定制化的教学方案，进一步促进了学科之间的交叉融合和协同发展。

(5)提升社会管理与服务水平。

新一代信息技术还在社会管理与服务领域发挥着重要作用。通过运用大数据、云计算、物联网等技术手段，可以实现对社会资源的优化配置和高效管理。例如，智慧城市的建设就是信息技术与社会管理深度融合的典范。通过构建智慧城市平台，可以实现对城市基础设施、公共服务、公共安全等方面的全面感知和智能管理，从而提升城市治理的现代化水平。这种社会管理与服务水平的提升也离不开学科交叉融合的支持和推动。

总之，新一代信息技术在学科交叉融合中发挥着至关重要的作用。随着信息技术的不断发展和应用领域的不断拓展，学科交叉融合的未来将更加广阔和深入。

1.3.3　计算机在信息社会中的应用

伴随着计算机硬件和软件技术的发展，尤其是网络技术和互联网技术的迅速发展，计算机的应用范围从科学计算、数据处理等传统领域扩展到办公自动化、多媒体、电子商务、远程教育等领域。

1. 科学计算

早期的计算机主要用于科学计算。目前，科学计算仍然是计算机应用的一个重要领域。科学计算用于解决科学研究和工程技术中提出的数学计算问题。利用计算机的高速度、高精度和存储容量大等特点，可以解决各种现代科学技术中计算量大、公式复杂、步骤烦琐的计算问题。如果不用计算机，这些问题很难解决，甚至根本无法完成。例如，在生物学领域，20 世纪科研重大成果之一的核糖核酸、脱氧核糖核酸、蛋白质的组成和空间结构，就是采用计算机对其晶体结构进行大量分析、计算而获得的。此外，科学计算还应用于人造卫星、导弹发射及天气预报等的计算问题中。

2. 数据处理

数据处理是指对数字、文字、声音、图形和图像等各种类型的数据进行收集、存储、分类、加工、排序、检索、打印和传送等工作。数据处理具有数据量大、数据之间逻辑关系比较复杂的特点，但计算相对简单。例如，在人口普查中，要对几百个大中城市居民的年龄、性别、职业等十多个项目的几百亿个数据进行统计分析，单靠人力是无法精确完成的，而用计算机则只需 3 h 即可得到全部结果。

从数值计算到非数值计算，是计算机应用中的一个飞跃。在当今的信息社会，从国家经济信息系统、科技情报系统、银行储蓄系统到办公自动化等，均需要数据处理技术的支持。

3. 过程控制

过程控制也称为实时控制或自动控制。它是指计算机对被控制对象实时地进行数据采集、检测和处理，按最佳状态来控制或调节被控制对象的一种方式。因为体积小、成本低和可靠性高等特点，微型计算机在过程控制中得到了广泛应用。生产过程的计算机控制，不仅可以大大提高生产效率，减轻人们的劳动强度，更重要的是可以提高控制精度，提高产品质量和合格率。在电力、冶金、石油化工、机械制造等工业部门采用过程控制，可以提高劳动效率，提高产品质量，降低生产成本，缩短生产周期。

4. 计算机辅助技术

计算机辅助技术是通过计算机来帮助人们完成特定任务的技术，它以提高工作效率和工作质量为目标。

计算机辅助设计（computer-aided design，CAD）是使用计算机来帮助设计人员进行设计的一门技术。使用 CAD 技术可以提高设计质量，缩短设计周期，提高设计自动化水平。CAD 技术已广泛应用于船舶设计、飞机制造、建筑工程设计、大规模集成电路设计、机械设计等行业。目前，CAD 应用的水平已成为衡量一个国家现代化水平的重要标志。

计算机辅助制造（computer-aided manufacturing，CAM）是利用计算机进行生产设备的管理、控制和操作的过程。如工厂在制造产品的过程中，用计算机来控制机器的运行，处理制造中所需的数据，控制和处理材料的流动以及对产品进行测试和检验等。采用 CAM 技术能提高产品质量，降低生产成本，改善工作条件，缩短产品的生产周期。

5. 人工智能

人工智能（artificial intelligence，AI）是指通过计算机技术模拟人类的智能，让机器能够像人一样识别语言、解读文字与图形、进行逻辑推理，同时拥有学习和自我适应环境的能力。人工智能系统涵盖了多个方面，如专家系统、机器人技术、语音识别以及模式识别等。历史上两次著名的人机对决，充分展示了人工智能的强大实力。1997 年 5 月 11 日，国际象棋大师卡斯帕罗夫与 IBM 公司的“深蓝”超级计算机在 6 局交锋中，“深蓝”以 3.5∶2.5 的总分战胜了卡斯帕罗夫。2016 年 3 月 15 日，在另一场引人注目的人机对弈中，谷歌公司开发的围棋人工智能机器人 AlphaGo 以 4∶1的总成绩击败了世界冠军李世石，这场围棋大战的最终胜利者是机器，再次证明了人工智能的巨大潜力。这两次事件都是人机智能对决的经典案例。

6. 网络应用

计算机网络利用通信线路，按照通信协议，将分布在不同地点的计算机互联起来，使其相互通信，实现网上资源共享。计算机网络逐渐形成了一个支撑社会发展、改善生活品质的全新系统。

当前，基于互联网的应用已经无处不在，正在不断地改变着人们的生活方式和工作方式，推动着社会的进步和发展。各类社交媒体和即时通信工具已经成为人们分享生活、交流思想的重要平台；在线教育平台打破了地域和时间的限制，让更多人有机会接受优质的教育资源；基于互联网的电子商务应用大大提高了购物的便捷性和安全性；云服务、在线协作工具、远程会议系统等让团队合作变得更加高效；远程医疗技术使更广泛的人群能够享受到即时、高质量的医疗服务。

1.4 计算思维及计算思维能力培养

思维无处不在，人们无论做什么事情，都需要有正确思维的指导。人类在认识世界、改造世界的过程中表现出了三种基本的思维方式：一是以数学学科为代表，以推理和演绎为特征的逻辑思维；二是以物理学科为代表，以实验、观察和归纳总结为特征的实证思维；三是以计算机学科为代表，以设计和构造为特征的计算思维。随着信息技术的飞速发展和广泛应用，计算思维如同实证思维、逻辑思维一样，成为每个大学生应该具备的基本科学思维能力。

1.4.1　计算思维的概念

计算思维

从古代的算筹、算盘到近代的机械计算机、机电计算机，计算思维古已有之。古代的"结绳计数"就可以看作是早期朴素计算思维的体现。正如 1972 年图灵奖得主艾兹格·迪杰斯特拉(Edsger W. Dijkstra)所言："我们所使用的工具影响着我们的思维方式和思维习惯，从而也将深刻地影响着我们的思维能力。"计算思维本身并非计算机科学的专属，但电子计算机的出现和广泛应用，使得计算思维的意义和作用进一步凸显出来，带来了根本性的变化。随着计算机逐步成为人们日常生活和工作中无法离开的工具，特别是近年来，云计算、物联网、大数据、区块链等新一代信息技术的发展和应用，在社会经济、人文科学、自然科学的许多领域引发了一系列革命性的突破，极大地改变了人们对于计算和计算机的认识，无处不在、无事不用的计算思维成为人们认识和解决问题的基本能力之一，人们开始从科学思维模式的高度上研究计算思维。

2006 年，美国卡内基梅隆大学周以真(Jeannette M. Wing)教授在前人研究的基础上，对计算思维进行了清晰的阐述，这一阐述得到了人们的极大关注。周以真教授认为，计算思维(computational thinking，CT)是运用计算机科学的基础概念进行问题求解、系统设计以及人类行为理解等涵盖计算机科学之广度的一系列思维活动。计算思维吸取了问题求解所采用的一般数学思维方法、现实世界中复杂系统设计与评估的一般工程思维方法以及复杂性、智能、心理、人类行为理解的一般科学思维方法。因此，它涵盖了包括计算机科学在内的一系列思维活动。

下面通过两个简单的例子，说明什么是计算思维。

先看求定积分的问题：

$$I=\int_a^b f(x)\mathrm{d}x$$

为了求函数 $f(x)$在区间$[a,b]$上的定积分，数学上的求解思路和利用计算机的求解思路是不同的，反映了两种不同的思维方式。

数学上关心的是找到被积函数的原函数，然后利用牛顿-莱布尼茨(Newton-Leibniz)公式来求定积分。但当被积函数的原函数无法用初等函数表示或被积函数为仅知离散点处的函数值的离散函数时，应用牛顿-莱布尼茨公式就有困难。所以，在许多实际问题中要采用数值方法利用计算机来求函数的定积分。这时基本求解思路是：将整个积分区间$[a,b]$分成 n 个子区间$[x_i,x_{i+1}]$，$i=1,2,\cdots,n-1,n$，其中，$x_1=a$，$x_{n+1}=b$。这样求定积分问题就分解为下面的求和问题：

$$I=\int_a^b f(x)\mathrm{d}x=\sum_{i=1}^{n}\int_{x_i}^{x_{i+1}} f(x)\mathrm{d}x$$

而在每一个小的子区间上，定积分的值可以近似求得。例如，可以用矩形的面积代替曲边梯形的面积，也可以用梯形的面积代替曲边梯形的面积，还可以用抛物线代替曲边，从而得到不同的数值积分方法。这样，求定积分的问题转化为求 n 个数(曲边梯形的面积)之和的问题，这对计算机来说是很擅长的。

再看一个问题，验证哥德巴赫猜想，即任何大于 2 的偶数，都可以表示为两个素数之和。哥德巴赫猜想是一个古老而著名的数学难题，迄今未得出最后的理论证明。数学家要做的事情是证明一般性的结论，而利用计算机只是对有限范围内的数加以验证，不能算严格的证明。

1.4.2 计算思维的本质与方法

1. 计算思维的本质

计算思维的本质是抽象(abstraction)和自动化(automation)。在解决实际问题时，首先对求解的问题进行形式化的描述，将实际需求抽象为问题空间的求解模型，再用程序设计语言加以实现，最后由计算机按照程序的指令自动执行，完成问题求解。

抽象是指将具体事物或现象的共同特征、属性抽取出来，并用概念、模型、符号等方式表示出来的思维方式。在计算机科学中，抽象是一种重要的思维方式，它通过将现实世界中的问题转化为计算机可以理解和处理的抽象形式，使问题变得更易于处理。抽象是计算思维的核心概念，它可以使人们更好地理解和分析问题，从而更有效地解决问题。

数学家莱昂哈德·欧拉(Leonhard Euler)解决哥尼斯堡七桥问题就是问题抽象的典型例子。18 世纪初，普鲁士的哥尼斯堡有一条河穿过城区，河上有两个小岛，有七座桥把两个岛与河岸连接起来。有人提出一个问题：一个步行者怎样才能不重复、不遗漏地一次走完七座桥，最后回到出发点。

在相当长的时间里，这个问题始终未能解决。利用普通数学知识可以知道，若每座桥均走一次，那这七座桥所有的走法一共有 5 040 种。如何才能找到成功走过每座桥而不重复的路径呢？这就是著名的哥尼斯堡七桥问题，如图 1-19(a)所示。

为了求解这一问题，欧拉对问题进行了抽象，他把每一块陆地看作一个点，把连接两块陆地的桥以线表示，由此得到抽象后的几何图形，如图 1-19(b)所示。欧拉证明了遍历七座桥并回到原点的路径是不存在的，并创立了一个新的数学分支——图论与几何拓扑。

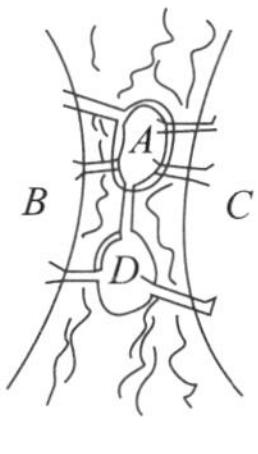

(a) 哥尼斯堡七桥问题

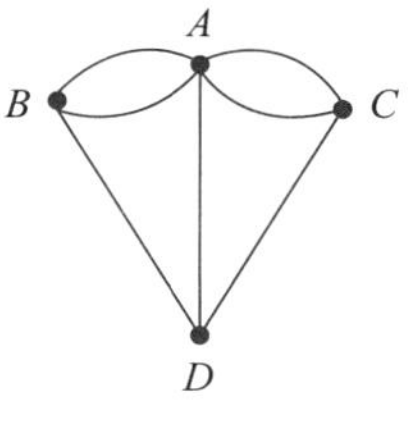

(b) 抽象后的几何图形

图 1-19 哥尼斯堡七桥问题及其抽象图形

自动化是指利用计算机技术实现任务的自动执行和处理。在计算机科学中,自动化是一种重要的思维方式,它通过将任务的执行过程自动化,大大提高了任务的执行效率和质量。

利用计算机自动求解问题需要结合人类的思维和计算机的能力。人类的思维在这里起到了至关重要的作用,因为它需要将问题抽象化,并选择适当的数学模型来表示问题。而计算机则可以通过自动执行程序,实现问题求解。这些计算思维的方法要素正是本书在后续各章中要介绍的内容。

2. 计算思维的方法

周以真教授提出的计算思维概念,强调了运用计算机科学的基础概念进行问题求解、系统设计以及人类行为理解等一系列思维活动。在人们利用计算机解决实际问题的过程中,常常会用到以下几种计算思维方法。

(1)约简、嵌入、转化与仿真。

约简是将问题简化为更容易处理的形式,去除不必要的复杂性。

嵌入是将问题嵌入一个更大的系统,以便利用系统的资源和功能来解决问题。

转化是将问题转化为另一种形式或另一种领域中的问题,以便利用该领域的知识和方法来解决问题。例如,将数学问题转化为计算机程序进行求解。

仿真是通过构建仿真模型来模拟实际问题的行为,从而预测和评估不同解决方案的效果。仿真方法有助于在不破坏实际系统的情况下进行测试和优化。

(2)递归与迭代。

递归是计算思维中常用的一种方法,它通过函数调用自身来解决问题,特别适用于那些可以分解为相似子问题的问题。递归方法能够简化问题的求解过程,但需要注意递归深度和效率问题。

迭代是通过重复执行某个过程来逐步逼近问题的解。迭代方法常用于优化问题、求解方程等场景。

(3)并行、分布式处理与多维分析。

并行处理利用多个处理器或计算资源同时处理问题的不同部分,以提高计算效率。这种方法特别适用于大规模数据处理和复杂系统计算等场景。

分布式处理将计算任务分布在多个计算机或节点上执行,以实现更高效的资源利用和更快的计算速度。分布式处理有助于解决大规模计算问题和跨地域数据共享问题。

多维分析从多个角度和维度对问题进行分析,以便更全面地理解问题的本质和特征。多维分析方法有助于发现问题的隐藏规律和关联,从而提出更有效的解决方案。

(4)抽象与分解。

计算思维的核心之一是抽象,即将复杂的问题或系统简化为更易于理解和处理的形式。这涉及对问题或系统的关键特征进行提炼,忽略不必要的细节,从而构建一个清晰、简洁的模型。

分解是将复杂的问题分解为一系列更小、更具体的子问题。这种方法有助于降低问题的复杂性,使每个子问题都更容易解决。同时,通过解决子问题,可以逐步构建出完整的解决方案。

(5)算法设计与分析。

算法设计是根据问题的特点和要求,设计合适的算法来解决问题。算法是计算思维的核心组成部分之一，它规定了问题求解的步骤和规则。

算法分析是对设计的算法进行评估和优化，以提高其效率和准确性。优化方法包括改进算法结构、减少计算量、利用启发式搜索等。

(6)自动化与容错机制。

自动化是指利用计算机技术和工具实现问题求解和系统设计的自动化。自动化方法能够显著提高工作效率和准确性，减少人为错误和重复性劳动。

容错机制是指在系统设计中考虑可能出现的错误和异常情况，并采取相应的容错措施来确保系统的稳定性和可靠性。容错机制包括冗余设计、错误检测与恢复等。

需要注意的是，计算思维的方法并不是孤立的，它们在实际应用中相互关联、相互补充，共同构成了计算思维的核心内容。通过灵活运用这些方法，人们可以更有效地解决复杂问题、设计高效系统并理解人类行为。

1.4.3 计算思维能力培养

一般来说，大学生的综合素质是指其所具有的学习能力、适应能力、交往能力、表达能力、解决问题能力以及组织管理能力等，既涉及专业素质，也涉及非专业的人文素质等。对于大学阶段的教育目标，联合国教科文组织国际21世纪教育委员会提出了大学要教学生“四会”，即学会认知(learn to know)、学会做事(learn to do)、学会做人(learn to be)、学会共处(learn to live together)。因此，大学教育要注重学生综合素质与能力的培养，要传授知识，更要传递科学与人文精神，展现不同文化与不同学科的思维方式。

计算机教育在大学人才培养中起着十分重要的作用，主要表现在：计算机不仅为解决专业领域问题提供了有效的方法和手段，而且提供了一种独特的处理问题的思维方式。计算机及互联网包含极其丰富的信息和知识资源，为终身学习提供了广阔的空间以及良好的学习工具。在信息社会里，计算机使用者的道德规范与社会责任是培养目标的重要内容。因此，计算机教学不但要培养大学生对计算机的感知能力，而且要使大学生掌握利用计算机进行问题求解的方法，展现计算机学科独特的思维方式，这也是今后应用计算机技术解决专业问题的重要基础。

如果说计算机的第一属性是工具，那么掌握计算思维的方法能让工具的使用更有技巧、更有效率。计算思维强调计算机学习过程中的方法论、计算机求解问题的特点与方法、利用计算机解决问题的意识与能力。学习计算机仅仅注重工具的使用是不够的，还应将计算机科学中方法论层面的原理与思维规律贯穿于学习过程之中，从而实现“工具属性”和“方法论”的统一。

习题

一、选择题

1. 世界上第一台电子计算机的英文名缩写为(　　)。

A. ENIAC　　B. EDVAC　　C. EDSAC　　D. MARK-Ⅰ

2. 早在电子计算机诞生100多年以前，就提出了程序控制设计方案的科学家是(　　)。

A. 莱布尼茨　　B. 巴贝奇　　C. 图灵　　D. 阿塔纳索夫

3. 图灵机由 4 部分组成，分别是一条无限长的纸带、一个读写头、(　　)和一个状态寄存器。

A. 一个控制器　　B. 一套控制规则表

C. 一个读写器　　D. 一个纸带机

4. 计算机的自动化操作是由它的(　　)决定的。

A. 二进制运算原理　　B. 通用分析机原理

C. 实时控制原理　　D. 存储程序工作原理

5. 计算机史上著名的“101 页报告”与(　　)有关。

A. ENIAC　　B. EDSAC　　C. UNIVAC　　D. EDVAC

6. 在软件方面，第一代计算机主要使用(　　)。

A. 机器语言　　B. 高级语言

C. 数据库管理系统　　D. FORTRAN 语言

7. 微型计算机诞生于(　　)。

A. 第一代计算机时期　　B. 第二代计算机时期

C. 第三代计算机时期　　D. 第四代计算机时期

8. 我国第一台电子计算机诞生于(　　)年。

A. 1971　　B. 1965　　C. 1958　　D. 1946

9. 为我国国防科技做出了重大贡献并被誉为“功勋计算机”的是(　　)。

A. 大型晶体管计算机 109 乙　　B. 大型晶体管计算机 109 丙

C. “银河”系列巨型计算机　　D. “天河”系列超级计算机

10. “神威·太湖之光”计算机属于(　　)。

A. 高性能计算机　　B. 第二代计算机

C. 第三代计算机　　D. 高级计算机

二、填空题

1. 电子计算机主要是以________来分代的，4 代电子计算机分别采用________、________、________和________作为电器元件。

2. 第一台电子计算机是在________年诞生的，当时主要用于________。

3. 世界上最早按存储程序设计的计算机是________，首次实现存储程序的计算机是________，第一台商用计算机是________，第一台运算速度达每秒 1 亿次的计算机是________。

4. 图灵提出了理想计算机的通用模型，人们称这种模型为________。

5. 计算思维的本质是________和自动化。

三、问答题

1. 设计计算 $f(n)=2n$ 的图灵机并分析其工作过程。

2. 什么是冯·诺依曼体系结构？

3. 计算机的发展经历了哪几个阶段？各个阶段的主要特征是什么？

4. 简述计算思维的含义。

5. 简述我国计算机事业的发展与成就。

第 2 章 问题求解与算法基础

本章导读

现代计算机具有两大特性：首先，它们具备高度的通用性，即几乎所有的计算机都能完成类似的任务，只是在运算速度和处理能力上存在差异；其次，对于新的计算需求，人们无须对计算机本身进行重新设计，而只需为其编写相应的程序即可。因此，在利用计算机进行问题求解时，编写针对特定问题的程序显得尤为重要。

为了实现问题求解，人们首先需要从问题的本质出发，抽丝剥茧地提取关键要素，并利用与问题紧密相关的专业知识和数学原理，构建一个数学模型。然后将这个数学模型转化为计算机可以实现的算法，这一过程确保了问题求解的思路能够被计算机所理解。最后编写程序，并在计算机上运行该程序，从而得到问题求解的结果。

学习目标

◇掌握问题求解的基本步骤。

◇理解算法的概念并掌握算法的描述方法。

◇了解程序设计语言与程序设计方法。

◇掌握基于 Python 语言的程序实现方法。

◇了解问题求解的常用算法。

2.1 问题求解的基本步骤

从一般意义上来说，程序（program）是完成某项任务的一系列步骤的总和。举个例子，一台晚会的节目单就是一个程序，节目是按照事先确定好的顺序进行演出的。从计算机的角度来说，必须有一种计算机能理解的语言作为程序的描述工具，否则程序就没有办法执行。在计算机中，指令（instruction）是计算机所能够执行的最基本操作。所以，程序最终的形态是指令，程序是计算机指令的集合，这些指令描述了计算机进行问题求解的一系列操作步骤。

软件（software）和程序并不是同一个概念。程序随计算机而产生，自从有计算机就有程序。而软件则相当于程序和与程序相关的文档资料的总和，它是程序变为独立商品（产品）后的产物。同程序和软件的关系一样，程序设计（programming）和软件开发（software development）也是两个意义相近、但又有区别的概念。许多时候，这两个词并不严格加以区分，编写程序有时被认为是软件开发。随着软件工程概念的不断深入和方法的流行，现在更多地主张用软件开发来泛指计算机求解的过程，而程序设计则主要是指程序代码的编写，是软件开发的一部分。但从程序设计教学上来说，则主张更广义地去理解程序设计。

广义上的程序设计并不是简单的编写程序代码，而是反映了利用计算机解决问题的全过程。使用计算机解决实际问题，通常要先通过观察和研究实际问题的固有特征和内在规律，抓住问题的主要矛盾；建立起反映实际问题的数量关系或处理方法；然后进行算法设计，并用某一种程序设计语言编写程序；最后调试程序，使之运行后能产生预期的结果。这个过程称为程序设计，其一般要经过以下 4 个基本步骤。

（1）分析问题，确定数学模型或方法。

要用计算机解决实际问题，首先要对待解决的问题进行详细分析，弄清楚问题的要求，包括需要输入什么数据、要得到什么结果、最后应输出什么，即弄清楚要计算机“做什么”。然后对实际问题进行合理的简化，用数学语言来描述它，这一过程称为建立数学模型。建立数学模型后，需选择计算方法，即选择用计算机求解该数学模型的近似方法。不同的数学模型，往往要进行一定的近似处理。对于非数值计算，则要考虑对数据处理的需求和方法等问题。

（2）设计算法，画出流程图。

在弄清楚要计算机“做什么”后，就要明确要计算机“怎么做”，即设计算法（algorithm），也就是把问题的数学模型或处理需求转化为计算机解题的步骤。解决一个问题，可能有多种算法。这时，应该通过分析、比较，挑选出一种最优的算法。算法设计完成后，要用流程图把算法形象地表示出来。

（3）选择编程工具，按算法编写程序。

当确定了解决问题的算法后，还必须将该算法用程序设计语言编写成程序，这个过程称为编码（coding）。最初的计算机直接使用二进制机器指令代码来编写程序，后来出现了汇编语言，而现在一般采用高级语言编写程序。但无论程序是用什么语言编写的，最终被计算机执行前都必须被翻译为机器指令形式，计算机只能执行二进制指令。

（4）调试程序，分析输出结果。

编写完成的程序，不一定完全符合实际问题的要求，还必须在计算机上运行这个程序，排除程序中可能的错误，才能得到结果。这个过程称为调试（debugging）。即使是经过调试的程序，在使用一段时间后，仍然会被发现尚有错误或不足之处。这就需要对程序做进一步的修改，使之更加完善。

在以上解题步骤中，第 2 步是核心。即在程序设计或软件开发中，关键是如何设计出一个解决问题的算法。因此在编写程序之前，首先要分析问题，形成清晰的算法设计思路。对程序设计的初学者来说，可以先借鉴别人设计好的算法来解决问题，多思考、多实践，编程多了，自然也会自己设计算法了。

2.2 算法及其描述

为解决问题而采用的方法和步骤就是算法。算法的质量直接影响程序运行的效率。从计算机完成任务的角度来看，一个计算机程序就是利用程序设计语言对算法的一种实现。根据图灵理论，只要问题能够被分解为有限步骤，就可以通过计算机进行求解。这里有两层意思，一是算法必须是有限步骤，二是能够将这些步骤设计为计算机所执行的程序。因此算法是程序设计的基础。反过来，如果一个问题不能被有效地分解为有限的步骤，即说明问题的解决方案是计算机所不能实现的。因此算法的研究就成为计算机领域中一个重要的内容。

2.2.1 算法的概念

1. 什么是算法

算法的概念由来已久。在计算机诞生之前，算法一直属于数学的范畴，主要是指寻找解决特定问题所需要的一组操作序列。一个著名的例子就是古希腊数学家欧几里得(Euclid)所发现的求两个正整数 m 和 n 的最大公约数问题。根据欧几里得提供的方法，求最大公约数问题可以通过反复执行以下两步操作来解决。

第 1 步：m 除以 n，得到余数 r。

第 2 步：若 r 等于 0，则 n 就是最大公约数，否则将 n 赋值给 m，r 赋值给 n，返回第 1 步。

这就是算法，在小学算术中称为辗转相除法。

自古以来，人们为解决各种数学问题创造了许多算法。我国古代数学中蕴含着更为丰富的算法内容和思想，割圆术、秦九韶算法等都是很典型的算法。

计算机的诞生使古老的算法又重新充满了活力。多次重复执行简单的预定操作，正好能够发挥计算机的特长。随着计算机应用的扩大，算法的应用早已超出了数学的范畴，而成为解决计算问题的普遍方法。

下面再看一个非数值计算方面的例子。有 9 枚铜币，其中有 1 枚略轻的是假币，用一台没有砝码的天平将假币找出来，应怎样找？

第 1 步：将 9 枚铜币平均分成 3 组，将其中两组分别放在天平的两边。如果天平平衡，则假币必定在另外一组；如果天平不平衡，则假币必定在较轻的一组。

第 2 步：在有假币的一组铜币中，取出两枚铜币，分别放在天平的两边。如果天平平衡，则假币必定是剩余的；如果天平不平衡，则假币必定在较轻的一边。

这一算法的特点是，称一次可去掉 2/3 的铜币，把搜索范围缩小。当然，这个例子还有其他解法。

2. 算法的控制结构

算法有 3 种控制结构，即顺序结构、选择结构和循环结构。顺序结构是最简单的一种结构，即按顺序依次执行不同的操作。选择结构根据条件满足或不满足而去执行不同的操作。循环结构又称为重复结构，是指重复执行某些操作，重复执行的部分称为循环体。

以上 3 种控制结构具有共同的特点：只有一个入口和一个出口，结构内的每一部分都有机会被执行，结构中无死循环（死循环是指无止境地重复操作）。

结构化定理表明，任何一个复杂问题的算法都可以由以上 3 种控制结构组成。有单入口、单出口性质的基本结构之间形成顺序执行关系，使不同基本结构之间的接口关系简单，相互依赖性小，从而呈现出清晰的结构。

2.2.2　算法的特性

在研究计算机算法和程序设计技术的众多科学家中，唐纳德 • 克努特（Donald E. Knuth）做出了突出的贡献，获得了 1974 年的图灵奖。在克努特的经典著作《计算机程序设计艺术》中，他归纳了算法应具有以下 5 个特性。

（1）有穷性（finiteness）。

算法中执行的步骤总是有限次数的，不能无止境地执行下去。例如，计算圆周率 π 的值，可用如下公式：

$$\frac{\pi}{4}=1-\frac{1}{3}+\frac{1}{5}-\frac{1}{7}+\frac{1}{9}-\frac{1}{11}+\cdots+(-1)^{n-1}\frac{1}{2n-1}+\cdots$$

这个多项式的项数是无穷的，因此，它是一个计算方法，而不是算法。要计算 π 的值，只能取有限的项数。例如，取 $n=100$ 或精确到小数点后第 5 位，这个计算就是有限次的，因而才能称得上算法。

（2）确定性（definiteness）。

算法中的每一步操作都必须具有确切的含义，不能有二义性。例如，算法中如此描述“把 m 乘以一个数，将结果放入 sum 中”，这是不确定的，因为不知道将 m 与哪一个数相乘。

（3）有效性（effectiveness）。

算法中的每一步操作必须是可执行的，并应能得到一个明确的结果。例如，在算法中有 m 除以 n 的操作步骤，若此时 n 为 0，则此操作在程序中是不能被有效地执行的，所以应修改此算法，增加判断 n 是不是 0 的步骤。若 n 为 0，则给出提示信息；否则，进行除法操作。

（4）可以有零个或多个输入。

输入是指在执行算法时从用户获得数据，如在判断某数是不是素数的算法中，必须要先获得被判断的数。当然，有时是不需要输入的，如计算 5!的算法。

（5）有一个或多个输出。

设计算法的目的是解决问题，要看到问题是否被解决，总要得到有关信息，故没有输出的算法是没有意义的。例如，在判断一个数是不是素数的算法中，总要得到最后的判断结果。

2.2.3　算法的描述

在计算机领域，算法的描述主要是为了将算法的步骤变成能够用程序设计语言实现的表示方式。描述算法有多种不同的工具。例如，前面介绍的欧几里得算法，就是用自然语言描述的，其优点是通俗易懂，但它不太直观，描述不够简洁，且容易产生二义性。在实际应用中，常用流程图、伪代码等工具来描述算法。

1. 用流程图描述算法

流程图（flow chart）是指用一些几何框图、流程线和文字说明表示各种类型的操作。一般用矩形框表示进行某种处理，有一个入口、一个出口；用菱形框表示判断，有一个入口、两个出口；此外，还有输入框、输出框、开始框、结束框。在框内写上简明的文字或符号以表示具体的操作，用带箭头的流程线表示操作的先后顺序。

流程图是人们交流算法设计的一种工具，而不是输入给计算机的。流程图的画法很简单，只要逻辑正确且人们都能看得懂就可以了，一般是由上而下按执行顺序画下来的。

例如，用传统流程图描述欧几里得算法，如图 2-1 所示。

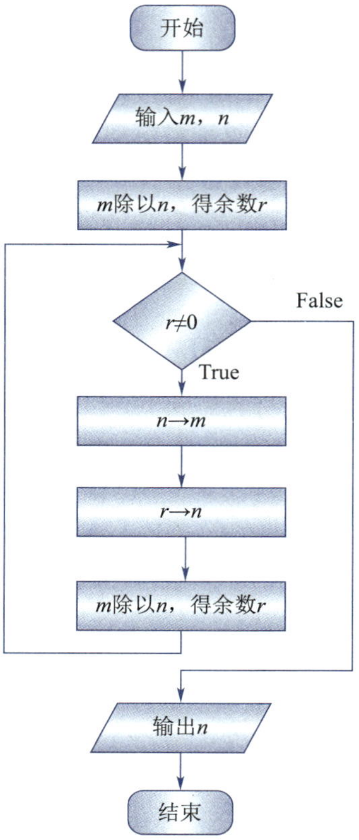

图 2-1　用传统流程图描述欧几里得算法

传统流程图的主要优点是直观性强，初学者容易掌握；缺点是对流程线的使用没有严格限制，如毫无限制地使流程任意转来转去，将使流程图变得毫无规律，难以阅读。为了提高算法的可读性和可维护性，必须限制无规则的转移，使算法结构规范化。

2. 用伪代码描述算法

流程图是一种图形描述工具，利用图形描述工具描述的算法直观、易懂，但图形绘制和修改比较麻烦。为了克服图形描述工具的缺点，也可以采用伪代码描述算法。

伪代码(pseudocode)是介于自然语言和高级语言之间的一种文字和符号描述工具，它不涉及图形，而是借助某种高级语言但又不拘泥于严格的语言规则，自上而下逐行描述算法，书写方便，格式紧凑。例如，用 Python 描述欧几里得算法的伪代码如下。

```
m=输入的第一个正整数
n=输入的第二个正整数
r=m 除以 n 的余数
while r≠0:
    m=n
    n=r
    r=m 除以 n 的余数
print(n)
```

2.3 程序设计语言与程序设计方法

程序设计语言(programming language)是算法的具体实现工具。语言的基础是事先定义的一组符号和使用规则，根据使用规则由符号构成的符号串的总体就是语言。一种程序设计语言能够让程序员准确地定义计算机所需要使用的数据以及在不同情况下所应当采取的操作，利用计算机进行问题求解必须掌握一种程序设计语言的使用规则。

程序设计方法主要有结构化程序设计、面向对象程序设计，以及由面向对象程序设计衍生出来的可视化程序设计，这些方法反映了不同的程序设计范式(paradigm)，并且有相应的程序设计语言作为支撑。

2.3.1 程序设计语言的分类

按照程序员与计算机对话的复杂程度划分，可以将程序设计语言分为低级语言和高级语言两类。低级语言又包括机器语言和汇编语言。

1. 机器语言

计算机能直接接收的只能是二进制信息，因此最初的计算机指令都用二进制形式表示。机器语言(machine language)是以计算机能直接识别的二进制代码组成的一系列指令，每条指令实质上是一组二进制数。指令被送入计算机后，存放在内存储器中，运行时，从内存储器中一条一条地取出指令，经过译码，使计算机内各部件根据指令的要求完成规定的操作。

用机器语言编写的程序称为机器语言程序。机器语言是计算机唯一可以直接理解的语言，但由于机器指令是烦琐冗长的二进制代码，所以利用机器语言编写程序，要求程序设计人员熟记计算机的全部指令，工作量大，容易出错又不容易修改，同时各种计算机系统的机器指令也不一定相同，所编制的程序只适用于特定的计算机系统。因此，利用机器语言编写程序对非计算机专业人员来说是比较困难的。为此，人们研究了一种汇编语言。

2. 汇编语言

由于利用机器语言编写程序困难很大，因此出现了用符号来表示二进制指令代码的符号语言，称为汇编语言(assembly language)。汇编语言用容易记忆的英文单词或单词缩写代替约定的指令。例如，使用 MOV 表示数据的传送指令，ADD 表示加法指令，SUB 表示减法指令等。汇编语言的出现使程序的编写方便了许多，并且使编写的程序便于检查和修改。用汇编语言编写的程序称为汇编语言源程序，通常简称为汇编语言程序。下面是一个 80x86 汇编语言程序实例和对应的机器语言程序。

```
汇编语言程序              机器语言程序
0100   MOV DL,01          0100   B201
0102   MOV AH,02          0102   B402
0104   INT 21             0104   CD21
0106   INT 20             0106   CD20
```

计算机只能执行用机器语言表示的指令，因此利用汇编语言编写的程序，必须经过翻译转化为机器语言代码，才能在计算机上运行，这个过程通过一个翻译程序自动完成。这种将汇编语言程序翻译成机器语言程序的程序通常称为汇编程序，翻译的过程称为汇编。

汇编语言仍然是面向机器的程序设计语言，与具体的计算机硬件有着密切的关系。汇编语言指令与机器语言指令基本上一一对应。利用汇编语言编写程序必须对计算机的硬件资源有一定的了解，如计算机系统的累加器、各种寄存器、存储单元等。因此，汇编程序的编写、阅读对非计算机专业人员来说，依然存在着较大的障碍。为了克服这些障碍，人们进一步研制出了高级语言。

3. 高级语言

高级语言(high level language)是一种更接近自然语言和数学表达式的语言，它由表达不同意义的“关键字”和“表达式”按照一定的语法语义规则组成，不依赖具体机器。用高级语言编写的程序易读易记，也便于修改、调试，大大提高了编制程序的效率，也大大提高了程序的通用性，便于推广交流，从而极大地推动了计算机的普及应用。

用高级语言编写的程序称为源程序(source program)。源程序必须经过“翻译”处理，成为计算机能够识别的机器指令，才能被计算机执行。这种“翻译”通常有两种方式，即解释方式和编译方式。

(1)解释方式。

解释方式是通过解释程序(interpreter)对源程序进行逐句翻译，翻译一句执行一句，翻译过程中并不生成可执行文件。这和平时的“同声翻译”的过程差不多，它的问题是如果需要重新执行这个程序，就必须重新翻译。因为解释程序每次翻译的语句少，所以对计算机的硬件环境如内存储器的要求不高，特别是在早期计算机硬件资源较少的背景下，解释系统被广泛使用。当然，因为是逐句翻译，两条语句执行过程之间需要等待翻译过程，因此程序运行速度较慢，同时系统一般不提供任何程序分析和代码优化。

(2)编译方式。

编译方式是利用编译程序(compiler)把高级语言源程序文件翻译成用机器指令表示的目标程序(object program)文件，再将目标程序文件通过链接程序生成可执行文件，最后运行可执行文件，得到计算结果，如图 2-2 所示。生成的可执行文件可以脱离编译程序单独执行。

图 2-2　高级语言程序的编译执行过程

编译系统由于可进行代码优化(有的编译程序可进行多次优化)，目标代码效率很高，因此，编译方式是目前高级语言实现的主要方式。常见的程序设计语言，如 C/C++、FORTRAN 等都是编译型语言。用这些语言编写的源程序都需要进行编译、链接，才能生成可执行程序。

编译程序是一个十分复杂的程序，将源程序编译生成目标程序，要做一系列的工作。图 2-3 反映了编译程序的工作过程，其各个功能模块的作用如下。

①词法分析器。它对字符串形式的源程序代码进行扫描，按语言的词法规则识别出各类单词，并将它们转换为机内表示形式。词法分析器又称为扫描器。

②语法分析器。它的作用是对单词进行语法分析，按该语言的语法规则分析出一个个语法单位，如表达式、语句等。

③中间代码生成器。它将由语法分析器获得的语法单位转换成某种中间代码。高级语言不像汇编语言那样，和机器语言具有一一对应的关系，因此很难一步把它们翻译成机器指令序列，通常先将其翻译成中间代码，再将中间代码序列翻译成最终的目标代码。采用中间代码的好处是可以在中间代码上进行代码优化。

④代码优化器。它的作用是对中间代码进行优化，以便最后生成的目标代码在运行速度、存储空间等方面具有更高的质量。

⑤目标代码生成器。它的作用是将优化后的中间代码转换为最终的目标代码。

不难理解的是，在上述翻译过程中，编译程序只能够发现程序中的语法错误，而不能发现算法设计中的错误。前者属于语言范畴，而后者则属于逻辑问题。解决程序的逻辑问题是程序设计者的首要任务。

随着高级语言的发展，出现了高级语言各自的集成化开发环境(integrated development environment，IDE)。所谓集成化开发环境，就是将源程序文件的编辑、翻译(解释或编译)、链接、运行及调试等操作集成在一个环境中，各种操作设计成菜单命令。除关于程序执行的主要操作命令外，集成化开发环境中还设计了关于文件操作的命令(如文件打开、存盘、关闭等)、程序调试命令(如分步操作、跟踪、环境设置等)等，这样就方便了程序的编写、调试和运行。

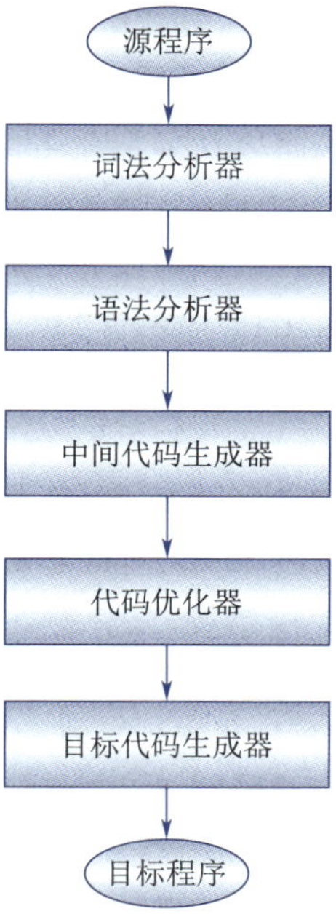

图 2-3 编译程序的工作过程

2.3.2 常用高级语言

自 20 世纪 50 年代高级语言问世以来，经过不断发展，出现了种类繁多的高级语言。虽然每种语言都有其特定的产生背景和不同的发展轨迹，但是高级语言有共同的基本特征。由于高级语言直观、通用性强，所以一般计算机应用人员都使用高级语言来编写程序。

1. 通用高级语言

(1)FORTRAN 语言。

为了克服低级语言的缺点，20 世纪 50 年代，由美国的约翰·贝克斯(John Backus)创造出了第一个程序设计高级语言——FORTRAN 语言。FORTRAN 是 formula translation 的缩写，意为“公式翻译”，在科学计算领域发挥着重要作用。FORTRAN 语言于 1954 年正式发布，并于 1956 年得以实现。

自 FORTRAN 语言问世以来，经过不断发展，先后形成了许多不同的版本。FORTRAN 语言的发展使这门古老的语言焕发出新的活力。如今的 FORTRAN 语言不仅保持着擅长于科学计算的优势，而且还可以像 Visual Basic、Visual C++语言一样开发出基于图形用户界面的应用程序。

(2)BASIC 语言。

1964 年诞生的 BASIC 语言是较早出现且至今仍有较大影响的语言之一。BASIC 是 beginner's all-purpose symbolic instruction code 的缩写，其含义是“初学者通用符号指令代码”。BASIC 语言简单易学，程序容易理解，特别适合初学者学习。

1991 年，微软公司推出了 Visual Basic 1.0，这是一个基于对象的开发工具，采用可视化界面设计和事件驱动的编程机制，允许程序员在一个所见即所得的图形界面中迅速完成开发任务。伴随着.NET 平台的问世，Visual Basic.NET(VB.NET)又以一个全新的面貌出现。

(3)Pascal 语言。

1968 年，瑞士的沃斯(N. Wirth)教授设计完成了 Pascal 语言，为纪念计算机先驱布莱士·帕斯卡而以其名字命名该语言，于 1971 年正式发布。

Pascal 具有语法严谨、层次分明等特点，是一种结构化程序设计语言，特别适合于教学。与以往的程序设计语言相比，Pascal 语言在程序设计目标上强调结构化程序设计方法，现在的结构化程序设计思想的起源应归功于它。

(4)C 语言。

C 语言的祖先是 BCPL(basic combined programming language)。1970 年，美国贝尔实验室的肯·汤普森(Ken Thompson)在 BCPL 的基础上设计出了 B 语言。接着在 1972 年到 1973 年间，美国贝尔实验室的丹尼斯·里奇(Dennis M. Ritchie)在肯·汤普森的基础上设计出了 C 语言。

最初的 C 语言只是为描述和实现 UNIX 操作系统而设计的，后来美国国家标准学会(ANSI)和国际标准化组织(ISO)对其进行了发展和扩充。C 语言既有高级语言的优点，又有接近汇编语言的效率，是集汇编语言和高级语言的优点于一身的程序设计语言。

到了 20 世纪 80 年代，贝尔实验室在 C 语言的基础上推出了 C++程序设计语言，C++成为广泛使用的面向对象语言的代表。它既可用来编写系统软件，也可用来编写应用软件。

C/C++具有很大的灵活性，但这是以开发效率为代价的。一般来说，实现相同的功能，C/C++的开发周期要比其他语言的长。人们一直在寻找一种可以在功能和开发效率之间达到更好的平衡的语言。好的替代语言应该能为现存和潜在平台上的开发提供更高效率，可以方便地与现存应用结合，并且在必要时可以使用底层代码。针对这种需求，微软公司推出了一种称为 C# 的开发语言。C# 在更高层次上重新实现了 C/C++，是一种先进的、面向对象的语言，通过 C#，可以让开发人员快速建立基于微软网络平台的应用，并且提供大量的开发工具和服务。

(5)COBOL 语言。

COBOL 的全称是 common business-oriented language，意为通用商业语言。COBOL 按层次结构来描述数据，完全适合现实数据处理的数据结构。它重视数据项和输入、输出记录的处理，对具有大量数据的文件提供了简单的处理方式。COBOL 主要面向数据处理，但由于数据库系统的广泛应用，现在已经很少使用 COBOL 来编写数据管理程序了。

(6)Java 语言。

随着互联网应用的发展，1995 年 5 月，Java 语言正式问世。进入 21 世纪，Java 语言企业级应用飞速发展，主要应用于电信、金融、交通等行业的信息化平台建设。

Java 语言的基本结构与 C++语言的极为相似，但却简单得多。它充分吸取了 C++语言的优点，采用了程序员所熟悉的 C/C++语言的许多语法，同时又去掉了 C 语言中指针、内存申请和释放等影响程序健壮性的部分。Java 语言具有跨平台、面向对象、安全、适用于网络应用等显著特点，Java 语言已经成为目前流行的网络编程语言。

(7)Python 语言。

Python 语言起源于 1989 年年末，是一种功能强大的程序设计语言，它在支持面向过程程序设计的同时，还支持面向对象程序设计。它以优雅、清晰、简洁的语法特点，让初学者从语法细节中脱离出来，而专注于解决问题的方法，以及分析程序本身的逻辑和算法。

Python 语言还具有大量优秀的第三方函数模块，对学科交叉应用很有帮助。经过几十年的发展，Python 语言已经成为一门重要的程序设计语言。目前，基于这种语言的相关技术正在飞速发展，用户数量急剧增加。Python 语言在软件开发领域有着广泛应用。

2. 科学计算语言

20 世纪 80 年代出现了科学计算语言，MATLAB 是其中比较优秀的一种。MATLAB 是 matrix laboratory 的缩写，意为矩阵实验室。MATLAB 自 1984 年由美国 MathWorks 公司推出以来，经过不断改进和发展，现已成为国际公认的优秀的工程应用开发环境。MATLAB 功能强大、简单易学、编程效率高，深受广大科技工作者的欢迎。

MATLAB 以矩阵作为数据操作的基本单位，使得矩阵运算变得非常简洁、方便、高效。MATLAB 提供了十分丰富的函数，能完成数值计算、符号计算、绘制图形等功能，而且 MATLAB 具有传统编程语言的特征，能很方便地实现程序控制。MATLAB 还提供了很多工具箱，功能性工具箱扩充了其符号计算功能和可视建模仿真功能，学科性工具箱专业性比较强，人们可以通过直接利用这些工具箱进行相关领域的科学研究。

2.3.3　程序设计方法

随着计算机技术的不断发展，人们对程序设计方法的研究也在不断深入。早期程序设计的好坏常以运行速度快、占用内存少为主要标准，然而在计算机的运算速度大大提高、存储容量不断扩大的情况下，程序具有良好的结构成为第一要求。一个结构良好的程序虽然在效率上不一定最高，但要结构清晰、易于阅读和理解，并且便于验证其正确性。这一要求对传统的程序设计方法提出了严重的挑战，从而促使了程序设计方法的进步。

1. 结构化程序设计

20 世纪 60 年代出现过严重的软件危机，由软件错误而引起的信息丢失、系统报废等事件屡有发生。为此，1968 年，荷兰计算机科学家艾兹格·迪杰斯特拉提出了程序设计中常用的 GOTO 语句的三大危害：破坏了程序的静动一致性；程序不易测试；限制了代码优化。此举引起了软件界长达数年的论战，并由此产生了结构化程序设计方法，同时诞生了基于这一设计方法的程序设计语言 Pascal。

结构化程序设计（structured programming）自提出以来，经受住了实践的检验，同时也在实践中得以不断发展和完善，成为软件开发的重要方法。用这种方法设计的程序结构清晰，易于阅读和理解，便于调试和维护。

概括起来，结构化程序设计方法具有以下特点。

（1）自顶向下，逐步求精。

首先把一个复杂问题分解成若干个相互独立的子问题，然后对每个子问题再作进一步分解，如此重复，直到每个问题都容易解决为止。

（2）模块化。

模块化是结构化程序的重要原则。整个程序由分层次的功能模块组成，功能模块之间通过接口传递信息，使得功能模块具有良好的独立性和层次性。这样更加有利于系统的开发与维护。

（3）结构化。

任何程序均以 3 种基本控制结构（顺序、选择和循环）实现，采用单入口、单出口的控制结构，避免了使用无条件转移 GOTO 等非结构化语句而引起的程序结构混乱的问题，从而保证程序具有良好的结构，有利于检验程序的正确性。

结构化程序设计的过程就是将问题求解由抽象逐步具体化的过程。这种方法符合人们解决复杂问题的普遍规律，可以显著提高程序设计的质量和效率。

2. 面向对象程序设计

将结构化思想引入程序设计，有效地降低了软件开发的复杂性，并使 20 世纪 60 年代后期出现的软件危机获得初步缓解。但是，结构化程序设计方法仍然存在两个需要解决的问题。

第一，结构化程序设计基于求解过程来组织程序流程，程序设计的主要工作就是用不同的功能模块来描述求解过程，这种基于功能的设计方法难以适应程序中功能的变化，功能的变化往往意味着程序的重新设计。

第二，在结构化程序设计中，以对数据进行操作的过程作为程序的主体，而被操作的数据处于实现功能的从属地位，即数据和施加于数据的操作是独立设计的，每个功能模块可以随意修改未加封装的数据，使得数据的安全性难以得到保障。而且当数据结构改变时，所有相关的处理过程都要进行相应的修改，程序的可重用性差。

由于上述缺陷，结构化程序设计方法已不能满足现代化软件开发的要求，软件开发需要程序设计方法进行新的变革，于是面向对象程序设计(object-oriented programming，OOP)方法应运而生。

面向对象程序设计起源于 Simula 67 语言，并且在它的影响下得到迅速发展。用面向对象的方法解决问题，不是将问题分解为过程，而是将问题分解为对象，以对象作为程序的主体。对象有自己的数据(属性)，也有作用于数据的操作(方法)，将对象的属性和方法封装成一个基本逻辑单元，供程序设计时使用。对象之间的相互作用通过消息传递来实现。用类来描述具有相同属性特征的一组对象，利用继承来实现类与类之间的数据和方法的共享。

下面介绍面向对象程序设计的一些重要概念。

(1)对象。

现实世界中客观存在的事物称为对象(object)，它可以是有形的，如一个人、一辆汽车、一座大楼等；也可以是无形的，如一场足球比赛、一次演出、一项计划等。任何对象都具有各自的特征(属性)和行为(方法)。例如，一个人有姓名、性别、身高、肤色等特征，也具有行走、说话、上网等动作行为。

面向对象程序设计中的对象是现实世界中的客观事物在程序设计中的具体体现，它也具有自己的特征和行为。对象的特征用数据来表示，称为属性(property)。对象的行为用程序代码来实现，称为对象的方法(method)。总之，任何对象都是由属性和方法组成的。

(2)类。

人们在认知客观世界时，采用抽象的方法把具有共同性质的事物划分为一类。类(class)是具有相同属性和方法的一组对象的集合，或者说，类是指对一组具有相同特征和行为的对象的抽象描述，任何对象都是某个类的实例(instance)。例如，汽车是一个类，而每一辆具体的汽车是该类的一个对象或实例。

类为属于该类的全部对象提供了统一的抽象描述。在程序设计过程中，通常有很多相似的对象，它们具有相同的属性，响应相同的消息，具有相同的方法。对每个这样的对象单独进行定义是很浪费的，因此将相似的对象分组形成一个类，每个这样的对象称为类的一个实例，一个类中的所有对象共享一个公共的定义，尽管它们对属性所赋予的值不同。例如，所有的雇员构成雇员类，所有的客户构成客户类等。

(3)消息。

一个系统由若干个对象组成，各个对象之间通过消息(message)相互联系、相互作用。消息是一个对象要求另一个对象实施某项操作的请求。发送者发送消息，在一条消息中，需要包含消息的接收者和要求接收者执行某项操作的请求，接收者通过调用相应的方法响应消息。这个过程被不断地重复，从而驱动整个程序的运行。

(4)封装。

封装(encapsulation)是指把对象的数据(属性)和操作数据的过程(方法)结合在一起，构成独立的单元，它的内部信息对外界隐藏，不允许外界直接存取对象的属性，只能通过使用类提供的外部接口对该对象实施各项操作，保证了程序中数据的安全。

(5)继承。

继承(inheritance)是面向对象方法为了提高软件的开发效率而采取的重要措施，它是指子类可以拥有父类的属性和方法。继承提高了程序代码的复用性，定义子类时不必重复定义那些已在父类中定义的属性和方法。比如，学生是一个父类，研究生、本科生则是它的子类。在子类研究生中，不但有学生的全部属性，如姓名、出生年月、性别，而且还有自己特殊的属性，如学位、导师、研究方向等。

(6)多态性。

多态性(polymorphism)是指同一名字的方法产生了多个不同的动作行为，也就是不同的对象收到相同的消息时产生不同的行为方式。例如，“上课”是师生类具有的动作行为，“响铃”消息发出以后，老师和学生都要“上课”，但老师的动作行为是“讲课”，而学生的动作行为是“听课”。将多态的概念应用于面向对象程序设计，增强了程序对客观世界的模拟性，不但为软件的结构设计提供了灵活性，还减少了信息冗余，提高了软件的可扩展性。

总之，面向对象程序设计用类、对象的概念直接对客观世界进行模拟，客观世界中存在的事物、事物所具有的属性、事物间的联系均可以在面向对象程序设计语言中找到相应的机制。面向对象程序设计方法采用这种方式是合理的，它符合人们认识事物的规律，改善了程序的可读性，使人机交互更加贴近自然语言，这与传统程序设计方法相比，是一个很大的进步。

3. 可视化程序设计

Windows 操作系统的图形用户界面(graphical user interface，GUI)彻底改变了人们操作计算机的方式，也成为现代软件界面设计的标准。面向对象程序设计的出现，明显降低了图形用户界面的开发难度。但对于一些复杂的用户界面，若直接使用面向对象程序设计语言对所需的类或对象逐一编写代码进行定义，工作量仍然很大。为了避开这些烦琐的代码编写工作，能够方便、轻松地利用面向对象程序设计方法设计图形用户界面，人们将面向对象程序设计方法与可视化技术相结合，提出了可视化程序设计的新方法。

可视化程序设计是让程序设计人员利用语言工具本身所提供的各种控件，搭积木式地构造应用程序的各种界面，使得整个界面设计是在“所见即所得”的可视化状态下完成的。相对于编写代码方式的程序设计，可视化程序设计具有直观形象、方便高效等优点。

目前，能进行可视化程序设计的语言很多，比较常用的语言有 Visual Basic .NET、Visual C++等，Python 语言也有实现可视化程序设计的机制。

2.4 基于 Python 语言的程序实现

问题求解的算法最终都要用一种程序设计语言来实现，即将算法变成程序，并在计算机上运行程序，最终得到问题求解的结果。鉴于 Python 语言较完备的语言生态和广泛的应用场景，本节选择 Python 语言作为问题求解的实现工具，通过学习 Python 语言的基本语法及 3 种基本控制结构，帮助读者了解计算机问题求解的基本思想，理解程序设计的一些基本概念，建立程序设计的基本思维方法，为后续学习计算机程序设计课程打下良好的基础。

2.4.1 简单的 Python 程序

1. 示例程序——温度转换器

安娜是一位留学生，每天早上她都会从电视中了解当天的温度，从而知道当天该穿什么衣服。但电视中天气预报用的是摄氏度，而安娜习惯了用华氏度。于是，安娜决定自己写一个程序，先输入一个摄氏温度值，再将摄氏温度转换为华氏温度，最后显示转换后的华氏温度。现在需要确定输出与输入的关系。

安娜知道 0 ℃(冰点)等于 32 ℉，100 ℃(沸点)等于 212 ℉。这样，可以计算出华氏度与摄氏度的比率为(212－32)/(100－0)＝180/100＝9/5。使用 F 表示华氏温度，C 表示摄氏温度，转换公式为

$$F=\frac{9}{5}C+32$$

先设计算法，用伪代码描述如下。

```
输入摄氏温度 C
计算华氏温度 F=(9/5)C+32
输出华氏温度 F
```

接着根据算法编写 Python 程序。这里很直接，因为算法的每一步都可以用 Python 语句来实现。程序如下。

```
C=float(input('输入摄氏温度：'))
F=9/5*C+32
print('华氏温度为',F)
```

程序运行结果如下。

```
输入摄氏温度：35↙(↙表示按 Enter 键，余同)
华氏温度为 95.0
```

再次运行程序,结果如下。

```
输入摄氏温度: 100↙
华氏温度为 212.0
```

确实,这是一个很简单的算法,实现起来并不难,但从中可以体会问题求解的一般过程,那就是先弄清楚要做什么、如何做,把问题求解的思路想清楚,而不是一开始就急于编写程序。总结起来,不管问题是简单的还是复杂的,通常的编程思路是"输入—处理—输出",即首先输入(input)原始数据,再对原始数据进行处理(process),最后输出(output)处理结果,也称为IPO模式。显然,输入和输出是比较容易实现的,算法设计的重点是第二步,也就是如何对原始数据进行处理。

同样的问题,针对不同的应用场景,需要设计不同的算法并进行不同的实现。上述例子只是温度转换器的一种实现方法。如果安娜有人工智能知识背景,她可能会考虑编写这样一个程序,用语音识别算法实际收听电视播音员的信息,从而获得当前的温度。对于输出,她可以让计算机控制机器人进入她的衣柜,根据温度选择合适的服装,并播报转换后的温度。这当然是一个更有挑战性的设计思路。

2. Python 语言简介

Python 语言是由荷兰计算机工程师吉多·范罗苏姆(Guido van Rossum)设计的面向对象、解释型的高级程序设计语言,其名字取自 BBC 电视剧《蒙提·派森的飞行马戏团》(*Monty Python's Flying Circus*)。Python 语言起源于 1989 年,第一个版本于 1991 年公开发布。目前,Python 语言的主流版本可以分为 Python 3. x 和 Python 2. x,很多的时候都选择 Python 3. x 版本作为程序实现环境。

Python 语言具有清晰的语法和较完备的语言生态两大特色。

第一,Python 语言的语法非常清晰,对初学者友好。它注重的是如何解决问题,而不是编程语言的语法和结构。组成一个 Python 程序没有太多的语法细节和规则要求,"信手拈来"就可以组成一个程序。Python 语言具备优雅、清晰、简洁的语法特点,能将初学者从语法细节中摆脱出来,而专注于解决问题的方法,以及分析程序本身的逻辑和算法。

第二,Python 语言的语言生态体现在它有发达的开发者社区,创造了功能强大的丰富的第三方库,涉及 Web 开发、网络编程、数据分析、科学计算、人工智能等各种应用场景。无论要实现什么功能,都有现成的库可以使用,使人们可以站在巨人的肩膀上,用 Python 语言来解决实际问题,大大缩短了开发周期,提高了开发效率。

当然 Python 语言也有它的局限性。相比其他一些语言(如 C/C++语言),Python 程序的运行速度比较慢,对速度有较高要求的应用,就要考虑 Python 语言是否能满足需要。不过这一点可以通过使用 C 语言编写关键模块,然后由 Python 语言调用的方式加以解决。而且现在计算机的硬件配置在不断提高,对一般的开发来说,运算速度已经不成问题。

3. Python 程序开发环境

(1)安装包的下载与安装。

要使用 Python 进行程序开发,就必须安装 Python 程序的开发环境,即 Python 解释器。安装前先要从 Python 官网下载 Python 安装包,在此选择基于 Windows 操作系统的 Python

3.12.4 进行下载。

下载完成后，双击安装包（如 python-3.12.4-amd64.exe）即进入 Python 系统安装界面。在安装过程中，应勾选 Add python.exe to PATH 复选框（见图 2-4），以便自动将 Python 的安装路径添加到 Windows 操作系统环境变量 Path 中，这样以后就可以在任何路径下启动 Python 解释器和安装第三方库。

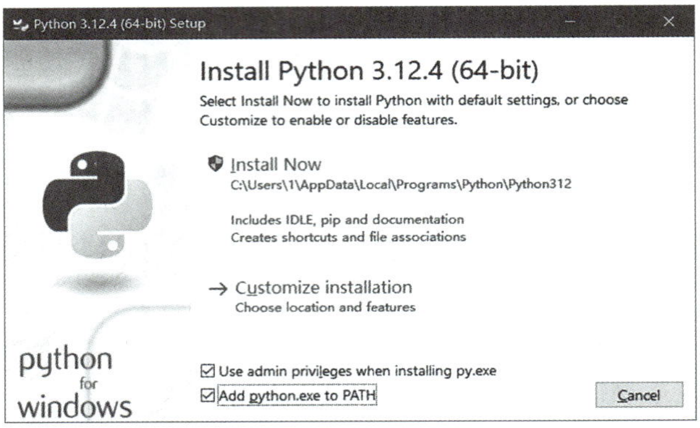

图 2-4　Python 系统安装界面

最后在 Python 系统安装界面单击 Install Now 选项，进入系统安装过程，安装完成后单击 Close 按钮即可。如果要设置安装路径和其他特性，可以在 Python 系统安装界面单击 Customize installation 选项进行安装。

（2）启动 Python 解释器。

在 Windows 操作系统的桌面上选择"开始"菜单中的 Python 3.12→IDLE(Python 3.12 64-bit)命令来启动图形用户界面形式的 Python 解释器，其窗口如图 2-5 所示。

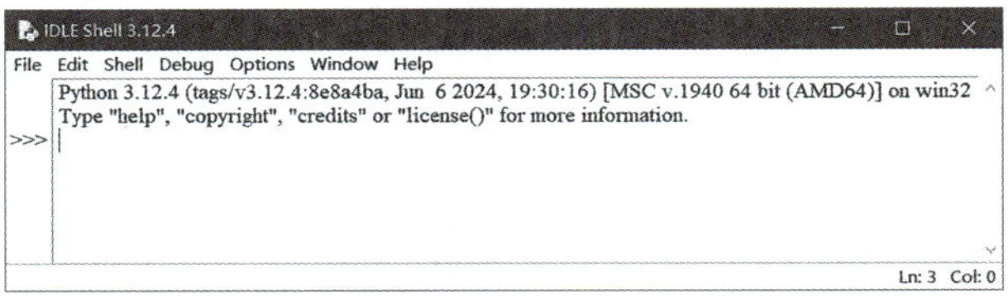

图 2-5　Python 解释器窗口

图形用户界面形式的 Python 解释器集程序编辑、解释和执行于一体，是一个集成开发环境。利用 Python 解释器，可以提高程序设计的效率。

在 Python 解释器窗口中，选择 File→Exit 命令，或按 Ctrl＋Q 组合键，或输入 quit() 函数，或单击"关闭"按钮，均可退出 Python 解释器图形用户界面窗口。

（3）Python 语句的运行方式。

①Python 的命令运行方式。启动 Python 解释器后，直接在其提示符>>>后输入语句，输入一句，执行一句。例如，在提示符>>>后输入下面的语句，让 Python 在屏幕上显示"Hello, world!"。

```
>>>print("Hello,world!")
```

②Python 的程序运行方式。在 Python 解释器窗口中选择 File→New File 命令，打开 Python程序编辑窗口。在其中输入程序的全部语句，然后在 Python 程序编辑窗口中选择 File→Save 命令，确定保存文件的位置和文件名，如 E:\MyPython\First. py，此时 Python 程序编辑窗口如图 2-6 所示。

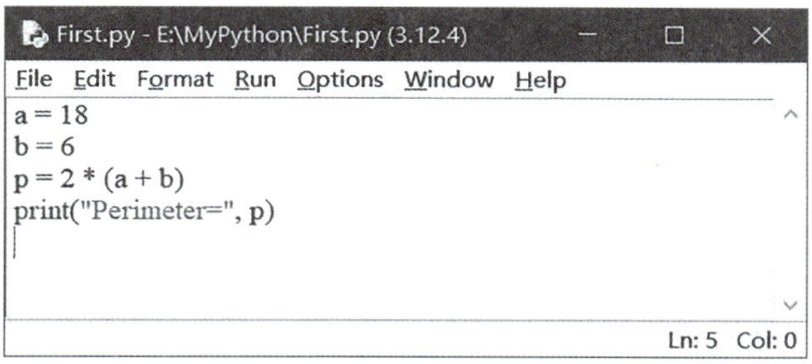

图 2-6　Python 程序编辑窗口

在 Python 程序编辑窗口中选择 Run→Run Module 命令或按 F5 键，运行程序。

(4)Python 编程的基本规则。

①语句行。从语法上讲，可以在同一行中书写多条语句，语句之间使用分号(;)分隔，但从提高程序的可读性出发，提倡一行写一条语句。

②缩进对齐。Python 通过缩进对齐反映语句的逻辑关系，从而区分不同的语句块。缩进的长度不受限制，一般为 4 个空格。对同一语句块，需保持一致的缩进量。

③多行语句。如果语句行太长，可以使用反斜杠(\)将一行语句分为多行显示。

④Python 注释。注释的目的是对程序进行解释说明，以增强程序的可读性。此外，在程序调试阶段，对暂时不需要执行的语句可以加上注释符号。程序中的注释以 # 开头，注释可以从任意位置开始，可以在语句行末尾，也可以独立成行。

⑤Python 帮助信息。在 Python 解释器提示符后输入“help()”即进入帮助模式，此时在 help>后输入要查看的函数名、模块名或其他主题信息，便可看到相关文档，直接按 Enter 键则退出帮助模式。如果需要查看某个内容的帮助信息，可以直接使用 help()函数。例如，输入“help(abs)”，就会显示 abs 函数的帮助信息。

4. 变量与赋值

(1)变量的概念。

变量(variable)是程序设计语言中普遍使用的概念。通常可以将程序中的变量看作一种命名的内存单元。对程序员而言，变量所对应内存单元的物理地址并不重要，只需要使用变量名来访问相应的内存单元即可。编写程序时，可以在内存单元中放入一个值(对变量而言，称为赋值)，当变量的值发生改变时，新的值将代替原来的值。图 2-7 展示了赋值语句 x=x+1 的执行过程，开始时 x 所对应内存单元的值是 10，执行语句 x=x+1 后，x 所对应内存单元的值变为 11，这正是大多数高级语言的工作方式。

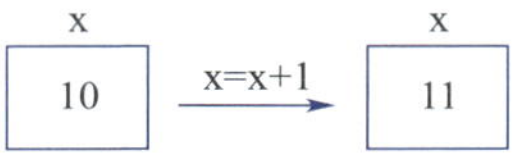

图 2-7　语句 x=x+1 的一种执行过程

在 Python 中,把每个数据都抽象为一个对象,不管是数值数据还是文本数据,简单数据还是复合数据,任何类型的数据都是一个对象。Python 对象存储在计算机的内存中,不同的对象分配不同的内存单元。为了引用对象,就需要给对象附加一个名字,然后在程序中通过这个名字来引用相应对象。这个名字的作用与常规的变量的作用相似,在 Python 中也称为变量,当然含义就截然不同了。

(2)Python 变量的赋值。

Python 通过给变量赋值的方法来给已创建的对象附加名字。当给变量赋值时,Python 解释器首先为该值分配一个内存单元(即创建一个对象),然后把该对象关联到该变量,也可以说该变量指向这个内存单元。当变量的值被改变时,改变的并不是该内存单元的内容,而是改变了变量的指向关系,使变量指向另一个内存单元。

假设 x 的值是 10,执行语句 x=x+1 时先在内存中创建数据对象 11,即 x+1 的值,然后使 x 指向 11。注意,原值 10 并不会被新值 11 覆盖,它仍然存在,只是让变量 x 引用新的值,如图 2-8 所示。

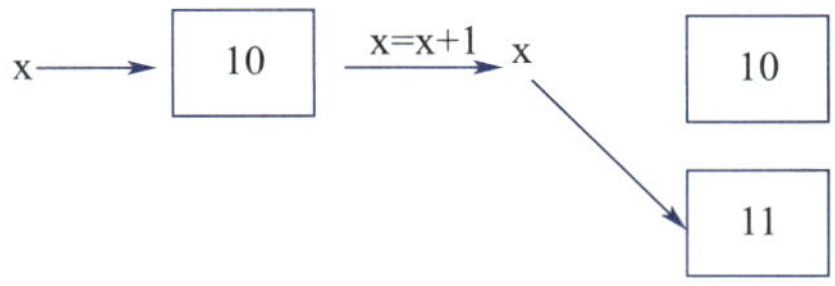

图 2-8 语句 x=x+1 的执行过程

Python 的 id()函数可以返回数据对象的内存地址,看下面的语句执行结果。

```
>>>x=10
>>>id(x)
140722498845400
>>>x=x+1
>>>id(x)
140722498845432
```

变量 x 先指向数据对象 10,然后指向数据对象 11,先后执行 id()函数,结果不同,说明两个数据对象存放在不同的内存单元中。

Python 具有自动内存管理功能,对于没有任何变量指向的值(称为垃圾数据),Python 自动将其删除。例如,当 x 指向数据对象 11 后,数据对象 10 就变成了没有被变量引用的垃圾数据,Python 会回收垃圾数据的内存单元,以便提供给别的数据使用,这称为垃圾回收(garbage collection)。

(3)Python 标识符。

标识符(identifier)主要用来表示变量、函数、类型等程序要素的名字,是只起标识作用的一类符号。在 Python 中使用标识符时要记住以下规则。

①标识符由字母、数字和下画线(_)组成,且必须以字母或下画线开头,不能以数字开头。例如,e2 是一个标识符,2e2 是一个实数(代表 2×10^2)。标识符中也可以使用汉字,但不提倡。

②标识符中的字母是区分大小写的,也就是说,Score 和 score 代表不同的标识符。

③不要使用具有特殊用途的 Python 关键字作为标识符,也不要使用 Python 的内置数据

类型、函数名作为标识符。例如，for、input 等都不适合作为标识符。

5. Python 数据类型

在 Python 中，所有对象都有一个数据类型。数据类型规定了程序执行期间数据对象的操作和方法。Python 数据类型包括数值型、字符串型、布尔型等基本数据类型，还有列表、元组、字典和集合等复合数据类型。

(1)基本数据类型。

①数值数据类型。Python 支持 3 种不同的数值数据类型，包括整型(int)、浮点型(float)和复数型(complex)。

整型数据即整数，Python 整数的取值范围没有限制，这给大数据的计算带来便利。Python的整型常量有 4 种表示形式：十进制整数、二进制整数(以数字 0 加字母 b 或 B 开头)、八进制整数(以数字 0 加字母 o 或 O 开头)和十六进制整数(以数字 0 加字母 x 或 X 开头)。

浮点型数据表示一个实数，有两种表示形式：十进制小数形式、指数形式(用字母 e 或 E 表示以 10 为底的指数，e 之前为数字部分，之后为指数部分，且两部分必须同时出现，指数必须为整数)。

复数型数据的形式如下。

$$a+bJ$$

其中，a 是复数的实部，b 是复数的虚部，J 也可以是 j(注意不是数学上的 i)。

②字符串数据类型。字符串数据类型可以表示文本信息，由一个个字符组成。

在 Python 中，可以使用单引号、双引号和三引号(3 个单引号或 3 个双引号)3 种分界符来表示字符串。当字符串本身包含某种分界符时，可以使用其他分界符。例如：

```
>>>message="I'm a Python programmer."
>>>print(message)
I'm a Python programmer.
```

字符串中的字符有一个编号，最左边字符的编号为 0，最右边字符的编号比字符串的长度小 1。字符串变量名后接用中括号括起来的编号，即可实现字符串的索引。例如：

```
>>>message[0]
'I'
```

除了常见的正向索引，Python 字符串还支持反向索引，即负数索引，可以从最后一个元素开始计数，最后一个元素的索引是−1，倒数第二个元素的索引是−2，以此类推。例如，引用前面 message 字符串的最后一个字符。

```
>>>message[-1]
'.'
```

与字符串有关的一个重要函数是 eval()，其调用格式如下。

```
eval(字符串)
```

eval()函数的作用是把字符串的内容作为对应的 Python 表达式来求值。例如：

```
>>>c='23+45'
>>>eval(c)          #等价于 23+45
68
```

③布尔数据类型。布尔数据类型(bool)用于描述逻辑判断的结果，具有真和假两个值。在 Python 中，布尔型数据有 True 和 False，分别代表真和假。

在 Python 中，逻辑值 True 和 False 实际上是分别用整型值 1 和 0 参与运算的。例如：

```
>>>x=False
>>>x+(5>4)          #等价于 0+1
1
```

(2)复合数据类型。

数值类型、布尔类型数据不可以再分解为其他类型，而列表、元组、字典和集合等类型的数据包含多个相互关联的数据元素，所以称它们为复合数据类型。字符串其实也是一种复合数据，其元素是单个字符。字符串、列表和元组是有序的对象集合，称为序列。序列中的每个元素被分配一个代表元素位置的序号，称为索引(index)，人们可以通过索引来访问序列的元素。注意，第一个元素的索引为 0，第二个元素的索引为 1，以此类推。

①列表(list)。列表是写在中括号之间、用逗号分隔的元素序列。元素的类型可以不相同，可以是数字、单个字符、字符串，甚至可以包含列表(嵌套)。例如：

```
>>>mlist=['brenden',591,'kevin',632]        #创建列表 mlist
>>>print(mlist)                             #输出完整列表
['brenden',591,'kevin',632]
>>>print(mlist[0])                          #输出列表的第一个元素
brenden
```

与 Python 字符串不同的是，列表中的元素是可以改变的。例如：

```
>>>mlist[1]=621                #修改列表 mlist 的第二个元素
>>>mlist                       #输出列表 mlist 的全部元素
['brenden',621,'kevin',632]
```

可以利用 append()在列表末尾添加元素。例如：

```
>>>mlist.append('tom')       #给列表 mlist 添加一个元素
>>>mlist
['brenden',621,'kevin',632,'tom']
```

②元组(tuple)。元组是写在小括号之间、用逗号隔开的元素序列。元组中的元素类型也可以不相同。元组与列表类似，不同之处在于元组中的元素不能修改，相当于只读列表。例如：

```
>>>mtuple=('brenden',591,'kevin',632)
>>>print(mtuple)              #输出完整元组
('brenden',591,'kevin',632)
>>>print(mtuple[-1])          #输出元组的最后一个元素
632
```

要注意一些特殊元组的表示方法。空的圆括号表示空元组。当元组只有一个元素时，必须以逗号结尾。例如：

```
>>>()         #空元组
()
>>>(9,)       #含有一个元素的元组
(9,)
>>>(9)        #整数 9
9
```

任何一组以逗号分隔的对象，当省略标识序列的括号时，默认为元组。例如：

```
>>>2,3,4
(2,3,4)
>>>s=2,3,4
>>>s
(2,3,4)
```

元组与字符串类似，元素不能二次赋值。其实，可以把字符串看作一种特殊的元组。

注意 元组和列表有几点重要的区别。列表元素用中括号([])括起来，且元素的个数及元素的值可以改变。元组元素用小括号(())括起来，且不可以更改。元组可以看成只读列表。

③字典(dictionary)。字典是写在大括号之间、用逗号分隔的元素集合，其元素由“关键字:值”对组成，通过关键字来存取字典中的元素。

列表和元组是有序对象的结合，字典是无序对象的集合。字典是一种映射类型(mapping type)，它是一个无序的“关键字:值”对集合。关键字必须使用不可变类型，也就是说，列表和包含可变类型的元组不能作为索引关键字。在同一个字典中，关键字还必须互不相同。例如：

```
>>>mdict={'name':'brenden','score':591}
>>>print(mdict)                     #输出完整的字典
{'name': 'brenden','score': 591}
>>>print(mdict['score'])            #输出关键字为“score”的值
591
>>>mdict['major']='big data'        #在字典中添加一个“关键字:值”对
>>>mdict
{'name': 'brenden','score': 591,'major': 'big data'}
```

④集合(set)。集合是一个无序且包含不重复元素的数据类型。其基本功能是进行成员

关系测试和消除重复元素。可以使用大括号或者 set()函数创建集合类型。

注意 创建一个空集合必须用 set()而不是{},因为{}用来创建一个空字典。

```
>>>mset={'apple','banana','pear','strawberry','peach','banana'}
>>>print(mset)          #重复的元素被自动去掉
{'peach','banana','strawberry','apple','pear'}
```

6. 常用系统函数

Python 函数有 4 类,分别是内置函数、模块库函数、第三方库函数和用户自定义函数,其中内置函数和模块库函数是 Python 系统自带的,称为系统函数。内置函数可以直接调用;模块库函数需要先导入模块再调用函数。第三方库函数是 Python 系统之外的函数,需要先安装,再导入模块,然后才能调用;用户自定义函数就是程序员自己编写的函数。

(1)模块的导入。

在调用模块库函数之前,先要使用 import 语句导入相应的模块,格式如下。

```
import 模块名
```

该语句将模块中定义的函数代码复制到自己的程序中,然后就可以访问模块中的任何函数,其方法是在函数名前面加上"模块名."。例如,调用数学模块 math 中的平方根函数 sqrt(),语句如下。

```
>>>import math            #导入 math 模块
>>>math.sqrt(2)           #调用 sqrt()函数
1.4142135623730951
```

另外还有一种导入模块的方法,格式如下。

```
from 模块名 import 函数名
```

该语句从指定模块中导入指定函数的定义,这样调用模块中的函数时,不需要在前面加上"模块名."。例如:

```
>>>from math import sqrt
>>>sqrt(2)
1.4142135623730951
```

如果希望导入模块中的所有函数定义,则函数名用 * 代替,格式如下。

```
from 模块名 import*
```

这样调用指定模块中的任意函数时,都不需要在前面加"模块名."。使用这种方法固然省事方便,但当多个模块有同名的函数时,会引起混乱,因此使用时要注意。

(2)常用内置函数。

①range()函数:产生一个整数序列,常用于 for 循环语句中。一般调用格式如下。

```
range([start,]end[,step])
```

其中,参数 start、end、step 都要求为整数。产生的整数序列从 start 开始,默认从 0 开始;序列到 end 结束,但不包含 end;如果指定了可选的步长参数 step,则序列按步长增加,默认为 1。step 为正且 start 值大于 end 值,或 step 为负且 start 值小于 end 值,都将生成空序列。step 不能为 0,否则会产生异常。

range()函数返回的是一个可迭代对象(range 对象),迭代时不需要计算整个迭代过程中的所有元素,而是用到某个元素时才产生该元素,节省了内存空间。在输出时,不能直接看到 range 对象的具体数据,但可以用 list()函数或 tuple()函数将其转换成列表或元组的形式,再查看其生成的具体数据。例如:

```
>>>list(range(2,15,3))            #利用 list()函数转换成列表
[2,5,8,11,14]
```

②常用的数值运算函数。

abs(x)函数:返回 x 的绝对值,x 为复数时返回复数的模。

pow(x,y[,z])函数:在省略 z 时,返回 x 的 y 次幂。如果使用了参数 z,其结果是 x 的 y 次幂再对 z 求余数。

round(x[,n])函数:用于对浮点数进行四舍五入运算。如果不提供小数位参数 n,则返回与第一个参数最接近的整数,但仍然是浮点类型。第二个参数告诉 round 函数将结果精确到小数点后指定位数。

(3)math 模块函数。

math 模块提供了常用的数学常量和很多数学运算函数。

①e:返回自然对数的底。

②pi:返回圆周率 π 的值。

③fabs(x)函数:返回 x 的绝对值(返回值为浮点数)。

④sqrt(x)函数:返回 x 的平方根(x>0)。

⑤pow(x,y)函数:返回 x 的 y 次幂。

⑥exp(x)函数:返回 e(自然对数的底)的 x 次幂。

⑦log(x[,base])函数:返回 x 的自然对数。可以使用 base 参数来改变对数的底。

⑧sin(x)函数:返回 x 的正弦值(x 为弧度)。

⑨asin(x)函数:返回 x 的反正弦值(返回值为弧度)。

7. 基本运算与表达式

Python 中的数据运算主要是通过对表达式的计算完成的。表达式(expression)是将运算量用运算符连接起来组成的式子,其中的运算量可以是常量、变量或函数。

(1)算术运算。

Python 的算术运算符有:

+(加)、-(减)、*(乘)、/(除)、//(整除)、%(求余)、**(乘方)

其中,+、-和 * 运算符的运算规则与平常使用的习惯基本一致。/、//和%运算符都是进行除

法运算。/运算符做一般意义上的除法，其运算结果是一个浮点数，即使被除数和除数都是整型，它也返回一个浮点数。//运算符做除法运算后返回商的整数部分，如果分子或者分母是浮点型，它返回的值将会是浮点型。%运算符做除法运算后返回余数。例如：

```
>>>1/2+1 // 2+1%2          #就是 0.5+0+1 的结果
1.5
>>>546%10                  #得到个位数字 6
6
>>>546 // 10%10            #得到十位数字 4
4
>>>45%5                    #45 能被 5 整除，余数为 0
0
```

使用取整、求余等运算可以进行整除的判断、分离整数的各位数字，这些技巧在程序设计过程中是很有用的。

** 运算符可以实现乘方运算。乘方运算的优先级高于乘除运算，而乘除运算的优先级高于加减运算。例如，对表达式 5+4/2 ** 3，先做 2 ** 3，结果为 8；再做 4/8，结果为 0.5；最后做 5+0.5，结果为 5.5。书写表达式时，要根据运算符的优先顺序，合理地加括号，以保证运算顺序的正确性。

例 2-1 在 Python 环境下计算并比较下列两个式子的值，从中体会"1%的力量"。

$(1+1\%)^{365}$

$(1-1\%)^{365}$

1%的力量

分析：式子中涉及乘方运算，在 Python 中可以有不同的实现方法，包括利用乘方运算符、内置函数 pow()、math 模块的 pow()函数。注意内置函数可以直接调用，而模块库函数先要导入模块再调用函数。命令如下。

```
>>>(1+1/100) **365
37.78343433288728
>>>(1-1/100) **365
0.025517964452291125
>>>pow(1+1/100,365)
37.78343433288728
>>>pow(1-1/100,365)
0.025517964452291125
>>>import math
>>>math.pow(1+1/100,365)
37.78343433288728
>>>math.pow(1-1/100,365)
0.025517964452291125
```

在进行程序实现时，解决同一问题往往有不同的实现方法，要注意对比分析，举一反三，选择合适的实现方法。看到两个式子的结果后，读者有何感想？每天进步一点点和每天退步一点点，经过一年的积累，差距是巨大的。勤学如春起之苗，不见其增，日有所长；辍学如磨刀之石，不见其损，日有所亏。坚持不懈、久久为功，方能到达成功的彼岸。

（2）关系运算。

Python 的关系运算符有：

＜（小于）、＜＝（小于或等于）、＞（大于）、＞＝（大于或等于）、＝＝（等于）、!＝（不等于）

关系运算符用于两个量的比较，可以对数值进行比较，也可以对字符串进行比较。数值比较时按值的大小进行比较，字符串的比较则是按字符编码值的大小（西文字符按 ASCII 码值大小）从左到右逐个进行比较，直到出现不同的字符为止。例如：

```
>>>2!=5-3
False
>>>'Web'>'Python'
True
>>>'教授'< ='讲师'
True
```

关系运算符的优先级相同，但关系运算符的优先级低于算术运算符的优先级。

要注意＝＝与＝的区别，前者是“等于”判断，后者是赋值。由于 Python 中能表示浮点数的有效数字是有限的，这势必带来计算时的微小误差，所以对浮点数要慎用＝＝运算符，恰当的办法是判断它们是否“约等于”，即判断两个浮点数的差是否足够小（具体误差可以根据实际情况进行调整）。具体使用情况可以看下面的例子。

两个浮点数的比较

例 2-2　两个浮点数的“约等于”判断。

在 Python 解释器提示符后输入以下语句，注意查看执行结果。

```
>>>x=2.2
>>>x-1.2
1.0000000000000002
>>>x-1.2==1                  #结果为 False，慎用==
False
>>>abs((x-1.2)-1) <=1e-6     #结果为 True，提倡的用法
True
```

也可以使用 math. isclose()函数来判断两数是否相近。语句如下。

```
>>>import math
>>>x=2.2
>>>math.isclose((x-1.2),1)     #默认 rel_tol=1e-9
True
>>>math.isclose((x-1.2),1,rel_tol=1e-6)
True
```

(3)逻辑运算。

Python 的逻辑运算符有：

and(逻辑与)、or(逻辑或)、not(逻辑非)

其中,and 和 or 是双目运算符,要求有两个运算分量,用于连接多个条件,构成更复杂的条件。not 是单目运算符,用于对给定条件取反。逻辑运算的结果为 True 或 False。

在逻辑运算符中，not 的优先级最高,其次是 and,or 的优先级最低。

例如,判断变量 m 能否被变量 n 整除,条件表达式如下。

```
m%n==0 或 m-m // n*n==0 或 m-int(m/n)*n==0
```

其中,int 是取整函数。

8. 赋值语句

一个变量通过赋值可以指向不同类型的对象。Python 赋值语句有多种形式,能彰显出 Python 简洁、优雅的特点。

①赋值语句的基本格式为

```
变量=表达式
```

赋值号左边必须是变量,右边则是表达式。赋值的意义是先计算表达式的值,然后使该变量指向该数据对象,该变量可以理解为该数据对象的别名,被赋值变量的值即表达式的值。

②Python 还提供了复合赋值。例如：

```
x+=5.0              #等价于 x=x+5.0
x*=u+v              #等价于 x=x*(u+v)
```

注意 使用复合赋值语句连接两个运算量时,要把右边的运算量视为一个整体,语句 x*=u+v等价于 x=x*(u+v),而不是 x=x*u+v。

从 Python 3.8 开始,还增加了赋值运算符“:=”,可以先赋值再参与表达式的运算。例如：

```
>>>(x:=45)+6
51
```

③链式赋值是指将同一个值赋给多个变量。一般格式如下。

```
变量 1=变量 2= …=变量 n=表达式
```

例如：

```
>>>a=b=c=10
```

赋值语句执行时,创建一个值为 10 的整型对象,将对象的同一个引用赋值给 a、b、c,即 a、

b、c 均指向数据对象 10。

④同步赋值是指用一个赋值号给多个变量分别赋值。一般格式如下。

```
变量 1,变量 2,…,变量 n= 表达式 1,表达式 2,…,表达式 n
```

其中,赋值号左边变量的个数与右边表达式的个数要一致。用逗号连接的多个数据对象等同于一个未加括号的元组。同步赋值首先计算右侧所有表达式的值,创建一个元组对象(称为元组打包),然后将元组中的元素分别关联到赋值号左边的变量(称为序列解包)。例如:

```
>>>a,b,c=10,20,30        #a,b,c 依次指向 10,20,30
```

要交换 a 和 b 两个变量的值,一般需要一个中间变量,执行三条语句:t=a,a=b,b=t,如果采用同步赋值,用一条语句即可完成,即 a,b=b,a。

使用同步赋值实现两个变量的值互换,无需中间变量,由此可以看出 Python 简洁、优雅的特点。

9. 基本输入与输出

(1)键盘输入。

Python 用内置函数 input()实现标准输入,其调用格式如下。

```
input([提示字符串])
```

其中,中括号中的"提示字符串"是可选项。如果有"提示字符串",则原样显示,提示用户输入数据。input()函数从标准输入设备(键盘)读取一行数据,并返回一个字符串(去掉结尾的换行符)。例如:

```
>>>name=input("Please input your name:")
Please input your name:jasmine↙
```

input()函数把输入的内容当作字符串,如果要输入数值数据,则可以使用类型转换函数将字符串转换为数值。例如:

```
>>>x=int(input())
12↙
>>>x
12
```

input()函数接收的是字符串"12",通过 int()函数可以将字符串转换为整型数据,再赋值给变量 x。

使用 input()函数可以给多个变量赋值。例如:

```
>>>x,y=eval(input())
```

语句执行时从键盘输入"3,4",input()函数返回一个字符串"3,4",经过 eval()函数处理,变成由 3 和 4 组成的元组。

(2)屏幕输出。

基本的屏幕输出方法是使用 print()函数,其调用格式如下。

```
print([输出项 1,输出项 2,…,输出项 n][,sep=分隔符][,end=结束符])
```

其中,输出项之间以逗号分隔,没有输出项时输出一个空行。sep 表示输出时各输出项之间的分隔符(默认以空格分隔),end 表示结束符(默认以回车换行结束)。print()函数从左至右求每一个输出项的值,并将各输出项的值依次显示在屏幕的同一行上。例如:

```
>>>print(10,20,sep=',',end='*')
10,20*
```

调用 print()函数时,以逗号作为输出项之间的分隔符,以 * 作为结束符,并且不换行。

例 2-3 从键盘输入一个三位整数的变量 n,输出其逆序数 m。例如,输入 $n=127$,则 $m=721$。

三位整数的逆序数

分析:程序分为以下三步。

(1)输入一个三位整数 n。

(2)求逆序数 m。

(3)输出逆序数 m。

关键在步骤(2)。先假设三位整数的各位数字已取出,分别存入不同的变量中,设个位数存入变量 a,十位数存入变量 b,百位数存入变量 c,则 m=a*100+b*10+c。关键是如何取出这个三位整数的各位数字。取出各位数字可用取余运算符%和整除运算符 // 实现。例如,n%10 取出变量 n 的个位数;n=n//10 去掉 n 的个位数,再用 n%10 取出原来 n 的十位数,以此类推。

程序如下。

```
n=int(input("n="))
a=n%10                    #求 n 的个位数
b=n // 10%10              #求 n 的十位数
c=n // 100                #求 n 的百位数
m=a*100+b*10+c
print(n,"reversed is",m)
```

程序运行结果如下。

```
n=782↙
782 reversed is 287
```

2.4.2　实现选择判断

1. 示例程序——温度警告

对 2.4.1 节的温度转换器程序进行改进，使其能在极端温度时，打印出适当的警告信息。极端温度是指相当热或相当冷，设定温度超过 90 ℉时发出“炎热天气”警告，低于 30 ℉则发出“寒冷天气”警告。设计的带有警告提示的温度转换器算法流程图如图 2-9 所示。

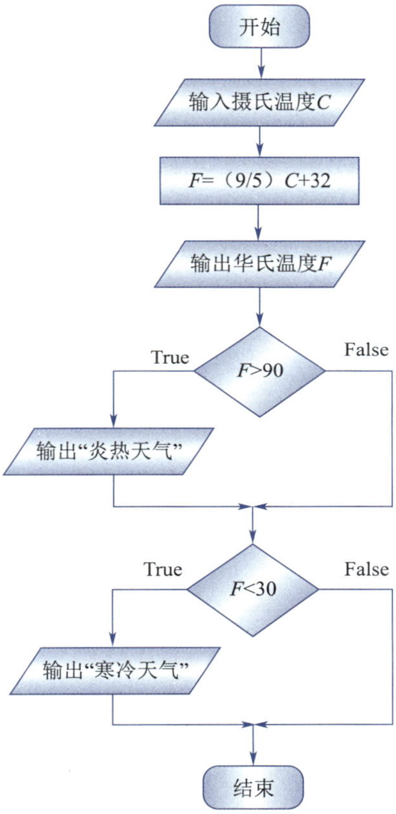

图 2-9　带有警告提示的温度转换器算法流程图

算法中有两个简单的选择结构，用于发出温度警告提示。根据流程图写出的程序如下。

```
C=float(input('输入摄氏温度:'))
F=9/5*C+32
print('华氏温度为',F)
if F>90:
    print("炎热天气")
if F<30:
    print("寒冷天气")
```

程序用单分支 if 语句实现选择判断。如果条件为真(True)，则执行条件下面的语句，然后转移到 if 语句的下一条语句继续执行。如果条件为假(False),则跳过条件下面的语句而直接执行 if 语句的下一条语句。程序运行结果如下。

```
输入摄氏温度：-2↙
华氏温度为 28.4
寒冷天气
```

再次运行程序,结果如下。

```
输入摄氏温度：33↙
华氏温度为 91.4
炎热天气
```

2. 实现选择判断的 if 语句

Python 提供了实现选择判断的 if 语句,可分为单分支、双分支和多分支三种情况。

(1)单分支 if 语句。

一般格式如下。

```
if 条件表达式
    语句块
```

执行过程:计算条件表达式的值,若值为 True,则执行语句块,然后执行 if 语句的后续语句。若值为 False,则直接执行 if 语句的后续语句。单分支 if 语句的执行过程如图 2-10 所示。

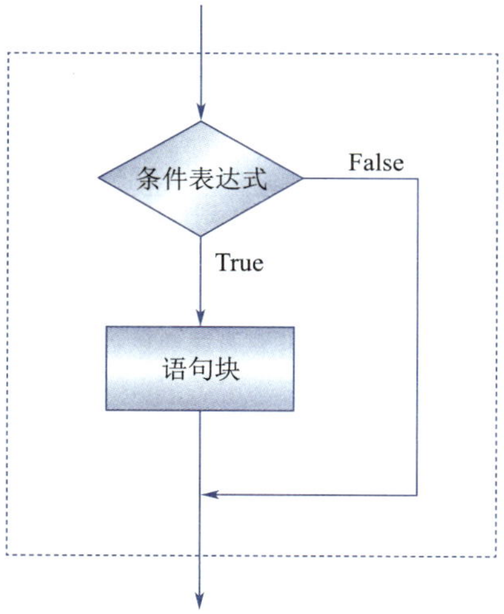

图 2-10 单分支 if 语句的执行过程

注意

①在 if 语句的条件表达式后面必须加冒号:。

②因为 Python 解释器把非 0 当作真(True),0 当作假(False),所以条件表达式不一定必须是结果为 True 或 False 的关系表达式或逻辑表达式,可以是任意表达式。例如:

```
if 'B':
    print('BBBBB')
```

语句是合法的,将输出字符串"BBBBB"。

if 语句中条件表达式的多样性,可以使得程序的描述灵活多变,但从提高程序可读性的要求来看,还是直接用逻辑判断更好,因为这样更能表达程序员的思想意图,有利于日后对程序的维护。

③条件表达式后面的语句块必须向右缩进。语句块可以是一个简单语句,也可以包含多个简单语句。当包含两个或两个以上的简单语句时,语句必须缩进一致,即语句块中的简单语句必须上下对齐。例如:

```
if x>y:
    x=10
    y=20
```

(2)双分支 if 语句。

一般格式如下。

```
if 条件表达式:
    语句块 1
else:
    语句块 2
```

执行过程:计算条件表达式的值,若值为 True,则执行语句块 1;否则执行 else 后面的语句块 2,语句块 1 或语句块 2 执行后再执行 if 语句的后续语句。双分支 if 语句的执行过程如图 2-11所示。

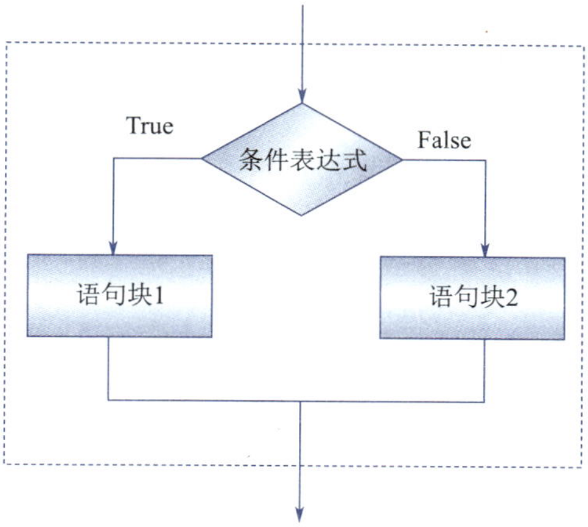

图 2-11 双分支 if 语句的执行过程

注意 与单分支 if 语句一样,对于条件表达式后面或 else 后面的语句块,应将它们缩进对齐。

例 2-4 输入三角形的三个边长，求三角形的面积。

分析：构成三角形的充分必要条件是任意两边之和大于第三边，即 $a+b>c$，$a+c>b$，$b+c>a$，其中 a、b、c 是三角形的三个边长。

如果上述条件成立，则可按照海伦公式计算三角形的面积：

$$s=\sqrt{p(p-a)(p-b)(p-c)}$$

其中 $p=(a+b+c)/2$。

程序如下。

```
import math
a,b,c=eval(input("a,b,c="))
if a+b>c and a+c>b and b+c>a:
    p=(a+b+c)/2
    s=math.sqrt(p*(p-a)*(p-b)*(p-c))
    print("三角形的面积为:",s)
else:
    print("输入的边长无法构成三角形!")
```

第一次运行程序，结果如下。

```
a,b,c=3,4,5↙
三角形的面积为:6.0
```

第二次运行程序，结果如下。

```
a,b,c=3,2,5↙
输入的边长无法构成三角形!
```

程序运行时，选择结构的各个分支不可能同时被执行，每次只能执行一个分支。所以在检查选择结构程序的正确性时，设计的原始数据应包括每一种情况，保证每一个分支都能被检查到。第一次运行程序时，输入的三个边长能构成一个三角形，求出其面积。再次运行程序时，输入的三个边长不能构成一个三角形，则提示用户输入数据有误。

例 2-5 输入 x，求对应的函数值。

$$y=\begin{cases}\ln(\sqrt{x^2+1}), & x\leqslant 0\\ \sin x^3+|x|, & x>0\end{cases}$$

求分段函数的值

分析：可以看出，这是一个具有两个分支的分段函数，为了求函数值，可以采用双分支结构来实现。

程序如下。

```
import math
x=eval(input("x="))
if x <=0:
```

```
    y=math.log(math.sqrt(x*x+1))
else:
    y=math.sin(x*x*x)+math.fabs(x)
print("y=",y)
```

还可以采用单分支结构来实现，程序如下。

```
import math
x=eval(input("x="))
if x<=0:
    y=math.log(math.sqrt(x*x+1))
if x>0:
    y=math.sin(x*x*x)+math.fabs(x)
print("y=",y)
```

第一个 if 语句可以不用，直接求函数值即可，程序可以进行如下改写。

```
import math
x=eval(input("x="))
y=math.log(math.sqrt(x*x+1))
if x>0:
    y=math.sin(x*x*x)+math.fabs(x)
print("y=",y)
```

请思考，第二个 if 语句能否不用，即程序能否改写成如下形式，并分析原因。

```
import math
x=eval(input("x="))
if x<=0:
    y=math.log(math.sqrt(x*x+1))
y=math.sin(x*x*x)+math.fabs(x)
print("y=",y)
```

(3)多分支 if 语句。

一般格式如下。

```
if 条件表达式 1:
    语句块 1
elif 条件表达式 2:
    语句块 2
elif 条件表达式 3:
    语句块 3
    …
```

```
elif 条件表达式 m:
    语句块 m
[else:
    语句块 n]
```

执行过程：当条件表达式 1 的值为 True 时，执行语句块 1；否则求条件表达式 2 的值，为 True 时，执行语句 2；否则处理条件表达式 3，以此类推。若条件表达式的值都为 False，则执行 else 后面的语句块 n，如图 2-12 所示。

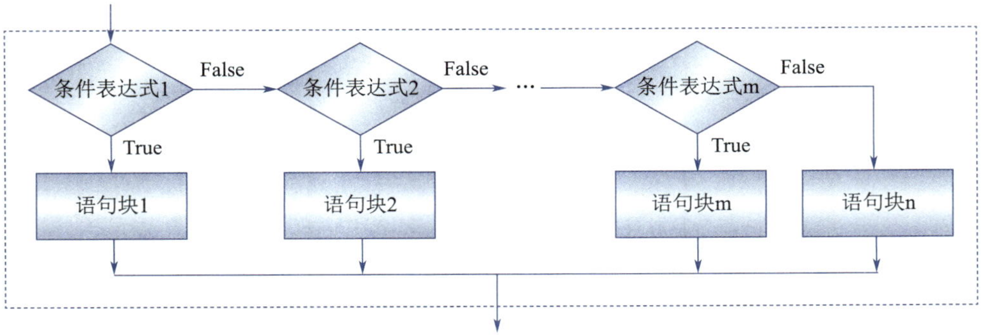

图 2-12 多分支 if 语句的执行过程

注意 不管有几个分支，程序执行完一个分支后，其余分支将不再执行。请思考，当条件表达式 1 和条件表达式 2 都为 True 时，语句的执行路线如何？

例 2-6 输入两个数，比较它们的大小，并输出其中较大者。

分析：两个数的大小关系有三种情况：两数相等；第一个数大于第二个数；第一个数小于第二个数。程序分为三个分支，可以用三个单分支结构实现，也可以用多分支 if 语句实现。

程序如下。

```
x,y=eval(input("请输入两个整数:"))
if x==y:
    print("两数相等!")
elif x>y:
    print("较大数为:",x)
else:
    print("较大数为:",y)
```

程序运行结果如下。

```
请输入两个整数:3,4↙
较大数为: 4
```

再次运行程序，结果如下。

```
请输入两个整数:45,45↙
两数相等!
```

2.4.3　控制重复操作

1. 示例程序——摄氏温度与华氏温度对照表

对 2.4.1 节的温度转换器程序进行改进，计算并输出一个摄氏温度和华氏温度的对照表，从 0 ℃到 100 ℃，每隔 10 ℃输出一个值。表的第一列显示摄氏温度的值，第二列显示相应的华氏温度的值。

最直接的方法是直接重复书写转换公式并输出。为了使版面更紧凑，程序每行写了三条语句。程序如下。

```
C=0; F=9/5*C+32; print(C,F)
C=10; F=9/5*C+32; print(C,F)
C=20; F=9/5*C+32; print(C,F)
C=30; F=9/5*C+32; print(C,F)
C=40; F=9/5*C+32; print(C,F)
C=50; F=9/5*C+32; print(C,F)
C=60; F=9/5*C+32; print(C,F)
C=70; F=9/5*C+32; print(C,F)
C=80; F=9/5*C+32; print(C,F)
C=90; F=9/5*C+32; print(C,F)
C=100; F=9/5*C+32; print(C,F)
```

程序运行结果如下。

```
0 32.0
10 50.0
20 68.0
30 86.0
40 104.0
50 122.0
60 140.0
70 158.0
80 176.0
90 194.0
100 212.0
```

显然，上述程序大量重复书写语句，很烦琐，特别是要计算更多的 C 值和 F 值时，甚至是不可能的。计算机的优势在于能够自动完成重复性的工作，这也是利用计算机进行问题求解的重要特点。所有程序设计语言中都有实现重复性工作的语言成分，称为循环语句。Python 语言中有两种循环语句：while 循环语句和 for 循环语句。大多数求解实际问题的程序都需要使用循环，因此“循环”的概念非常重要。

下面通过循环来生成 C 值和 F 值的对照表。变量 C 在循环执行前的值为 0，只要条件 $C\leqslant100$ 满足，就会根据 C 的值，计算相应的 F 值，然后再将 C 值增加 10，相应的算法描述如图 2-13 所示。

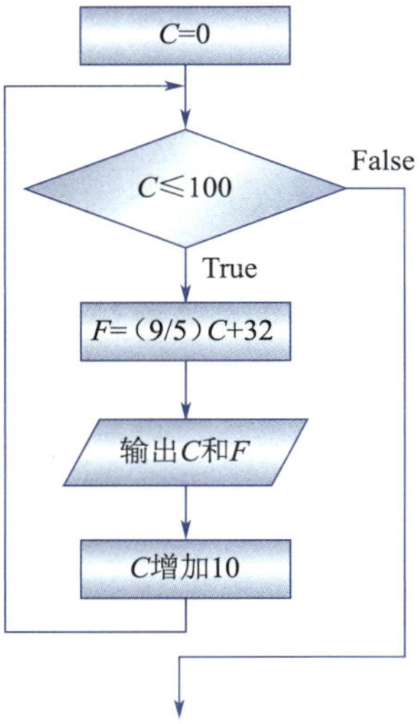

图 2-13　温度转换对照表算法流程图

有了描述详细的算法，用 Python 来实现并不难，其对应的程序如下。

```
C=0
while C<=100:
    F=9/5*C+32
    print(C,F)
    C=C+10
```

以上程序是用 while 循环语句来实现的，也可以用 for 循环语句来实现，程序如下。

```
for C in range(0,101,10):
    F=9/5*C+32
    print(C,F)
```

以上程序的输出格式不太美观，C 和 F 两列没有对齐，可以进一步修改程序，比如加一个表头，利用制表符转义字符“\t”实现对齐。改写后的程序如下。

```
print('摄氏度','\t','华氏度')
for C in range(0,101,10):
    F=9/5*C+32
    print(C,'\t',F)
```

程序运行结果如下。

```
摄氏度      华氏度
0           32.0
10          50.0
20          68.0
30          86.0
40          104.0
50          122.0
60          140.0
70          158.0
80          176.0
90          194.0
100         212.0
```

2. while 循环语句

一般格式如下。

```
while 条件表达式:
    语句块
```

while 循环语句中的条件表达式表示循环条件，可以是结果能解释为 True 或 False 的任何表达式，常用的是关系表达式和逻辑表达式。条件表达式后面必须加冒号。语句块是重复执行的部分，称为循环体。

执行过程：先计算条件表达式的值，如果值为 True，则重复执行循环体语句块，直到条件表达式值为 False 才结束循环，执行 while 循环语句的下一语句。while 循环语句的执行过程如图 2-14 所示。

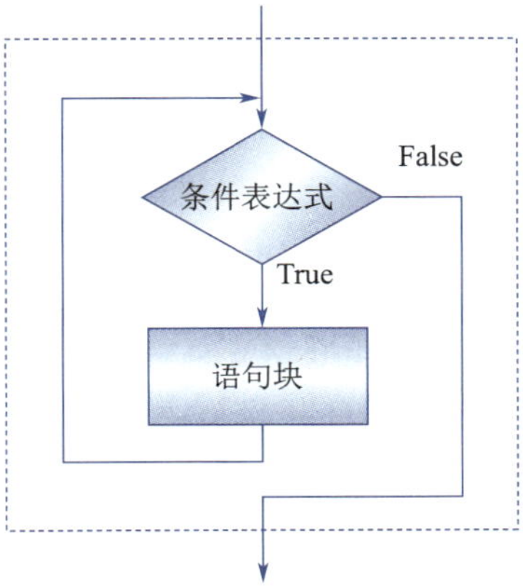

图 2-14　while 循环语句的执行过程

循环体的语句块可以是单条语句，也可以是多条语句。当循环体由多条语句构成时，必须用缩进对齐的方式组成一个语句块，否则会产生错误。例如，求 p=5!，用 while 循环语句描述如下。

```
p=i=1
while i<=5:
    p*=i
    i+=1
```

循环体语句必须上下缩进对齐，否则重复执行的语句会出现逻辑混乱。

例 2-7 编写欧几里得算法的 Python 程序。

分析：在 2.2 节中介绍了求两个正整数 m 和 n 最大公约数的欧几里得算法，这里用 Python 语言来编写程序。

程序如下。

```
m=int(input('输入第一个正整数：'))
n=int(input('输入第二个正整数：'))
r=m%n
while r!=0:
    m,n=n,r
    r=m%n
print('最大公约数为',n)
```

程序运行结果如下。

```
输入第一个正整数：896↙
输入第二个正整数：84↙
最大公约数为 28
```

也可以利用 math 模块的 gcd()函数求最大公约数。程序如下。

```
>>>import math
>>>math.gcd(896,84)
28
```

例 2-8 输入一个正整数，输出其位数。

分析：输入的正整数存入变量 n 中，用变量 k 来统计 n 的位数，基本思路是通过循环和除法操作来计算位数，每循环一次就去掉 n 的最低位数字，直到 n 为 0。

判断整数的位数

程序如下。

```
n=int(input('输入一个正整数：'))
k=0
while n>0:
    k+=1
    n //=10
print(k,'位正整数')
```

程序运行结果如下。

```
输入一个正整数:123946↙
6 位正整数
```

也可以通过将整数转换为字符串,并计算其长度来确定位数。程序如下。

```
n=int(input('输入一个正整数:'))
k=len(str(n))
print(k,'位正整数')
```

第 2 种方法更简单且易于理解。在编写程序时,解决同样的问题,通常有不同的实现方法,要注意分析不同方法的特点。

3. for 循环语句

for 循环语句的首行定义了一个目标变量以及遍历的序列对象,后面是需要重复执行的语句块。语句块中的语句要向右缩进,且缩进量要一致。一般格式如下。

```
for 目标变量 in 序列对象:
    语句块
```

执行过程:将序列对象中的元素逐个赋值给目标变量,对每一次赋值都执行一遍循环体语句块。当序列被遍历,即每一个元素都用过了,结束循环,执行 for 循环语句的下一语句。for 循环语句的执行过程如图 2-15 所示。

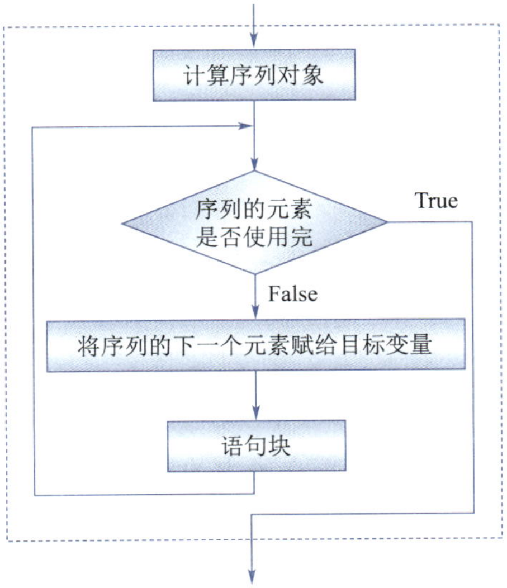

图 2-15　for 循环语句的执行过程

说明:(1)for 循环语句是通过遍历序列对象的元素执行来建立循环的,对序列的每一个元素执行一次循环体。列表、字符串、元组都是序列,可以利用它们来建立循环。

(2)如果需要遍历一个整数序列,可以使用 range()函数。range()函数返回的是一个可迭代对象，而不是列表或元组。因为使用列表或者元组需要一次性获取所有元素，占用的内存多；而可迭代对象并非一次性产生迭代过程的所有元素，而是在迭代到某个元素时才计算该元素，占用的内存少。for 循环语句实现了自动迭代的功能。这是很漂亮的处理机制，在数据量较大的应用场合可以显著提高程序的执行效率。

例 2-9 打印出一个列表中的所有元素。

分析：首先创建一个包含 5 种水果名称的列表，然后使用 for 循环遍历这个列表，并打印出每个元素。

程序如下。

```
fruits=["苹果","香蕉","草莓","葡萄","猕猴桃"]
for fruit in fruits:  #使用 for 循环遍历列表并打印每个元素
    print(fruit)
```

程序运行结果如下。

```
苹果
香蕉
草莓
葡萄
猕猴桃
```

例 2-10 利用蒙特卡洛(Monte Carlo)法求圆周率 π。

蒙特卡洛法求 π

分析：蒙特卡洛法是以概率统计理论为基础的一种模拟实验方法。在平面内画一个边长为 2 的正方形，一个单位圆内切于正方形内，如图 2-16 所示。由于图形的对称性，考察正方形的 1/4 部分，其中有一个 1/4 的内切单位圆。设 1/4 正方形的面积为 s_1，1/4 内切圆的面积为 s_2，假设均匀随机地往正方形中投点，如果投入 1/4 正方形中的点数为 m，其中落入1/4内切圆的点数为 n，这时有

$$\frac{s_2}{s_1}=\frac{n}{m}$$

可求得 $s_2=ns_1/m$。将 $s_1=1$，$s_2=\pi/4$ 代入公式，得 $\pi=4n/m$。据此，就可以求出圆周率 π。随着投点次数的增加，实验结果会越接近于圆周率 π。所投的点落在圆内的条件是 $x^2+y^2\leqslant 1$。

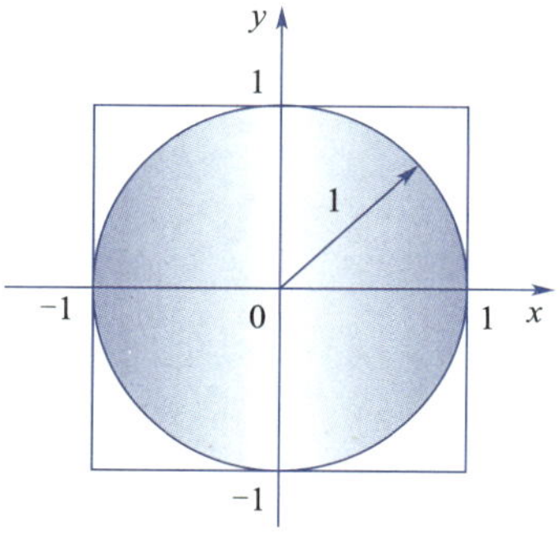

图 2-16　正方形的内切圆

程序如下。

```
import random,math
m=int(input('请输入投点总数:'))
n=0
for i in range(1,m+1):
```

```
    x,y=random.random(),random.random()   #产生[0,1)区间均匀分布随机数
    if math.hypot(x,y) <=1.0:             #判断(x,y)到原点的距离是否小于或等于 1
        n+=1
my_pi=4*n/m
print('π的值是',my_pi)
```

程序中 hypot(x,y)函数返回坐标(x,y)到原点(0,0)的距离，即 sqrt(x ** 2+y ** 2)的值。程序运行结果如下。

```
请输入投点总数:10000↙
π的值是 3.1552
```

两种实现循环结构的语句各具特点，一般情况下，它们可以相互通用。但在不同情况下，选择不同的语句可能使编程更方便，程序更简洁，所以在编写程序时要根据实际情况进行选择。while 语句多用于循环次数不确定的情况，而对于循环次数确定的情况，使用 for 语句更方便。

4. 列表推导式

列表推导式也称为列表解析式，其代码简洁、运行效率高。它的基本形式是一个中括号里面包含一个 for 语句，对一个可迭代对象进行迭代。例如，计算 1～10 每个数的平方，存放在列表中并输出，可以用以下列表推导式来实现。

```
>>>squares =[i**2 for i in range(1,11)]
>>>print(squares)
[1,4,9,16,25,36,49,64,81,100]
```

在列表推导式中，可以增加测试语句和嵌套 for 循环，其一般格式如下。

```
[表达式 for 目标变量 1 in 序列对象 1 [if 条件 1] … for 目标变量 n in 序列对象 n [if 条件 n]]
```

其中，表达式可以是任何运算表达式，目标变量是遍历序列对象获得的元素值。该语句的功能是计算每一个目标变量对应的表达式的值，生成一个列表对象。列表推导式可以嵌套任意数量的 for 循环，同时关联可选的 if 测试语句。例如：

```
>>>[x for x in range(11) if x%2==0]         #x 取 0~10 之间的偶数
[0,2,4,6,8,10]
>>>[(x,y) for x in range(5) if x%2==0 for y in range(5) if y%2==1]
[(0,1),(0,3),(2,1),(2,3),(4,1),(4,3)]
```

例 2-11 所谓水仙花数，是指这样的一些三位整数：各位数字的立方和等于该数本身，例如 $153=1^3+5^3+3^3$，因此 153 是水仙花数。用列表推导式输出全部水仙花数。

求水仙花数

分析：设 m 代表一个三位整数，用内置函数 str()将 m 转换成字符串，列

表推导式[int(i) ** 3 for i in str(m)]得到的是每位数字的立方构成的列表，sum()对列表求和后和 m 进行比较，即判断出水仙花数。

程序如下。

```
for m in range(100,1000):
    if m==sum([int(i)**3 for i in str(m)]):
       print(m,end='')
```

程序运行结果如下。

```
153  370  371  407
```

5. 循环结构的其他语句

循环结构中常用的其他语句如下。

(1)break 语句。从循环体内部跳出，即退出循环，执行循环结构的下一语句。

(2)continue 语句。跳过本次循环体的余下语句，提前结束本次循环，继续下一次循环。

(3)pass 语句。不执行任何操作，是空语句，其作用满足语法上的要求。

(4)循环语句的 else 子句。while 循环或 for 循环正常结束后，执行 else 子句后面的语句块。

2.4.4 Matplotlib 绘图

Matplotlib 是最常用的 Python 绘图库，为 Python 绘图提供了丰富的绘图命令，使用起来也很方便。

1. 示例程序——绘制函数曲线

绘图时需要用到 NumPy 和 Matplotlib 这两个第三方库。NumPy 库是 Matplotlib 库的基础，即 Matplotlib 是建立在 NumPy 基础之上的 Python 绘图库。绘制函数 $y=f(x)$ 曲线的大致步骤如下。

(1)安装并导入 NumPy 库，以便利用 NumPy 库的数组运算求自变量数组和函数值数组，为绘图准备数据。

(2)安装并导入 Matplotlib 库，以便利用 Matplotlib 库中的绘图函数来绘图。

(3)调用 NumPy 库中的 arange()函数或 linspace()函数生成自变量数组 x(横坐标向量)。

(4)根据函数表达式求函数值数组 y(纵坐标向量)。

(5)调用 Matplotlib 库的 pyplot 子库中的 plot()函数绘制函数曲线。

(6)调用 pyplot 子库中的 show()函数，显示图形。

当然，为了使图形更美观，可以设置一些图形属性、对图形对象进行各种修饰，但以上步骤是最基本的。绘制函数 $y=x^2\sin(2\pi x)$ 曲线的程序如下。

```
import numpy as np                          #导入 NumPy 库并指定 np 为其别名
from matplotlib import pyplot as plt        #导入 Matplotlib 的 pyplot 子库
```

```
x=np.arange(0,2*np.pi,np.pi/100)        #从 0 到 2π、步长为 π/100,生成一维数组 x
y=x**2*np.sin(2*np.pi*x)                #求 x 各点的函数值
plt.plot(x,y)                           #绘制曲线
plt.show()                              #显示图形
```

程序运行结果如图 2-17 所示。

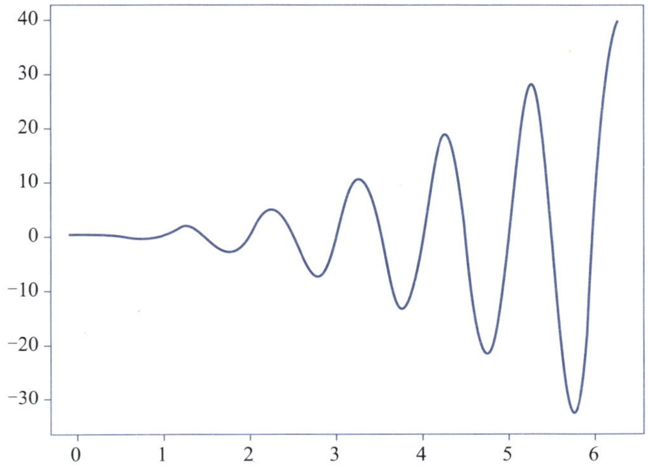

图 2-17　函数 $y=x^2\sin(2\pi x)$的曲线

2. NumPy 库的应用

NumPy 是 Python 数值计算的基础程序库，提供了多维数组和各种可以对数组元素进行操作的通用函数，既方便又高效。NumPy 库还包括一些子模块，如线性代数子模块 linalg 支持矩阵求逆，特征值、行列式、范数、线性方程组的求解等各种功能。

(1)第三方库的安装。

第三方库是 Python 开发环境的一个独立模块，在使用之前必须单独安装。推荐使用 Python安装包自带的工具 pip 来安装第三方库。先进入 Windows 操作系统的命令提示符界面，再在网络连接状态下按以下格式输入命令。

pip install 第三方库的名字。

以安装 NumPy 库为例，命令如下。

```
C:\>pip install numpy
```

注意 pip 命令相当于 Windows 操作系统的命令提示符环境的一条外部命令，必须将 Python 安装路径添加到 Windows 搜索路径中(安装 Python 时勾选“Add python. exe to PATH”复选框)才能在任何路径下执行 pip 命令。

第三方库安装好之后，需要导入才能使用，导入方法和标准模块库的导入方法一样。通常用以下方式导入 NumPy 库，其中 np 是 numpy 的别名，在后续命令中 np 就代表 numpy。

```
>>>import numpy as np
```

(2)NumPy 数组的操作。

NumPy 库中基础的数据类型是同类型元素构成的数组,称为 ndarray 多维数组对象。

①创建 NumPy 数组。创建 NumPy 数组的方法有很多种。例如,可以使用 array()函数由 Python 的序列对象创建 NumPy 数组,NumPy 数组可以直接参与各种运算,运算结果也是数组,这给批量数据的计算和处理带来了方便。

```
>>>import numpy as np
>>>x=np.array([1,2,3,4])          #创建一个一维数组
>>>y=np.sin(x)                    #求 x 各个点的正弦函数值 y
>>>y                              #y 也是一个一维数组
array([0.84147098,0.90929743,0.14112001,-0.7568025])
```

注意 Python 的 math 库也能实现各种函数运算,但和 NumPy 库中的函数不同,math 库中的函数的参数只能是单个数值,不能是列表或元组。

②创建一维数组的两个常用函数。利用 NumPy 库中的 arange()函数和 linspace()函数可以创建一维数组,一般调用格式如下。

```
arange([start,]end[,step])
linspace(start,end[,num=50][,endpoint=True])
```

NumPy 库中的 arange()函数和 Python 语言中的 range()函数类似,生成参数 start 到 end(不包括 end)、步长为 step 的数组。start 默认为 0,step 默认为 1。

linspace()函数生成 start 到 end、元素个数为 num 的数组。endpoint 为 True 时包括 end,endpoint 为 False 时不包括 end,默认为 True;元素个数默认为 50。

例如:

```
>>>a=np.arange(0,10,2)            #生成的数组中不包括终值 10
>>>a
array([0,2,4,6,8])
>>>b=np.linspace(1,20,5)          #在[1,20]之间产生 5 个元素的数组
>>>b
array([ 1.,5.75,10.5 ,15.25,20.])
```

③数据统计函数。NumPy 库还提供了许多数据统计函数,例如,求和函数 sum()、求平均值函数 mean()、求积函数 prod()、求最大值函数 max()、求最小值函数 min()等。例如:

```
>>>a=np.array([3,-1,0.5,10])
>>>np.sum(a)              #求 a 的全部元素之和
12.5
>>>np.prod(a[-3:])        #求 a 的后 3 个元素之积
-5.0
```

(3)利用 NumPy 库求定积分。

在科学研究和工程应用中经常会遇到求定积分的问题,数学上的求法是先找到被积函数的原函数,然后利用牛顿-莱布尼茨公式来计算定积分,但大多数实际问题找不到原函数或找到的原函数比较复杂,这时就需要用数值计算方法求定积分的近似值。

求一个函数 $f(x)$在区间$[a,b]$上的定积分,其几何意义就是求曲线 $y=f(x)$与直线 $x=a$,$x=b$,$y=0$ 所围成的图形的面积。为了求得图形的面积,先将区间$[a,b]$等分成 n 个小区间,每个小区间的宽度为 $h=(b-a)/n$,对应地将图形分成 n 个小部分,每个小部分近似为一个小曲边梯形。近似求出每个小曲边梯形的面积,然后将 n 个小曲边梯形的面积加起来,就得到总面积,即定积分的近似值。这就是函数的数值积分方法。

近似求每个小曲边梯形的面积,常用的方法有以下几种。

①用小矩形代替小曲边梯形,求出各个小矩形的面积,然后累加。此方法称为矩形法。

②用小梯形代替小曲边梯形,此方法称为梯形法。

③用抛物线代替该区间上的 $f(x)$,然后求出抛物线与 $x=a+(i-1)h$,$x=a+ih$,$y=0$ 围成的小曲边梯形的面积,此方法称为辛普森法。

以梯形法为例,求定积分的问题变成求 n 个小梯形的面积之和的问题,如图 2-18 所示。

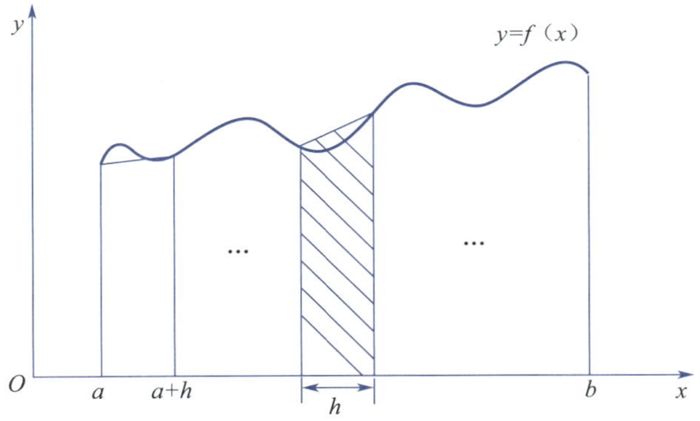

图 2-18　梯形法求定积分

求定积分的问题就是求 n 个面积之和的问题,所以可以利用 NumPy 库的数组计算功能来求定积分。此外,NumPy 库还提供了 trapz()函数来求定积分。该函数对离散数据形式的函数关系用梯形法来计算定积分,基本的调用格式如下。

```
trapz(y,x)
```

其中,x 为自变量向量,y 为对应的函数值向量。x 省略时,采用均匀间隔。例如:

```
>>>import numpy as np
>>>np.trapz([7,9,12])
18.5
```

trapz()函数中省略了 x 参数,x 间隔为 1,相当于两个梯形的面积之和,即表达式(7+9) * 1/2+(9+12) * 1/2 的值。

例 2-12 求下列定积分。

$$I=\int_0^2 \frac{1}{1+x}\mathrm{d}x$$

分析：采用梯形法求定积分，步骤如下。

①产生积分区间范围内的一个具有 $n+1$ 个元素的一维数组，并求各点的被积函数值。

②构造求 n 个小梯形的面积的表达式(这一步是关键)。

③求 n 个小梯形的面积之和。

程序如下。

```
import numpy as np
a,b=0,2
n=int(input())
h=(b-a)/n                          #将积分区间 n 等分
x=np.linspace(a,b,n+1)
y=1/(1+x)                          #求各个点的被积函数值
area=(y[0:n]+y[-n:])*h/2           #求 n 个小梯形的面积
s1=np.sum(area)                    #求小梯形的面积之和
s2=np.trapz(y,x)                   #调用 trapz()函数求定积分
print("I1=",s1)
print("I2=",s2)
```

程序运行结果如下。

```
10000↙
I1=1.0986122916310728
I2=1.0986122916310725
```

实际上，被积函数 $1/(1+x)$ 的原函数是 $\ln(1+x)$，所以定积分 $I=\ln 3$，在 Python 解释器提示符后输入以下命令进行验证。

```
>>>import math
>>>math.log(3)
1.0986122886681098
```

因为采用的计算方法不同，所以得到的结果不完全一致，但比较接近。

3. Matplotlib 二维绘图

pyplot 是 Matplotlib 库的子库，使用 pyplot 子库可快速地绘制二维图形。绘图之前先要导入 pyplot 子库，格式如下。

```
import matplotlib.pyplot as plt
```

(1)创建图形窗口对象(figure 对象)。

由于 Matplotlib 图形均位于图形窗口对象中，在绘图前，先要创建图形窗口对象。如果没

有创建就直接调用绘图函数，则图形窗口对象将自动被创建。

使用 pyplot 子库中的 figure() 函数创建图形窗口对象，基本调用格式如下。

```
figure([num,figsize])
```

其中，num 取整数或字符串，为数字时表示图形编号，为字符串时表示将窗口标题设置为此字符串；figsize 是两个元素的元组，指定图形窗口对象的宽度和高度，单位为英寸。

(2)绘制二维曲线。

使用 pyplot 子库中的 plot() 函数可绘制二维曲线，调用格式如下。

```
plot(x,y,label,color,linewidth,linestyle)
plot(x,y,fmt,label)
```

其中，x、y 表示所绘制图形中各点位置在 x 轴和 y 轴上的数据，用数组表示；label 用于给所绘制的曲线设置一个名字，此名字在图例(legend)中显示；color 用于指定曲线的颜色；linewidth 用于指定曲线的宽度；linestyle 用于指定曲线的样式；fmt 是曲线格式化参数，用于指定曲线的颜色和线型，如“b--*”表示蓝色虚线，数据点标记为五角星。

(3)图形标注与显示。

在调用 plot() 函数完成绘图后，还可能需要为图形添加各类标注、显示图形，可使用 pyplot 子库中的相关函数来实现。

①xlabel()、ylabel()函数：在当前图形中指定 x 轴和 y 轴的名称。

②title()函数：在当前图形中指定图形的标题名称。

③xlim()、ylim()函数：指定当前图形 x 轴和 y 轴的范围。

④legend()：指定当前图形的图例，可以指定图例的大小、位置和标签。

⑤show()：显示图形。

(4)创建子图。

在 Matplotlib 库中，可以将一个图形窗口对象分为几个绘图区域，在每个绘图区域中可以绘制不同的图形，这种绘图形式称为创建子图。创建子图可以使用 subplot() 函数，调用格式如下。

```
subplot(n,m,k)
```

subplot()函数将整个图形窗口等分为 n 行 m 列个子区域，选择当前子区域为 k。如果 n、m、k 都小于 10，则可以把它们缩写为一个整数，例如，subplot(223)和 subplot(2,2,3)等价。

例 2-13 创建 4 个子图，前 3 个子图分别绘制单位圆、$y=-x$ 的图形和正方形，第 4 个子图同时绘制单位圆和 $y=-x$ 的图形，并用五角星标注交点。

子图绘制

程序如下。

```
import numpy as np
import matplotlib.pyplot as plt
t1=np.linspace(0,2*np.pi,1000)
t2=np.arange(0,3*np.pi,np.pi/2)
```

```
x=np.sin(t1)
y=np.cos(t1)
y1=-x
x2=np.sin(t2)
y2=np.cos(t2)
plt.subplot(2,2,1)                          #第一行的左图
plt.plot(x,y,color='g')                     #绿色单位圆
plt.axis('equal')                           #设置 x 轴、y 轴等刻度
plt.subplot(2,2,2)                          #第一行的右图
plt.plot(x,y1,linewidth=2)                  #设置 y=-x 曲线的线宽
plt.subplot(2,2,3)                          #第二行的左图
plt.plot(x2,y2)                             #正方形
plt.axis('equal')
plt.subplot(2,2,4)                          #第二行的右图
plt.plot(x,y,'b',x,y1,'g--',linewidth=1)    #绘制两条曲线
for k in np.arange(len(t1)):                #len(t1)是 t1 的元素个数
    if np.abs(y[k]-y1[k]) <0.01:            #判断交点(即两个函数值很接近)
        plt.plot(x[k],y[k],'r*')            #标注交点
plt.axis('equal')
plt.show()
```

运行程序后，得到的图形如图 2-19 所示。程序中通过一个 for 语句逐点判断两曲线的交点并进行标注，也可以利用 NumPy 库中的 where()函数来求交点元素的下标，然后对交点进行标注。语句如下。

```
k=np.where(np.abs(y-y1) <0.01)              #返回交点元素的位置索引
plt.plot(x[k],y[k],'r*')                    #标注交点
```

因为有多个交点，所以这里的 k 是一个一维数组。

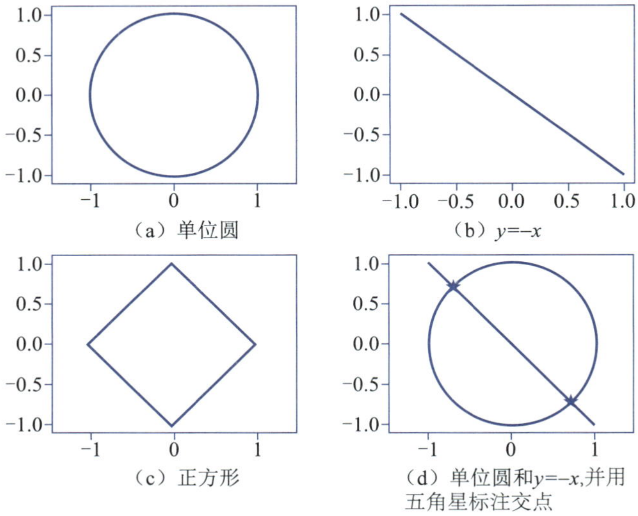

图 2-19　绘制二维图形

4. Matplotlib 三维绘图

Matplotlib 三维绘图功能允许用户创建各种三维图形，包括三维曲线、三维曲面等。三维图形可以用来展示三维数据点的分布和关系，具有更强的数据表现能力。

(1)创建三维坐标轴对象。

Matplotlib 图形对象是分层次的，图形窗口对象是其他图形对象的基础，在图形窗口对象之上可以建立坐标轴对象(axes)，在坐标轴对象之上可以绘制各种图形。绘制三维图形需要先创建一个三维坐标轴对象 Axes3D，命令如下。

```
from matplotlib import pyplot as plt
fig=plt.figure()                          #创建图形窗口对象
ax=plt.axes(projection='3d')              #创建三维坐标轴对象
```

以上命令执行后，创建 Axes3D 对象 ax，接下来就可以调用绘图函数在 ax 对象上绘图了。

(2)绘制三维曲线。

三维曲线是将空间中的数据点连接起来得到的图形。使用 Axes3D 对象的 plot()函数可以绘制三维曲线，基本调用格式如下。

```
plot(x,y,z)
```

其中，x、y、z 组成一组曲线的空间坐标，为长度相同的一维数组。

例 2-14 数学中有各式各样的曲线，螺旋线是其中比较常见的一种，它是从一个固定点开始向外逐圈旋绕而形成的曲线。螺旋线的参数方程如下。

$$\begin{cases} x=\sin t-t\cos t, \\ y=\cos t+t\sin t, \quad 0\leqslant t\leqslant 10\pi \\ z=t, \end{cases}$$

按照前面介绍的绘图操作步骤，写出程序如下。

```
import numpy as np
from matplotlib import pyplot as plt
fig=plt.figure()                          #创建图形窗口对象
ax=plt.axes(projection='3d')              #创建三维坐标轴对象
t=np.linspace(0,10*np.pi,1000)
x=np.sin(t)-t*np.cos(t)
y=np.cos(t)+t*np.sin(t)
ax.plot(x,y,t)                            #绘制空间曲线
plt.show()
```

程序运行结果如图 2-20 所示。

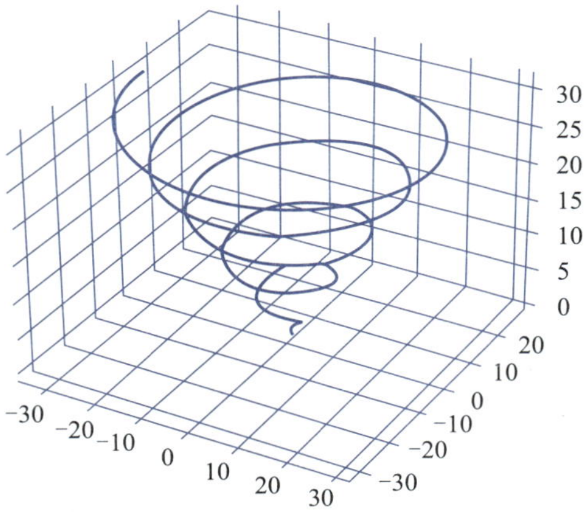

图 2-20　螺旋线

(3)绘制三维曲面。

通常,绘制三维曲面需要先生成网格数据,再调用绘图函数绘制三维曲面。

①产生网格坐标矩阵。产生二维网格坐标矩阵的方法是:将 x 轴方向的区间[a,b]分成 m 份,将 y 轴方向的区间[c,d]分成 n 份,由各划分点分别作平行于两坐标轴的直线,将区域[a,b]×[c,d]分成 $n\times m$ 个小网格,生成代表每一个小网格顶点坐标的网格坐标矩阵。例如,在 xOy 平面上选定一个矩形区域,如图 2-21 所示,其左下角顶点的坐标为(2,3),右上角顶点的坐标为(6,8)。然后在 x 轴方向上分成 4 份,在 y 轴方向上分成 5 份,由各划分点分别作平行于两坐标轴的直线,将区域分成 5×4 个小矩形,总共有 6×5 个顶点。用矩阵 $\boldsymbol{X}$、$\boldsymbol{Y}$ 分别存储每一个网格顶点的 x 坐标与 y 坐标,矩阵 $\boldsymbol{X}$、$\boldsymbol{Y}$ 就是该矩形区域的 xOy 平面网格坐标矩阵。

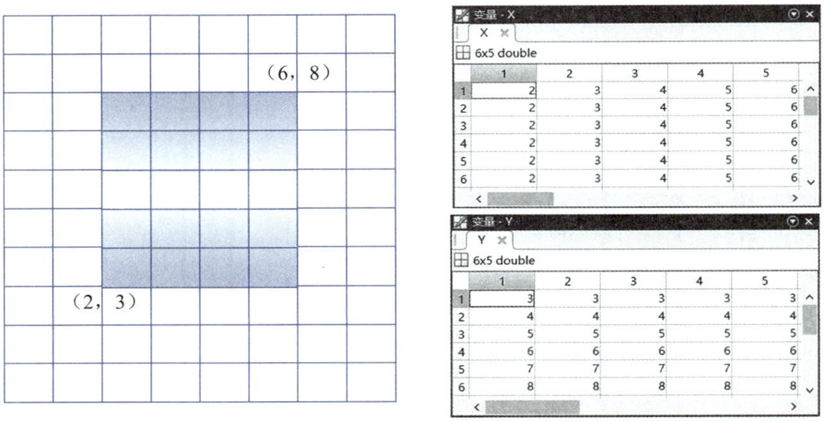

图 2-21　网格坐标示例

通常调用 NumPy 库中的 meshgrid()函数生成二维网格坐标矩阵,其调用格式如下。

```
X,Y=meshgrid(x,y)
```

其中,x、y 为一维数组,X、Y 为二维数组。语句执行后,数组 X 的每一行都是数组 x,行数等于 y 的元素的个数;数组 Y 的每一列都是数组 y,列数等于 x 的元素的个数。数组 X 和 Y 相同位置上的元素(X_{ij},Y_{ij})存储二维空间网格顶点(i,j)的坐标。例如,如图 2-21 所示,生成图中的网格坐标矩阵,可以使用以下命令。

```
>>>import numpy as np
>>>x=np.arange(2,7)
>>>y=np.arange(3,9)
>>>X,Y=np.meshgrid(x,y)
>>>X
array([[2,3,4,5,6],
       [2,3,4,5,6],
       [2,3,4,5,6],
       [2,3,4,5,6],
       [2,3,4,5,6],
       [2,3,4,5,6]])
>>>Y
array([[3,3,3,3,3],
       [4,4,4,4,4],
       [5,5,5,5,5],
       [6,6,6,6,6],
       [7,7,7,7,7],
       [8,8,8,8,8]])
```

②plot_surface()函数。使用 Axes3D 对象的 plot_surface()函数可以绘制三维曲面,其调用格式如下。

```
plot_surface(X,Y,Z)
```

通常,X、Y、Z 是同型二维数组,其中,X、Y 用于定义网格顶点的平面坐标,Z 用于定义网格顶点的高度。还可以在函数调用时设定曲面的各种属性。

例 2-15 已知

$$z=xe^{-(x^2+y^2)}$$

其中,x、y 的 40 个值均匀分布在[-2,2]范围内,绘制三维曲面。

程序如下。

```
import numpy as np
from matplotlib import pyplot as plt
fig=plt.figure()                              #创建图形窗口对象
ax=plt.axes(projection='3d')                  #创建三维坐标轴对象
x=np.linspace(-2,2,40)
X,Y=np.meshgrid(x,x)
Z=X*np.exp(-(X**2+Y**2))
ax.plot_surface(X,Y,Z,cmap='rainbow')         #设置 rainbow(彩虹)色图
plt.show()
```

程序运行结果如图 2-22 所示。

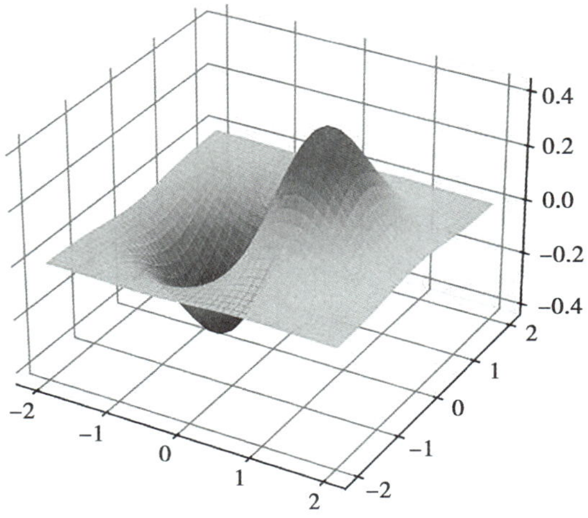

图 2-22　三维曲面

2.5 问题求解的常用算法

利用计算机进行问题求解依赖于程序，而编写程序要先进行算法设计。算法设计是一项极具创造性的工作。在刚开始学习计算机知识时，可能是数学思维占主导地位，碰到实际问题时，更多是从数学的角度去寻找求解方案。例如，求定积分时首先想到的是求被积函数的原函数，求和时首先想到的是找到求和公式。这里有一个思维方式的转变过程，利用计算机进行问题求解就是要充分利用计算机擅长重复计算的特点，将复杂问题分解为简单步骤的重复操作。理解了这个特点之后，就要不断进行程序设计实践，因此了解或熟悉一些常用算法是十分必要的。

2.5.1　迭代法

1. 迭代的概念

迭代(iteration)是一种建立在循环基础上的算法。在数学中，迭代经常被用来进行各种计算，例如，累加求和、方程求解等，即不断使用变量原来的值递推求新的值的过程。

在此先讨论求若干个数之和或乘积的问题。累加与累乘问题是最典型、最基本的一类算法，实际应用中很多问题都可以归结为累加与累乘问题。先看累加问题。

累加的数学递推式如下。

$s_0=0$

$s_n=s_{n-1}+x_n(n=1,2,3,\cdots)$

其含义是第 n 次的累加和 s 等于第 $n-1$ 次时的累加和 s 加上第 n 次时的累加项 x。从循环的角度讲，就是本次循环的 s 值等于上一次循环时的 s 值加上本次循环的 x 值，这可用下列赋值语句来实现。

```
s=s+x
```

显然，上述语句重复执行若干次后，s 的值即若干个数之和。

再来看累乘问题，其数学递推式如下。

$p_0=1$

$p_n=p_{n-1}\times x_n(n=1,2,3,\cdots)$

其含义是第 n 次的累乘积 p 等于第 $n-1$ 次时的累乘积 p 乘以第 n 次时的累乘项 x。从循环的角度讲，就是本次循环的 p 值等于上一次循环时的 p 值乘以本次循环的 x 值，这可用下列赋值语句来实现。

```
p=p*x
```

显然，上述赋值语句重复执行若干次后，p 的值即若干个数之积。

递推问题常用迭代方法来处理，即赋值语句 s=s+x 或 p=p * x 循环执行若干次。

2. 利用牛顿迭代法求一元方程的根

牛顿切线法是一种高效的迭代法，其实质是以切线与 x 轴的交点作为曲线与 x 轴的交点的近似值来逐步逼近解，如图 2-23 所示。

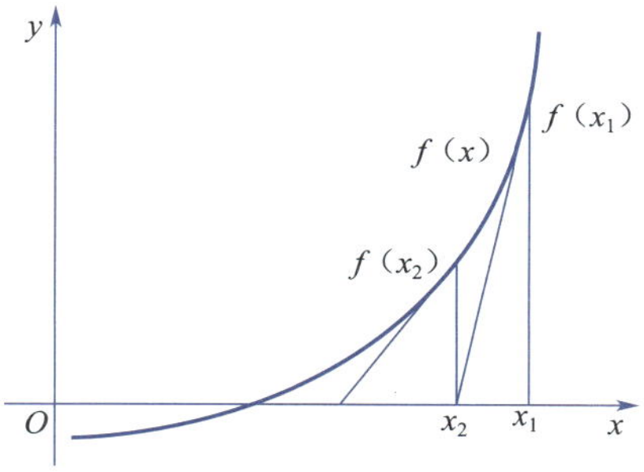

图 2-23 牛顿迭代法

牛顿迭代公式为

$$x_n=x_{n-1}-\frac{f(x_{n-1})}{f'(x_{n-1})},\quad n=1,2,3,\cdots$$

其中，$f'(x)$为 $f(x)$的一阶导数。

例 2-16 设 $f(x)=2x^3-4x^2+3x-7$，初值取 2.5，用牛顿迭代法求方程 $f(x)=0$ 在初值点附近的实根，直到满足$|x_n-x_{n-1}|\leqslant 10^{-6}$为止。

程序如下。

```
import math
d,x2=1,2.5
while math.fabs(d)>1.0e-6:
    x1=x2
    d=(((2.0*x1-4.0)*x1+3.0)*x1-7.0)/((6.0*x1-8.0)*x1+3.0)
```

```
    x2=x1-d
print("The root is",x2)
```

程序运行结果如下。

```
The root is 2.085481303712927
```

关于迭代初值 x_0 的选取问题，理论上可以证明，只要选取满足条件 $f(x_0)f''(x_0)>0$ 的初值 x_0，就可保证牛顿迭代法收敛。当然迭代初值不同，迭代的次数也就不同。

初值的选取不是唯一的，可以先绘制 $f(x)$ 的曲线，了解 $f(x)$ 零点的大致范围，在零点附近选择初值。下面的程序利用 Matplotlib 库中的 pyplot 子库绘制 $f(x)=2x^3-4x^2+3x-7$ 的曲线，其结果如图 2-24 所示。从图中可以看出，$f(x)$ 的零点在 $x=2$ 附近。

```
f_plt=lambda x: 2*x**3-4*x**2+3*x-7   #定义 f(x)函数
import numpy as np
import matplotlib.pyplot as plt
x=np.linspace(-5,5,5000)              #产生[-5,5]区间具有 5000 个元素的一维数组
y=f_plt(x)                            #求各个 x 点的函数值
plt.plot(x,y,[-6,6],[0,0])            #绘制二维曲线和 x 轴
ix=np.where(np.abs(y) <=1e-3)         #求 y 的零元素(约等于 0)的位置索引
plt.plot(x[ix],y[ix],marker='*',color='r')      #用红色(red)五角星标注交点
plt.title('f(x)=2x${^3}$-4${x^2}$+3x-7')        #添加图形标题(注意上标标注)
plt.grid(True)                                  #添加网格线
plt.show()
```

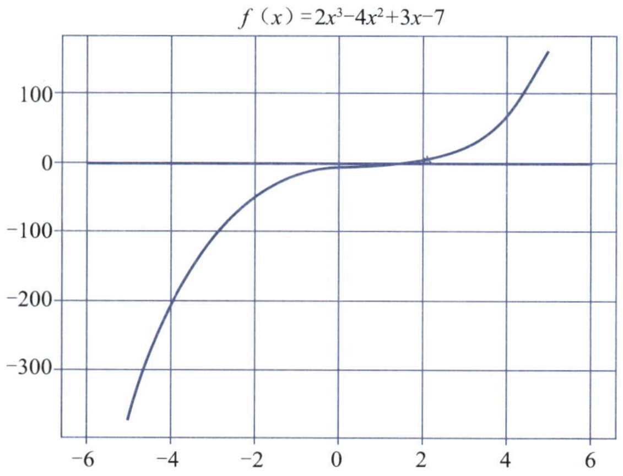

图 2-24　$f(x)=2x^3-4x^2+3x-7$ 的曲线

在 Python 程序中，可以使用 lambda 关键字在同一行内定义函数，因为不用指定函数名，所以这个函数称为匿名函数，也称为 lambda 函数。匿名函数也是一个函数对象，也可以把匿名函数赋值给一个变量，再利用变量来调用该函数。例如：

```
>>>f=lambda x,y:x+y
>>>f(5,10)
15
```

其中第一个语句定义一个 lambda 函数，函数参数为 x、y，函数返回的值为表达式 x+y 的值。通过变量 f 来调用该函数。

用牛顿迭代法求一个正数 a 的平方根是一种有效的方法，可将牛顿迭代法用于解方程 $f(x)=x^2-a=0$，得到迭代公式为

$$x_n=x_{n-1}-\frac{x_{n-1}^2-a}{2x_{n-1}}=\frac{1}{2}\left(x_{n-1}+\frac{a}{x_{n-1}}\right),\quad n=1,2,3,\cdots$$

同样可以推导出求 a 的立方根的迭代公式为

$$x_n=x_{n-1}-\frac{x_{n-1}^3-a}{3x_{n-1}^2}=\frac{2}{3}x_{n-1}+\frac{a}{3x_{n-1}^2},\quad n=1,2,3,\cdots$$

请读者自行完成程序设计。

3. 利用 SciPy 库求一元方程的根

SciPy 是 Python 的第三方库，在数值计算方面有着广泛的应用。scipy. optimize 子模块可以用来求不同函数在多个约束条件下的最优化问题，也可以用来求函数在某一点附近的根以及根所对应的函数值。其中的 fsolve()函数和 root()函数都可以用来求一元函数的根，它们的基本调用格式如下。

```
fsolve(func,x0)
root(func,x0)
```

其中，func 代表方程对应的函数表达式，x0 为初值。fsolve()函数返回一个 n 维数组（对于一元方程，当然只有一个元素）；root()函数返回一个 OptimizeResult 对象，其最重要的属性是解出数组 x 的值。

例 2-17　利用 SciPy 库求 $2x^3-4x^2+3x-7=0$ 在 $x=2.5$ 附近的根。

分析：分别用 fsolve()函数和 root()函数对方程进行求解。

程序如下。

```
f_opt=lambda x: 2*x**3-4*x**2+3*x-7      #定义 lambda 函数
from scipy.optimize import fsolve,root
x1=fsolve(f_opt,2.5)                     #用 fsolve()函数求根
x2=root(f_opt,2.5)                       #用 root()函数求根
print("x1=",x1[0])                       #输出 x1 的第一个元素
print("x2=",x2.x[0])                     #输出 x2 的 x 属性的第一个元素
```

程序运行结果如下。

```
x1=2.085481303713038
x2=2.085481303713038
```

2.5.2 穷举法

穷举(list-all)法也称为枚举法，它的基本思路是针对众多可能解，按某种顺序进行逐一枚举和检验，并从中找出那些符合要求的可能解来作为问题的解。穷举的计算量是相当大的，但对计算机来说，做起来却很容易。穷举法是一种重要的算法设计策略，可以说是计算机解题的一大特点。

例 2-18 求方程 $x+2y+5z=100$ 的非负整数解。

分析：这是一个不定方程，它可能有多组解。对于这类问题，无法使用解析法求解，只能将所有可能的 x、y、z 值一个一个地去试，看是否满足上面的方程，若满足，则求得一组解，因此可以采用穷举法。使用穷举法的关键是正确确定穷举的范围。如果穷举的范围过大，则将降低程序运行的效率。分析方程可知，x 的可能取值为 0～100，y 的可能取值为 0～50，z 的可能取值为 0～20。据此可以恰当地确定穷举范围。在具体的一种程序设计语言中，可以使用三重循环结构来实现。

实际上，在 x、y、z 中任意两个变量的值确定以后，可以直接求出第 3 个变量的值，从而可以用两重循环来实现。为提高程序的运行效率，尽量减少循环次数，y 和 z 由循环变量控制，通过 y 和 z 来确定 x。

程序如下。

```
count=0
print("x\ty\tz")
for y in range(0,51):                    #控制 y 从 0 变化到 50
    for z in range(0,21):                #控制 z 从 0 变化到 20
        x=100-2*y-5*z                    #根据 y 和 z 来求 x
        if x >=0:
            print(x,'\t',y,'\t',z)       #输出一组解
            count+=1                     #统计解的个数
print("解的组数是",count)                 #输出解的组数
```

例 2-19 输出[100,1 000]以内的全部素数。

分析：可将计算过程分为以下两步。

(1)判断一个数是不是素数。素数是大于 1，且除了 1 和它本身外，不能被其他任何整数整除的整数。为了判断整数 m 是不是素数，一个最简单的办法是用 2,3,4,5,…,$m-1$ 这些数逐个去除 m，看能否整除，如果全都不能整除，则 m 是素数；否则，只要其中一个数能整除，则 m 不是素数。

(2)将判断一个数是不是素数的程序段，对指定范围内的每一个数都执行一遍，即可求出某个范围内的全部素数。这就是穷举法。

程序如下。

```
Primes=[]                         #用于存放素数
for m in range(100,1001):         #在[100,1000]范围内穷举
```

```
    flag=True                       #素数标志
    for j in range(2,m):            #判断 m 是不是素数
        if m%j==0:                  #如果 m 能被 j 整除，则改变素数标志的值
            flag=False
    if flag:
        Primes.append(m)            #将素数添加到 Primes 列表
print(Primes)                       #输出素数
```

也可以定义一个判断素数的函数，然后调用该函数对[100，1 000]范围内的整数进行判断。程序如下。

```
def isPrime(n):                     #定义判断素数的函数
    if n <=1:                       #素数都是大于 1 的
        return False                #对于非素数，返回 False
    for i in range(2,n):
        if n%i==0:
            return False            #对于非素数，返回 False
    return True                     #如果是素数，则返回 True
Primes=[]                           #用于存放素数
for m in range(100,1001):           #在[100,1000]范围内穷举
    if isPrime(m):
        Primes.append(m)            #将素数添加到 Primes 列表
print(Primes)                       #输出素数
```

定义函数时，以关键字 def 开始，后跟函数名和用括号括起来的参数，最后以冒号结束。函数定义的第一行称为函数首部，用于对函数的特征进行定义。函数定义的缩进部分称为函数体，它描述了函数的功能。函数体中的 return 语句用于传递函数的返回值。

2.5.3　递归法

递归(recursion)是指在执行某一处理过程时，该过程中的某一步要用到它自身的上一步或上几步的结果。递归是一种常用的程序设计方法，其基本思想是把一个规模大的问题层层转化为一个与原问题相似的规模较小的问题来求解。

在实际应用中，许多问题的求解方法具有递归特征。例如，当 n 为自然数时，n 的阶乘定义为

$$n!=\begin{cases}1, & n=1\\ n\times(n-1)!, & n>1\end{cases}$$

从数学角度讲，如果要计算出 $n!$，就必须先算出 $(n-1)!$，而要求 $(n-1)!$，就必须先求出 $(n-2)!$，直到计算 1!时为止。若已知 1!，就可以向回推，计算出 2!，以此类推，就可以计算出 $n!$。

利用递归计算 $n!$有一个重要特征，即为求 n 的解，可化为求 $n-1$ 的解，求 $n-1$ 的解又化为求 $n-2$ 的解，以此类推。特别地，对于 1 的解是可立即得到的。这是将大问题分解为小问

题的递推过程。有了 1 的解以后，接着是一个回溯过程，逐步获得 2 的解、3 的解……直至 n 的解。

编写递归程序要注意两点：一是要找出正确的递归算法，这是编写递归程序的基础；二是要确定算法的递归结束条件，这是决定递归程序能否正常结束的关键。

下面用求 $n!$ 的递归程序来分析递归函数的调用过程。

例 2-20 求 $n!$ 的递归函数。

根据 $n!$ 的递归表示形式，用递归函数描述如下。

```
def fac(n):
    if n==1:
        return 1
    else:
        return n*fac(n-1)
m=fac(3)
print(m)
```

程序运行结果如下。

```
6
```

在函数中使用了 n * fac(n－1)的表达式，该表达式中调用了 fac()函数，这是一种函数自身调用，fac()是递归函数。显然，函数用递归描述比用循环控制结构描述更自然。但是，对初学者来说，递归函数的执行过程比较难以理解。以计算 3!为例，设程序中以 m＝fac(3)形式调用函数 fac()，其调用过程如图 2-25 所示。

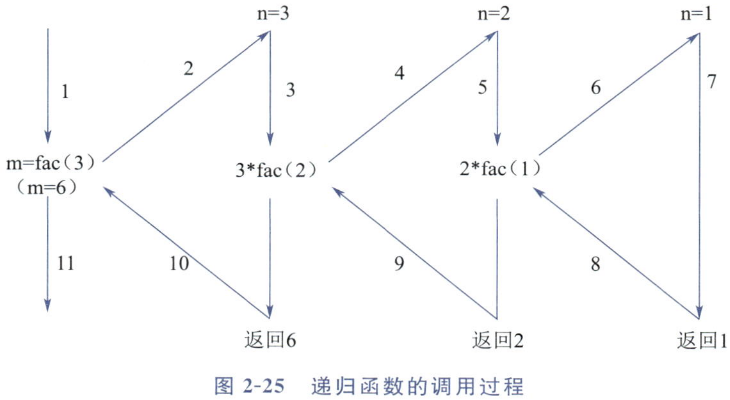

图 2-25 递归函数的调用过程

执行语句 m＝fac(3)时调用 fac()函数，n＝3，函数 fac()返回 3 * fac(2)；再次调用 fac()函数(第一次递归调用)，n＝2，函数 fac()返回 2 * fac(1)；又调用 fac()函数(第二次递归调用)，n＝1，函数 fac()计算 1!并以结果 1 返回，返回 fac(1)调用处，函数计算 2!并以结果 2 返回，返回 fac(2) 调用处，计算 3!并以结果 6 返回，最终得到 m 的值是 6。

例 2-21 绘制谢尔平斯基三角形(Sierpinski triangle)。

分析：自然界中存在许多复杂事物和现象，如蜿蜒曲折的海岸线、天空中奇形怪状的云朵、错综生长的灌木等，它们具有自相似性。人们把这些部分与整体以某种方式相似的形体称为分形(fractal)，在此基础上，形成了研究分形的性质及应用的科学，称为分形理论。

谢尔平斯基三角形是一种分形，由波兰数学家谢尔平斯基在 1915 年提出。其构造方法如下。

(1)根据三角形 3 个顶点的坐标绘制等边三角形 ABC，如图 2-26 所示。

(2)计算三角形 ABC 3 条边的中点坐标，分别绘制 3 个小三角形 ADE、DBF 和 EFC。

(3)对 3 个小三角形分别重复步骤(2)(不需要考虑中间的那个小三角形)。

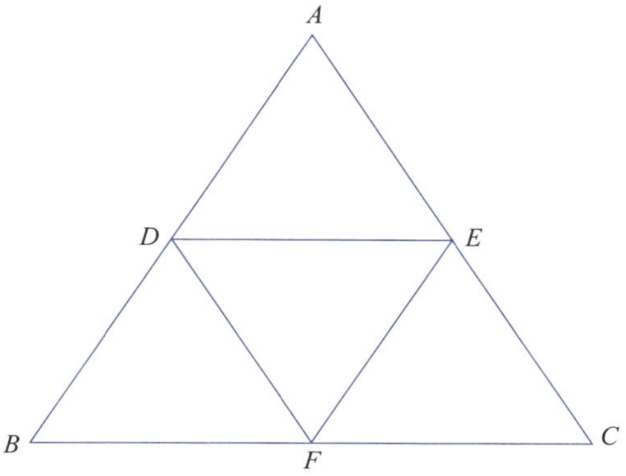

图 2-26　谢尔平斯基三角形构图原理

程序利用递归实现的基本思路是，当层数 $n=1$ 时，根据 3 个顶点坐标绘制三角形；当层数 $n>1$ 时，计算三角形 3 条边的中点，绘制 3 个 $n-1$ 层的三角形分形图(3 次递归调用)。

以二层分形图为例，设三角形的 3 个顶点坐标分别为 $A(x_1,y_1)$、$B(x_2,y_2)$、$C(x_3,y_3)$，3 条边的中点坐标分别为 $D(u_1,v_1)$、$F(u_2,v_2)$、$E(u_3,v_3)$，则 $u_1=(x_1+x_2)/2$，$v_1=(y_1+y_2)/2$；$u_2=(x_2+x_3)/2$，$v_2=(y_2+y_3)/2$；$u_3=(x_1+x_3)/2$，$v_3=(y_1+y_3)/2$。

定义递归函数，以 a、b、c、n 作为函数的形参，n 表示三角形的层数，也就是递归调用的深度。

程序如下。

```
import matplotlib.pyplot as plt
import numpy as np
def draw_triangle(a,b,c,n):                    #绘制谢尔平斯基三角形的递归函数
    if n==1:
        plt.fill([a[0],b[0],c[0]],[a[1],b[1],c[1]],'b')
    else:
        d=[(a[0]+b[0])/2,(a[1]+b[1])/2]        #计算三角形各边中点的坐标
        e=[(a[0]+c[0])/2,(a[1]+c[1])/2]
        f=[(b[0]+c[0])/2,(b[1]+c[1])/2]
        draw_triangle(a,d,e,n-1)               #递归绘制 3 个子三角形
        draw_triangle(d,b,f,n-1)
        draw_triangle(e,f,c,n-1)
a=[0,0]                                        #定义 3 个顶点
b=[1,0]
```

```
c=[0.5,np.sqrt(3)/2]
n=int(input("输入层数 n="))
draw_triangle(a,b,c,n)                        #绘制谢尔平斯基三角形
plt.title("n="+str(n))
plt.show()                                    #显示图形
```

运行程序，并输入 n 的值为 5，得到如图 2-27 所示的 5 层谢尔平斯基三角形。

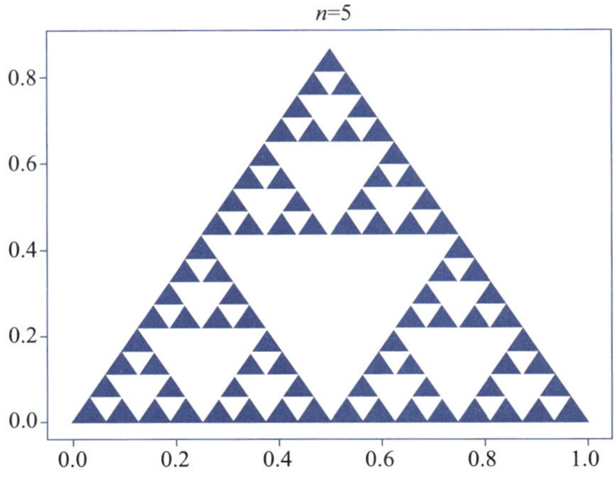

图 2-27　5 层谢尔平斯基三角形

采用递归方法可以使程序变得简洁，但递归函数是以牺牲存储空间为代价的，因为每一次递归调用都要保存相关的参数和变量，而且递归函数也会影响程序的运行速度，由于反复调用函数，会增加运行时间。

2.5.4　贪心法

人们都有这样的经历，在用现金购物时，如果支付的金额超过了商品的总价，收银员需要计算并找回剩余的零钱，而且一般要求找回的钞票数量最少，这就是通常说的找零问题。例如，顾客给了 100 元，购买了 5 元的商品，需要找回 95 元。在找零时，收银员通常会优先使用面额较大的钞票，首先使用一张 50 元的钞票，然后使用两张 20 元的钞票，最后使用一张 5 元的钞票。这样，总共使用了 4 张钞票，找回了 95 元，且钞票数量是最少的。收银员采用的方法就是一种典型的贪心算法（greedy algorithm）。

例 2-22　用 Python 程序来解决钱币找零问题。

程序如下。

```
amount=int(input("请输入找零总额"))
coins=eval(input("请输入可使用的钞票面额"))
coins=sorted(coins,reverse=True)              #将钞票面额从大到小排序
count=0
for coin in coins:                            #遍历各种面额
    count1=0
```

```
    while amount>=coin:               #找零金额超过当前面额时实施找零
        amount-=coin                  #找零金额更新
        count1+=1                     #当前面额钞票数量加 1
        count+=1                      #找零总数加 1
    if count1>0:
      print(coin,"元:",count1)
print("合计找零数量为",count)
```

在程序中，先将钞票面额从大到小排序，然后依次尝试使用各种面额，直到找零金额减少到小于当前面额为止。通过这种贪心策略，可以尽可能多地使用面额大的钞票，从而减少所需钞票的数量。程序运行结果如下。

```
请输入找零总额 95↙
请输入可使用的钞票面额[1,100,50,20,10,5]↙
50 元：1
20 元：2
5 元：1
合计找零数量为 4
```

将这种找零的策略推及一般问题的求解，可以归纳出贪心算法的基本思路：在每一步选择中都采取当前状态下最优的选择，从而希望导致结果是全局最好的。然而，贪心算法并不保证总是能得到全局最优解（即最终解为最优解）。例如，上面程序的另一次运行结果如下（为了说明问题，假设有 91 元钞票面额）。

```
请输入找零总额 95↙
请输入可使用的钞票面额[1,91,50,20,10,5]↙
91 元：1
1 元：4
合计找零数量为 5
```

显然，这不是最优的找零方案。贪心算法在每一步都会做出局部最优的选择，但并没有考虑这样的选择对于后续过程是否合理，所以每一步的局部最优解并不能保证整体上的全局最优解。尽管贪心算法可能不总是能找到最优解，但它可以提供一个快速且相对合理的解决方案。

例 2-23 背包问题。给定一组物品，每件物品都有自己的重量和价值；同时给定一个背包，背包有一个最大承重量限制。目标是在不超过背包最大承重量的前提下，选择一组物品装入背包，使得背包中物品的总价值最大。

分析：背包问题（knapsack problem）是一种组合优化问题，主要关注在给定的约束条件下，如何最优地选择一组物品放入背包中，使得背包中的物品总价值最大。假设有 n 件物品，第 i 件物品的重量为 w_i，价值为 v_i，背包所能承受的最大重量为 w，问应该选取哪些物品装入背包使总价值最大？如果每件物品只能装入背包一次，要么不装入，要么完全装入，则问题称为 0-1 背包问题。如果允许对物品进行切割，也就是可以选择物品的一定比例 k_j，即可以选取

第 j 件物品的 k_j 比例放入背包，其价值是 $k_j \times v_j$，重量是 $k_j \times w_j$，这个问题就称为可分割的背包问题。0-1 背包问题也可以看成 k_j 必须是 0 或者 1 的可分割背包问题。背包问题在现实生活中有广泛应用，如货物装载、资源分配、投资决策等。通过解决背包问题，可以在给定的约束条件下，实现资源的最优配置和利用。

对可分割的背包问题，可以采用的一种方法是每次选取性价比(v_j/w_j)最高的物品，直到达到最大允许的重量。这种思路实际上就是一种贪心法，即每次选取最"划算"的物品。可以证明，按照这样的方法可以获得最优解。对于 0-1 背包问题，如果按照这种贪心策略进行选取：每次都选取性价比最大的物品，直到背包装不下为止，就有可能不是最优解。例如，有 5 件物品，价值 $V=(v_1,v_2,v_3,v_4,v_5)=(1,6,18,22,28)$，对应的重量 $W=(w_1,w_2,w_3,w_4,w_5)=(1,2,5,6,7)$。如果背包总重量约束 $w=11$，那么按照贪心法获得的解 $K=(k_1,k_2,k_3,k_4,k_5)=(1,1,0,0,1)$，对应总价值是 35，而实际最优解是(0,0,1,1,0)，对应总价值是 40。

贪心法在求解过程的每一步都选取一个局部最优解，最后把每一步的结果合并起来形成全局解。其基本步骤如下。

(1)从某个初始解出发。对于例 2-23，就是从空集出发。

(2)采用迭代的过程，当可以向目标前进一步时，就根据局部最优解策略，得到一个部分解，问题规模缩小。对于例 2-23，每次选取一件性价比最高的物品，使总重量的约束和可选物品数量减少。

(3)将所有解综合起来。对于例 2-23，每步同时累加新加入的物品价值，最后输出结果 V。

可分割背包问题的 Python 程序如下。

```
def fractional_knapsack(capacity,weights,values):
    #计算每件物品的单位重量价值，并存储在元组中，同时保留重量和价值以便后续计算
    items =[(values[i]/weights[i],weights[i],values[i]) for i in range(len(weights))]
    items.sort(reverse=True)                #按单位重量价值从大到小排序
    total_value=0                           #背包中物品的总价值
    for ratio,weight,value in items:        #遍历排序后的物品
        if weight<=capacity:                #如果当前物品可以完全装入背包
            total_value +=value             #装入整个物品
            capacity-=weight
        else:                               #否则，只装入背包剩余容量所允许的部分
            fraction=capacity/weight        #计算可以装入背包的部分的价值
            total_value+=fraction*value
            capacity=0                      #背包已满，无须继续考虑后续物品
            break
    return total_value
capacity=15                                 #背包容量
weights =[1,2,5,7,6]                        #物品重量
values=[1,6,18,28,22]                       #物品价值
max_value=fractional_knapsack(capacity,weights,values)
print("背包中物品的最大总价值为",max_value)
```

程序运行结果如下。

```
背包中物品的最大总价值为 57.2
```

以上程序创建了一个包含单位重量价值、重量和价值的元组列表，并按单位重量价值进行了排序。然后遍历这个排序后的列表，并尽可能多地装入物品，直到背包装满或所有物品都装入完毕为止。注意，即使背包剩余容量不足以装入下一件完整物品，也可能能够装入部分物品来增加总价值。然而，由于总是优先装入单位重量价值最高的物品，并且物品是按此顺序排列的，因此一旦背包剩余容量不足以装入下一件完整物品，继续遍历后续物品通常不会增加总价值。因此，尽管在程序中有一个 break 语句，但实际上也不是必需的。

习题

一、选择题

1. 编写程序时，不需要了解计算机内部结构的语言是（　　）。

A. 机器语言　　B. 汇编语言　　C. 高级语言　　D. 指令系统

2. 能够把由高级语言编写的源程序翻译成目标程序的系统软件是（　　）。

A. 解释程序　　B. 汇编程序　　C. 操作系统　　D. 编译程序

3. 结构化程序设计主要强调的是（　　）。

A. 程序的规模　　B. 程序的可读性

C. 程序的执行效率　　D. 程序的可移植性

4. Python 语句 print(0xA+0xB)的输出结果是（　　）。

A. 0xA+0xB　　B. A+B　　C. 0xA0xB　　D. 21

5. 下列表达式中，值不是 1 的是（　　）。

A. 15%2　　B. 123 // 100%10　　C. int(4/3)+1 /2　　D. 4 // 3+1 // 2

6. 整型变量 x 中存放了一个两位数，要将这个两位数的个位数字和十位数字交换位置，例如，将 13 变成 31，正确的 Python 表达式是（　　）。

A. (x%10) * 10+x // 10　　B. (x%10) // 10+x // 10

C. (x/10)%10+x // 10　　D. (x%10) * 10+x%10

7. 下列与数学表达式 $\frac{cd}{2ab}$ 对应的 Python 表达式中，不正确的是（　　）。

A. c * d/(2 * a * b)　　B. c/2 * d/a/b

C. c * d/2 * a * b　　D. c * d/2/a/b

8. 下列 for 语句中，不能完成 1～10 的累加计算的是（　　）。

A.
```
MySum=0
for i in range(10,0):
    MySum +=i
```

B.
```
MySum=0
for i in range(1,11):
```

```
        MySum +=i
C. MySum=0
   for i in range(10,-1,-1):
        MySum+=i
D. MySum=0
   for i in (10,9,8,7,6,5,4,3,2,1):
        MySum+=i
```

9. 对于列表 L=[1,2,'Python',[1,2,3,4,5]],L[-3]的值是(　　)。

A. 1　　B. 2　　C. 'Python'　　D. [1,2,3,4,5]

10. 下列程序运行后的输出结果是(　　)。

```
import numpy as np
a=np.arange(11)
s=sum(a[np.where(a%2==1)])
print(s)
```

A. 55　　B. 30　　C. 36　　D. 25

二、填空题

1. 程序设计的基本步骤是________、________、________、________。
2. 用高级语言编写的程序称为________,把翻译后的机器语言程序称为________。
3. 结构化程序设计的 3 种基本逻辑结构为顺序、选择和________。
4. 面向对象程序设计以________作为程序的主体。
5. 设 m、n 为整型变量,则与 m%n 等价的 Python 表达式为________。
6. 计算 $2^{31}-1$ 的 Python 表达式是________。
7. 下列 Python 程序的运行结果是________。

```
a,b=60,78
a,b,c=b,a+b,b+a
print(a,b,c)
```

8. 创建一个值在[10,50]范围内的整数向量,可以使用的语句是________。

三、问答题

1. 什么是算法?它有何特征?如何描述算法?
2. 简述机器语言、汇编语言和高级语言各自的特点。
3. 什么是结构化程序设计?什么是面向对象程序设计?
4. 如何判断一个整数能够被另一个整数整除?在 Python 中如何实现?
5. 编写 Python 程序,分别用循环结构和 NumPy 库中的求和函数计算 $\frac{1}{\pi}+\frac{1}{\pi^2}+\cdots+\frac{1}{\pi^{100}}$ 的值。
6. 编写 Python 程序,绘制一个正方形。

第3章 数据表示与编码

本章导读

数据是计算机处理的对象。从广义上讲，在计算机的使用过程中，无论是参与运算的对象，还是执行计算的指令，其本质都是数据。现实世界中的数据形式多种多样、丰富多彩。计算机发展至今，由最初仅能实现数值计算的工具，演变成能够存储和处理多样化数据的强大计算系统，它不仅具备执行复杂数值计算的能力，还能处理各类文本、声音、图形和图像等多种数据类型。

电子计算机由各种逻辑器件组成，这些逻辑器件仅具有0和1两种状态。因此，任何需要由计算机存储和处理的数据，都必须转化为仅由0和1两种状态表示的形式，即二进制形式。在计算机中，各类数据只有采用二进制表示，才能有效地在系统中进行存储、加工和传输。

学习目标

◇了解数制的特点并掌握数制转换方法。

◇掌握数值数据的表示方法。

◇掌握字符的编码方法。

◇掌握多媒体数据的编码方法。

3.1 数制与二进制运算

数据在计算机中是以物理元件的状态来表示的，如电流的有和无、电压的高和低、晶体管的导通和截止、开关的打开和闭合等。两种不同的状态可以分别表示为二进制的0和1，因此计算机采用二进制可以方便地表示数据和处理数据。人们日常习惯于运用十进制数据，这就需要计算机系统具备将二进制数据与十进制数据进行相互转换的能力。学习不同的进制及其转换是理解计算机运算的基础。

3.1.1 数制

数制(number system)是指用一组固定的符号和统一的规则来表示数值的方法。数值有大小和正负之分，还有不同的进位计数制。计算机中采用何种计数制以及数值在计算机中如何表示是首先要解决的问题。

1. 进位计数制

人们习惯使用的十进制(decimal system)由 0～9 共 10 个不同的数字表记符号，运算时遵循"逢十进一"的规则。这种按进位的原则进行计数的方法称为进位计数制。除十进制外，还有其他进制，如 1 h 等于 60 min(逢六十进一，六十进制)、一年分为 12 个月(逢十二进一，十二进制)。

无论使用何种进制，它们都包括两个要素：基数和权。

在一种数制中，单个位上所使用的表记符号的个数称为该计数制的基数(cardinal number)，每个数码位置上对应的固定值称为权值(weight)。例如，十进制的基数是 10，整数部分从低位到高位数字的权值分别为 10^0、10^1、10^2 等，小数部分从高位到低位数字的权值分别为 10^{-1}、10^{-2}、10^{-3} 等。二进制的基数是 2，使用的表记符号为 0 和 1，整数部分从低位到高位数字的权值分别为 2^0、2^1、2^2 等，小数部分从高位到低位数字的权值分别为 2^{-1}、2^{-2}、2^{-3} 等。

例如，将十进制数 938.25 和二进制数 1101001.1011 按权展开的表示形式分别为

$$(938.25)_{10}=9\times10^2+3\times10^1+8\times10^0+2\times10^{-1}+5\times10^{-2}$$

$$\begin{aligned}(1101001.1011)_2=&1\times2^6+1\times2^5+0\times2^4+1\times2^3+0\times2^2\\&+0\times2^1+1\times2^0+1\times2^{-1}+0\times2^{-2}+1\times2^{-3}+1\times2^{-4}\end{aligned}$$

可以看出，各种计数制的权值等于基数的某次幂，处于不同位置的数字所代表的值不同，并与它所处位置的权值有关，因此，对于任何一种由进位计数制表示的数，都可以写出按其权值展开的多项式之和。

任意一个 r 进制数 N 可表示为

$$\begin{aligned}N&=(d_{m-1}d_{m-2}\cdots d_1d_0.d_{-1}d_{-2}\cdots d_{-k})_r\\&=d_{m-1}\times r^{m-1}+d_{m-2}\times r^{m-2}+\cdots+d_1\times r^1+d_0\times r^0+d_{-1}\times r^{-1}+d_{-2}\times r^{-2}+\cdots+d_{-k}\times r^{-k}\\&=\sum_{i=-k}^{m-1}d_i\times r^i\end{aligned}$$

其中，d_i 为该数制采用的数字表记符号，r 是基数，r^i 是数位的权值，m 为整数部分的位数，k 为小数部分的位数。

2. 二进制数

二进制(binary system)只有 0 和 1 两个表记符号，其基数是 2，遵循"逢二进一"的规则。计算机中采用二进制数表示数据，主要原因如下。

(1) 技术实现简单可靠。在计算机内可用电压的高和低两种状态来表达 1 和 0 两个数字。每位数字的表记符号只有两种状态，当受到一定程度的干扰时，仍能可靠地分辨出电压是高还是低。如果使用其他进制，则需要多个电压量来表达其多个表记符号，显然，其可靠性比使用二进制更容易受电压波动的影响。

(2) 运算规则简单。例如，二进制算术运算规则有 0+0=0，0+1=1，1+0=1，1+1=10，这将使计算机的硬件结构极大简化。

(3) 适合逻辑运算。二进制数的两个表记符号 1 和 0 正好与逻辑运算的两个值“真”和“假”相对应，为计算机实现逻辑运算和程序中的逻辑判断提供了便利条件。

但是使用二进制表达一个比较大的数值时，书写冗长，看起来不直观，很容易出错。所以常常采用八进制（octal system）数和十六进制（hexadecimal system）数作为二进制数的简化表示。

3. 八进制数

八进制的基数为 8，有 0～7 共 8 个表记符号，遵循“逢八进一”的规则。

例如，八进制数 216.47 按权展开的多项式为

$$(216.47)_8=2\times8^2+1\times8^1+6\times8^0+4\times8^{-1}+7\times8^{-2}$$

4. 十六进制数

十六进制的基数为 16，有 0～9、A～F 共 16 个表记符号。其中，A～F 分别表示 10～15，遵循“逢十六进一”的规则。

例如，十六进制数 1DB5.1A 按权展开的多项式为

$$(1DB5.1A)_{16}=1\times16^3+13\times16^2+11\times16^1+5\times16^0+1\times16^{-1}+10\times16^{-2}$$

为了书写方便，除用下标来表示数的进制外，通常还用 B 来表示二进制，用 O 或 Q 来表示八进制，用 H 来表示十六进制。例如，$(1101001)_2$ 可以写成 1101001B，$(FD57)_{16}$ 可以写成 FD57H。

3.1.2 数制之间的转换

数制及其转换

在计算机内部，数据都使用二进制来表示和处理，而计算机的输入/输出常采用十进制数表示。数据的输入/输出过程中，各种进制数之间的相互转换需要由计算机自动完成。

1. 二进制数、八进制数、十六进制数与十进制数的转换

二进制数转换成十进制数的方法是将一个二进制数按权（权值用十进制表示）展开再求和。例如：

$$(110.101)_2=(1\times2^2+1\times2^1+0\times2^0+1\times2^{-1}+0\times2^{-2}+1\times2^{-3})_{10}=(6.625)_{10}$$

推广一下，将 r 进制数按权展开后，再求和，所得结果即为这个 r 进制数所对应的十进制数。例如：

$$(123)_8=1\times8^2+2\times8^1+3\times8^0=(83)_{10}$$

$$(3A5.4)_{16}=3\times16^2+10\times16^1+5\times16^0+4\times16^{-1}=(933.25)_{10}$$

将十进制数转换成二进制数时，要将十进制数的整数部分和小数部分分别进行转换，然后再用小数点连接起来。

十进制数整数部分的转换采用除以 2 取余的方法：用十进制数的整数部分除以 2，余数作为相应二进制数整数部分的最低位；用上一步的商再除以 2，余数作为二进制数的次低位……一直除到商为 0 为止，最后一步的余数作为二进制数的最高位。

例如，将十进制数 18 转换成二进制数的过程如下。

除法	商	余数
18÷2	9	0
9÷2	4	1
4÷2	2	0
2÷2	1	0
1÷2	0	1

因此 $(18)_{10}=(10010)_2$。

十进制数小数部分的转换采用乘2取整法：用十进制数的小数部分乘2，积的整数部分为相应二进制数小数部分的最高位；用上一步积的小数部分再乘2，同样取积的整数部分作为相应二进制数小数部分的次高位……一直乘到积的小数部分为0或达到所要求的精度为止。

例如，将十进制数0.625转换成二进制数的过程如下。

乘法	积的整数部分	积的小数部分
0.625×2	1	0.25
0.25×2	0	0.5
0.5×2	1	0

因此 $(0.625)_{10}=(0.101)_2$。

注意 一个有限的十进制小数并非一定能转换成一个有限的二进制小数，即上述过程中乘积的小数部分可能永远不等于0，这时可按要求进行到某一精度为止。由此可见，计算机中由于有限字长的限制，可能会截去部分有用小数位而产生截断误差。

同样地，当将十进制数转换成 r 进制数时，整数部分用除以 r 取余数处理，小数部分则用乘 r 取整来处理。

2. 二进制数与八进制数、十六进制数的转换

八进制数和十六进制数与二进制数在运算上有完全的对应关系。一位八进制数正好用3位二进制数表示，它们的对应关系如表3-1所示。

表3-1 八进制数与二进制数的对应关系

八进制数	0	1	2	3	4	5	6	7
二进制数	000	001	010	011	100	101	110	111

八进制数与二进制数之间的转换很容易。按照表3-1的对应关系，每1位八进制数写成对应的3位二进制数，即可完成八进制数到二进制数的转换。例如：

$(245.36)_8=(010\ 100\ 101.011\ 110)_2=(10\ 100\ 101.011\ 11)_2$

结果中最左端与最右端的0是无效的，因此可以省略。

对于二进制数，从小数点开始，整数部分由低位到高位，小数部分由高位到低位，每3位二进制数为一组，写成对应的1位八进制数，即完成二进制数到八进制数的转换。例如：

$(110\ 111.100\ 101)_2=(67.45)_8$

若整数部分的最后一组不足3位，则在最左端以0补足3位；若小数部分的最后一组不足3位，则在最右端以0补足3位。例如：

$(10\ 111.101\ 1)_2=(010\ 111.101\ 100)_2=(27.54)_8$

同样地，1位十六进制数正好用4位二进制数来表示，它们的对应关系如表3-2所示。

表 3-2 十六进制数与二进制数的对应关系

十六进制数	0	1	2	3	4	5	6	7
二进制数	0000	0001	0010	0011	0100	0101	0110	0111
十六进制数	8	9	A	B	C	D	E	F
二进制数	1000	1001	1010	1011	1100	1101	1110	1111

十六进制数与二进制数的转换同样很容易，按照表 3-2 的对应关系，每 1 位十六进制数写成对应的 4 位二进制数，即可完成十六进制数到二进制数的转换。例如：

$(5DF7.3E)_{16}=(101\ 1101\ 1111\ 0111.0011\ 111)_2$

与八进制数一样，结果中省略了无效的 0。

对于二进制数，从小数点开始，整数部分由低位到高位，小数部分由高位到低位，每 4 位二进制数为一组，写成对应的 1 位十六进制数，若最后一组不足 4 位，则前后分别以 0 补足 4 位，即完成二进制数到十六进制数的转换。例如：

$(100\ 1010\ 1111.0111\ 11)_2=(0100\ 1010\ 1111.0111\ 1100)_2=(4AF.7C)_{16}$

3. 利用 Python 语言实现数制转换

Python 语言提供了相应的内置函数以实现数制转换。将任意进制整数转换成十进制整数可以用 int()函数。例如：

```
>>>int("10010101111", 2)        #将二进制整数 10010101111 转换成十进制整数
1199
>>>int("4AF",16)                #将十六进制整数 4AF 转换成十进制整数
1199
```

将任意进制整数转换成二进制整数、八进制整数、十六进制整数可以用内置函数 bin()、oct()、hex()。例如：

```
>>>bin(1199)        #将十进制整数 1199 转换成二进制整数
'0b10010101111'
>>>oct(1199)        #将十进制整数 1199 转换成八进制整数
'0o2257'
>>>hex(1199)        #将十进制整数 1199 转换成十六进制整数
'0x4af'
>>>oct(0x4AF)       #将十六进制整数 4AF 转换成八进制整数
'0o2257'
>>>hex(0o2257)      #将八进制整数 2257 转换成十六进制整数
'0x4af'
```

bin()、oct()、hex()函数返回的结果是一个字符串，且前面分别带有“0b”“0o”“0x”字符，依次代表二进制整数、八进制整数和十六进制整数。可以利用字符串的 replace 方法去掉这些字符。例如：

```
>>>oct(0x4AF).replace("0o","")      #将结果字符串中的"0o"替换为空字符串
'2257'
```

还可以利用数制转换的规则来编写程序以实现数制转换。

例 3-1 按照除以 2 取余的方法编写程序，将大于 0 的十进制整数转换成二进制整数。

分析：定义一个函数将十进制整数转换成二进制整数，然后调用该函数。函数将十进制整数反复除以 2 并取余数，然后将余数添加到二进制数的左边，直到十进制整数变为 0 为止。

程序如下。

```
def dec2bin(dec_num):
    bin_num=""
    while dec_num >0:
        rem=dec_num %2                    #除以 2 取余数
        bin_num=str(rem)+bin_num          #最先得到的余数放在最右边
        dec_num=dec_num // 2              #除以 2 取整数部分
    return bin_num
num=int(input("请输入十进制整数:"))
print("对应的二进制数为"+dec2bin(num))
```

程序运行结果如下。

```
请输入十进制整数:1199↙
对应的二进制数为 10010101111
```

程序中用到了字符串的连接运算，其运算符为+，表示将两个字符串连接起来，成为一个新的字符串。例如：

```
>>>"Python"+"程序"
'Python 程序'
```

3.1.3 二进制数的运算

二进制数之间可执行算术运算与逻辑运算，其运算规则与十进制数类似，但因二进制数只有 0 和 1 两个数字符号，故比十进制数要简单得多。

1. 二进制数的算术运算

二进制数的算术运算有加、减、乘、除 4 种。

(1)加法运算。

二进制数的加法规则：0+0=0，0+1=1+0=1，1+1=10(向高位产生进位)。例如：

```
>>>0b1101+0b1011              #二进制加法运算，结果用十进制表示
24
```

```
>>>bin(0b1101+0b1011)          #二进制加法运算,结果用二进制表示
'0b11000'
>>>oct(0b1101+0b1011)          #二进制加法运算,结果用八进制表示
'0o30'
>>>hex(0b1101+0b1011)          #二进制加法运算,结果用十六进制表示
'0x18'
```

(2)减法运算。

二进制数的减法规则:0－0＝0,0－1＝1(向高位借位 1 次),1－0＝1,1－1＝0。例如:

```
>>>0b10101010-0b110101       #二进制减法运算,结果用十进制表示
117
```

(3)乘法运算。

二进制数的乘法规则:0×0＝0,0×1＝0,1×0＝0,1×1＝1。从乘法规则可知,只有当两个 1 相乘时,其积才为 1,其他情况下乘积均为 0。例如:

```
>>>0b1100*0b1001        #二进制乘法运算,结果用十进制表示
108
```

(4)除法运算。

二进制除法运算与十进制除法运算类似,也由减法、上商等操作逐步完成。Python 语言涉及除法运算的运算符有/(除法)、//(整除)、%(求余)。例如:

```
>>>0b11110101/0b1001          #二进制除法运算,结果用十进制表示
27.22222222222222
>>>0b11110101//0b1001         #二进制整除运算,结果用十进制表示
27
>>>0b11110101%0b1001          #二进制求余运算,结果用十进制表示
2
```

2. 二进制数的逻辑运算

计算机中的逻辑关系是一种二值逻辑,逻辑运算的结果只有“真”或“假”两个值。二值逻辑很容易用二进制的 1 和 0 来表示,一般用 1 表示“真”,用 0 表示“假”。二进制数的每一位表示一个逻辑值,逻辑运算是按对应位进行的,每位之间相互独立,不存在进位和借位关系,运算结果也是逻辑值,这种运算也称为位运算。

(1)与运算。

与运算的运算规则是按位进行与运算,若进行与操作的两位均为 1,则结果为 1;若两位中有一位为 0,则结果为 0。Python 用 & 运算符实现按位与运算。例如:

```
>>>bin(0b11001011&0b10100110)
'0b10000010'
```

显然，任意一个整数和1按位进行与运算，只需看二进制最低位的结果，其余各位全为0。如果按位与运算的结果为1，说明整数为奇数；如果按位与运算的结果为0，说明整数为偶数。利用这个规律可以判断整数的奇偶性。例如：

```
>>>27 & 1          #0b11011 & 0b00001 的结果为 1,表明 27 为奇数
1
>>>134 & 1         #0b10000110 & 0b00000001 的结果为 0,表明 134 为偶数
0
```

(2)或运算。

或运算的运算规则是按位进行或运算，若进行或操作的两位中有一位为1，则结果为1；若两位均为0，则结果为0。Python用|运算符实现按位或运算。例如：

```
>>>bin(0b11001011 | 0b10100110)
'0b11101111'
```

(3)非运算。

利用非运算可实现逻辑取反操作，即将0变成1，1变成0。Python用～运算符实现按位取反运算。例如：

```
>>>~0b0111             #按位取反运算,结果用十进制表示
-8
>>>bin(~0b0111)        #按位取反运算,结果用二进制表示
'-0b1000'
```

以1字节(1 byte，1 B，8个二进制位为1字节)表示为例，二进制数0111取反的结果是11111000，因为带符号数在计算机内部用补码表示，所以这是一个数的补码，其原码是10001000，即十进制数－8，二进制表示为－1000。关于带符号数的表示方法将在3.2节介绍。

(4)异或运算。

上述与、或、非运算是3种最基本的逻辑操作，用它们可组合出任何逻辑功能。有时还要用到按位异或运算，若进行异或操作的两位不相同，则结果为1；若进行异或操作的两位相同，则结果为0。Python语言用^运算符实现按位异或运算。例如：

```
>>>bin(0b11010110^0b10010011)
'0b1000101'
```

3.2 数值数据

在实际应用中，参与运算的数据可能包含正号或负号，还可能包含小数点。这种形式的数据在计算机中如何表示？可以肯定的是，无论是正、负号还是数据，都必须表示成计算机能够接收和处理的二进制形式。

3.2.1　机器数与真值

在数学上，数值数据用＋表示正值，用－表示负值，其值通常称为真值。

计算机中只有 0 和 1 两种数码形式，也就是说，一切输入计算机的数据都是由 0 和 1 两个数码组合而成的，包括数值的符号＋和－。这就要将数的符号以 0 和 1 编码。通常把一个数的最高位（最左边一位）定义为符号位，用 0 表示正，1 表示负，称作数符，其他位仍表示数值。这种把符号数值化了的数称为机器数。

例如，十进制数－35 的真值用二进制表示为－100011，假定用 1 B 来表示，则它在计算机中表示如下。

1	0	1	0	0	0	1	1

↑
数符

10100011 就是－35 的机器数。

通常，机器数是按字节的倍数存放的。例如，十进制数＋13 和－269 的机器数分别表示为 00001101 和 10000001 00001101，它们分别占用 1 B 和 2 B 的存储空间。

如果将数据的机器数的符号位和数值位同时进行运算，由于两个操作数的符号问题，有时会产生错误的结果，例如，十进制数－7 与＋3 求和的结果为

```
    10000111    …－7 的机器数
＋  00000011    …＋3 的机器数
────────────
    10001010    …运算结果为－10
```

如果要分别考虑计算结果的符号处理，则运算会变得复杂，增加计算机硬件实现的难度。为此，在机器数中，符号数有多种编码表示方式，常用的是原码、反码和补码，其主要目的是解决不同符号操作数的运算问题。

3.2.2　有符号数的表示方法

数值的编码

有符号数在计算机内可以使用原码、反码和补码 3 种表示方法。

1. 原码

真值为正数的原码，其符号位为 0，其他位保持不变；真值为负数的原码，其符号位为 1，其他位保持不变。

例如，下面是十进制数＋27 和－37 的 8 位原码表示。

$A=+27$，$[A]_{原}=00011011$

0	0	0	1	1	0	1	1

↑数符　　　　数值

$B=-37$，$[B]_{原}=10100101$

1	0	1	0	0	1	0	1

↑数符　　　　数值

在原码表示法中，数值 0 有两种表示方法，即正 0 和负 0，$[+0]_{原}=00000000$，$[-0]_{原}=10000000$。

2. 反码

正数的反码与原码相同，负数的反码是在原码的基础上除符号位外各位取反。例如，$[+27]_{反}=[+27]_{原}=00011011$，而$[-37]_{原}=10100101$，$[-37]_{反}=1\ \overline{0100101}=11011010$。

在反码表示法中，数值 0 也有两种表示方法，即正 0 和负 0，$[+0]_{反}=00000000$，$[-0]_{反}=11111111$。反码表示法较少使用，一般用作求补码的中间码。

3. 补码

正数的补码与原码相同，负数的补码是在原码的基础上除符号位外各位取反后，再在最后位加 1。例如，$[+27]_{补}=[+27]_{原}=00011011$，而$[-37]_{原}=10100101$，$[-37]_{补}=1\ \overline{0100101}+1=11011011$。

在补码表示法中，0 有唯一的表示方法：$[+0]_{补}=[-0]_{补}=00000000$。

引入补码概念后，加法、减法都可用加法实现。要了解其原理，先看一个生活中经常使用的钟表的例子。假如现在的时间是上午 8 点整，而时钟指向上午 10 点，为此需要校准时钟。校准的方法有两种：一种是将时钟倒退（逆时针）2 格，即−2；另一种是将时钟前进（顺时针）10 格，即+10。两种方法都可以使时钟校准到 8 点，也就是说，−2 和+10 在这个 1 位十二进制系统中是等价的。可以说+10 是−2 对 12 的补数，可用以下式子表示：

10−2=8

10+10=20=12（丢失）+8=8

以上两个式子的运算结果都为 8，这是因为 1 位十二进制数只有 1 位数，运算过程中产生的进位自动丢失。由此将其推广到 8 位二进制数中，−2 对 256（2^8）的补数为 254，以上式子变为 10+254=256（丢失）+8=8，写成二进制补码运算式为

$$\begin{array}{r} 00001010 \\ -\ \ 00000010 \\ \hline 00001000 \end{array} \quad \Rightarrow \quad \begin{array}{rl} 00001010 & \cdots 10\text{ 的补码} \\ +\ \ 11111110 & \cdots -2\text{ 的补码} \\ \hline \boxed{1}\ 00001000 & \cdots\text{进位 1 丢弃} \end{array}$$

由此可见，对于 1 B 的二进制数的运算，利用补码，所有的减法运算都可用加法来实现，且符号位如同数值一样参加运算。因此，现代计算机多采用补码运算。

已知一个数的补码，也可以求出该数的真值。如果补码的最高位是 0，那么原码就是补码，真值就是对应的十进制数。如果补码的最高位是 1，那么原码就是补码除符号位外取反再加 1，真值就是对应的十进制数。如补码是 01000101，那么真值就是+69；又如补码是 11011011，那么原码就是 10100101，对应的十进制数是−37，所以真值就是−37。

在计算机中，数据存储的二进制位数与数据的表示范围密切相关。如果机器字长的位数为 n，则有符号数据的表示范围是 $-2^{n-1}\sim+2^{n-1}-1$。例如，8 位有符号数的表示范围是 $-2^7\sim+2^7-1$，即−128～+127；16 位有符号数的表示范围是 $-2^{15}\sim+2^{15}-1$，即−32 768～+32 767。

相对于有符号数，还有无符号数（unsigned number），即整个机器字长的全部二进制位均表示数值位，没有符号位，即最高位 0 或 1 不表示正或负。如果机器数的位数为 n，则无符号数据的表示范围是 $0\sim2^n-1$。例如，8 位无符号数的表示范围是 $0\sim2^8-1$，即 0～255；16 位无符号数的表示范围是 $0\sim2^{16}-1$，即 0～65 535。

当运算的结果超出该类型数据表示范围时，会产生不正确的结果，即产生“溢出”错误。

例 3-2　假定机器字长为 8 位二进制，分析有符号数 71＋65 的结果。

NumPy 库支持各种数据类型，可以使用 uint8 来处理无符号 8 位二进制整数，使用 int8 处理有符号 8 位二进制整数。先看以下结果。

```
>>>import numpy as np
>>>np.array(71, dtype=np.int8)+np.array(65, dtype=np.int8)
-120
```

显然，结果是不正确的，两个正整数相加，结果怎么会为负数？根据有符号数的运算规则分析如下。

$[71+65]_{补码}=[71]_{补码}+[65]_{补码}$，其运算式为

```
    01000111     …71 的补码
+   01000001     …65 的补码
─────────────
    10001000     …−120 的补码
```

即 $[71]_{补}+[65]_{补}=10001000$。补码 10001000 的原码为 11111000，代表的数为－120，出错的原因是结果(＋136)超出了 8 位有符号数的表示范围(最大为＋127)，从而产生了“溢出”错误。如果选用 int16 数据类型进行计算，就能得到正确的结果。例如：

```
>>>np.array(71, dtype=np.int16)+np.array(65, dtype=np.int16)
136
```

由此可以体会到，计算机中数据会受制于存储数据的空间的大小，在计算时选择合适的数据类型是非常重要的。利用计算机进行问题求解，要从计算机解题的特点和规律出发去思考问题，这是计算思维的体现，也是它不同于数学思维的体现。

3.2.3　实数在计算机中的表示

前面讨论了数值数据的符号表示和计算问题。在实际应用中，数据还可以分为整数和实数。在计算机中，不是采用某个二进制位数来表示小数点，而是以约定小数点位置的方式来表示，这样可以避免数据位的减少。根据小数点位置的不同，可将数据分为定点数(fixed-point number)和浮点数(floating-point number)两种表示方法。

1. 定点数

把小数点约定在某一固定位置上的机器数称为定点数。如果小数点约定在数的最右端，则该数为定点整数，即纯整数，如图 3-1 所示。如果小数点约定在符号位和数值的最高位之间，则该数为定点小数，即纯小数，如图 3-2 所示。

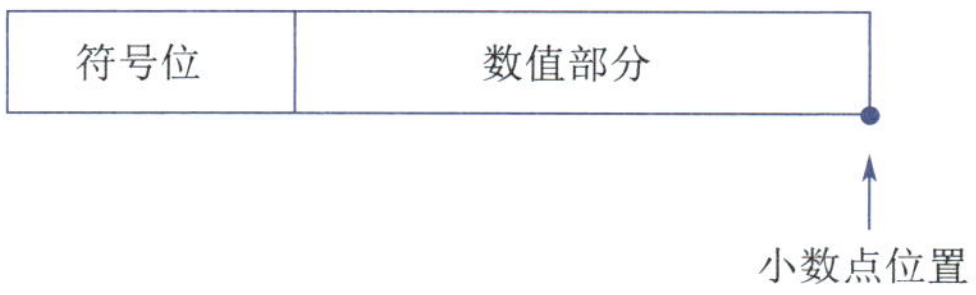

图 3-1　定点整数表示

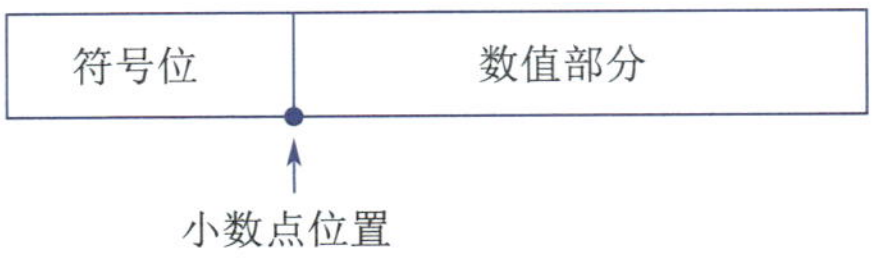

图 3-2　定点小数表示

由此可见，定点数表示法具有直观、简单、节省硬件等优点，但表示数的范围较小，缺乏灵活性。因此，现在很少使用定点数表示法。

2. 浮点数

实数常常既有整数部分又有小数部分，表示方法也有多种。如 2.718 28 可以表示为 $0.271\ 828\times10$、$0.027\ 182\ 8\times10^{2}$、$27.182\ 8\times10^{-1}$、$271.828\times10^{-2}$ 等，可以看出，数字部分小数点的位置是浮动的，可以通过 10 的幂次来调整。对于二进制实数，也可以采用类似的方法来表示。

任意一个二进制实数 N 可以表示成 $N=M\times2^{E}$。其中，M 是实数 N 的尾数，用二进制定点小数表示，M 的符号可用 C_M 表示，0 表示正数，1 表示负数；E 是实数 N 的阶码，用二进制定点整数表示，E 的符号可用 C_E 表示，0 表示正数，1 表示负数。浮点表示方法的格式如下：

C_E	E	C_M	M

其中，C_E、C_M 各只用一位，E 的位数决定了实数的表示范围，M 的位数决定了实数的精度。为保证不损失有效数字，通常还对 M 进行规格化处理，即保证尾数的最高位为 1，实际数值通过阶码来调整。

例如，二进制实数 110.101 可表示成 0.110101×2^{11}。设 16 位的二进制浮点数的阶码为 6 位，尾数为 10 位，则实数 0.110101×2^{11} 的浮点数表示形式如下：

0	00011	0	110101000

计算机内的数值运算以加法为基础，其他运算都可以用加法来实现。现代的微处理器内已集成了浮点运算部件，以提高运算速度。

3.2.4　二-十进制码

用二进制编码来表示一个十进制数值数据就称为二-十进制码，也称为数值编码(binary coded decimal，BCD)。这种编码的特点是保留了十进制的权，而数字则用 0 和 1 的组合来表示。

常见的 BCD 码是 8421 码，它是用 4 位二进制数表示 1 位十进制数，既具有二进制的形式，又具有十进制的特点。4 位二进制数中的每 1 位从左到右的权分别为 8、4、2、1，数字 0～9 的 8421 码分别为 0000，0001，0010，…，1001。一个十进制数转换成 8421 码非常方便，就是把每 1 位十进制数用对应的 8421 码表示。例如，十进制数 259 所对应的 8421 码为 0010 0101 1001，它不等于 259 所对应的二进制数。

3.3 字符编码

计算机除用于数值计算外，还要处理大量的非数值数据，如字符数据、多媒体数据等，其中，字符数据占有很重要的成分。字符数据包括西文字符（英文字母、数字、各种符号）和汉字字符，它们也需进行二进制编码后，才能存储在计算机中并进行处理。

3.3.1 ASCII 码

字符的编码

西文字符数据在计算机内也是用二进制形式表示的，目前普遍采用 ASCII 码，即美国信息交换标准代码（American Standard Code for Information Interchange，ASCII）。ASCII 码字符用 7 位二进制数表示，共表示 $2^7=128$ 个字符，编码从 0～127（ASCII 码基本集），其中包括 32 个控制字符、0～9 共 10 个数字、52 个大小写英文字母，其他为专用字符。如字母 A 的 ASCII 码值为十进制数 65，其编码表示如下：

b_7	b_6	b_5	b_4	b_3	b_2	b_1	b_0
0	1	0	0	0	0	0	1

ASCII 字符编码表如表 3-3 所示。例如，字母 A 在表中的第 100 列第 0001 行，列号和行号的组合就是其 ASCII 码的二进制表示。

表 3-3　ASCII 字符编码表

$b_3b_2b_1b_0$	$b_6b_5b_4$							
	000	001	010	011	100	101	110	111
0000	NUL	DLE	SP	0	@	P	`	p
0001	SOH	DC1	!	1	A	Q	a	q
0010	STX	DC2	"	2	B	R	b	r
0011	ETX	DC3	#	3	C	S	c	s
0100	EOT	DC4	$	4	D	T	d	t
0101	ENQ	NAK	%	5	E	U	e	u
0110	ACK	SYN	&	6	F	V	f	v
0111	BEL	ETB	'	7	G	W	g	w
1000	BS	CAN	(	8	H	X	h	x
1001	HT	EM	)	9	I	Y	i	y
1010	LF	SUB	*	:	J	Z	j	z
1011	VT	ESC	+	;	K	[	k	{
1100	FF	FS	,	<	L	\	l	|
1101	CR	GS	-	=	M	]	m	}
1110	SO	RS	.	>	N	^	n	~
1111	SI	US	/	?	O	_	o	DEL

一般情况下，不需要背诵各种字符的 ASCII 码值，需要时可查 ASCII 字符编码表。但应了解字符的编码规律。例如，ASCII 码值从小到大的编码顺序是控制字符、数字、大写字母、小写字母。小写字母的 ASCII 码值比对应的大写字母大 32。根据这个规则，可以实现大写字母与小写字母的转换。

例 3-3 编写 Python 程序，从键盘输入一个大写字母，输出对应的小写字母。

分析：利用 input()函数提示用户输入一个大写字母，然后求大写字母的 ASCII 码，再加 32，就得到对应小写字母的 ASCII 码，最后将 ASCII 码转换为字符并输出。

程序如下。

```
letter1=input("请输入一个大写字母:")
ascii=ord(letter1)+32           #ord()函数返回对应字符的 ASCII 码值
letter2=chr(ascii)              #chr()函数返回 ASCII 码值对应的字符
print("小写字母:", letter2)      #输出小写字母
```

程序运行结果如下。

```
请输入一个大写字母:A↙
小写字母:a
```

还可以使用 lower()函数将字符串中的所有大写字母转换为小写字母，使用 upper()函数将字符串中的所有小写字母转换为大写字母。例如：

```
>>>"A".lower()
'a'
>>>"python".upper()
'PYTHON'
```

3.3.2 汉字编码

计算机在处理汉字时，也需要将其转化为二进制编码。汉字编码包括汉字国标码、汉字机内码、汉字输入码（外码）和汉字输出码（字模码）。

1. 汉字国标码

我国于 1981 年颁布了《信息交换用汉字编码字符集 基本集》(GB/T 2312—1980)，其中收录了 7 445 个字符，包括 6 763 个汉字和 682 个其他符号。GB/T 2312—1980 编码表分为 94 个区，区号分别为 1～94，每区容纳 94 个汉字或符号（汉字在区内的排列位置称为位），位号分别为 1～94，可对应 94 个汉字或 94 个符号。其中 682 个符号在第 1 区～第 9 区；第 10 区～第 15 区未用；6 763 个汉字分为二级，一级字库在第 16 区～第 55 区，包括 3 755 个常用汉字，按拼音顺序排列；二级字库在第 56 区～第 87 区，包括 3 008 个次常用汉字，按笔画数排列。

按照上面的定义，“啊”字在第 16 区第 01 位上，十进制数 1 601 就是“啊”字的区位码，国标码是将汉字区位码的区、位分别转换成十六进制数，再分别加上十六进制数 20，故“啊”字的国标码为 3021H。每一个汉字或符号在区位码代码集或国标码代码集中都有唯一的代码。

GB/T 2312—1980 支持的汉字太少,我国对汉字编码字符集进行了扩充。1995 年颁布的《汉字内码扩展规范》(GBK 1.0)收录了 2 1886 个符号,它分为汉字区和图形符号区。汉字区包括 2 1003 个字符。2000 年颁布的《信息技术 信息交换用汉字编码字符集 基本集的扩充》(GB 18030—2000)是取代 GBK 1.0 的正式国家标准。该标准收录了 27 484 个汉字,同时还收录了藏文、蒙文、维吾尔文等主要的少数民族文字。按照 GB 18030—2000、GBK 1.0、GB/T 2312—1980 的顺序,三种编码是向下兼容的。

2. 汉字机内码

汉字机内码是汉字在计算机内的存储表示。汉字机内码可使用 ASCII 码扩展集的代码,但因汉字数量众多,用 1 B 无法表示,所以用两个连续的字节来存放汉字机内码。汉字字符(用汉字机内码表示)必须与英文字符(用 ASCII 码表示)有所区别,以免造成混淆,这就是所谓的中西文兼容问题。英文字符的机内代码是 7 位 ASCII 码,最高位为 0(即 $b_7=0$),汉字机内码中 2 B 的最高位均为 1。将某汉字的国标码分别加上 80H,作为汉字机内码。以汉字“啊”为例,国标码为 3021H,汉字机内码为 B0A1H。

3. 汉字输入码

汉字的输入不能像英文字符那样,一键对应一个字符,只能多键输入一个汉字,这里的多键就是一个汉字的输入码。可见,汉字输入码是将汉字输入计算机(变成汉字机内码)的编码,所以也称为外码。常见的有拼音码、五笔字型码等。

4. 汉字输出码

把某一个汉字当作一幅平面图画,分别从纵、横两个方向等距离地在画上作 $n+1$ 条直线,这样就把该幅画分成 $n\times n$ 个小方块,此时会发现有的小方块内有汉字的笔画,有的则没有。在有笔画的小方块内记上 1,在没有笔画的小方块内记上 0,就得到了一幅由 1 组成的该汉字的轮廓画,这就是一幅数值化了的图形。按照此构思可以为每个汉字构造这样的图形。把这样数值化的图形称为汉字的 $n\times n$ 点阵字模。对于一个 16×16 点阵的汉字字模,需要 16×16 个二进制位来存储,即需要 32 B。所有汉字的字模的集合称为字库。

3.3.3 Unicode 码

随着信息交换的需求越来越大,对信息编码的要求也越来越高。ISO 在 20 世纪 90 年代初制定了一种字符编码方案 Unicode,它为每种语言中的每个字符设定了统一且唯一的二进制编码,以满足跨语言、跨平台进行文本转换和处理的要求。目前,许多操作系统、语言工具都支持 Unicode 编码标准。Unicode 编码是为表达全世界所有语言的任意字符而设计的,它使用 4 B 的数字编码来表达每个字母、符号或文字。每个数字编码代表唯一的至少在某种语言中使用的符号(并不是所有的数字编码都用上了,但是编码总数已经超过了 65 535,所以 2 B 的编码是不够用的),被几种语言共用的字符通常使用相同的数字来编码,每个字符对应一个数字编码,每个数字编码对应一个字符,即不存在二义性。

同样可以使用 ord()和 chr()函数来输出汉字的编码和编码所对应的汉字。已知“汉”字和“严”字的 Unicode 编码分别是 27721 和 20005,采用十六进制表示分别是 6C49 和 4E25,看下面的语句及操作结果。

```
>>>print(ord("汉"), chr(20005), hex(ord("汉")), chr(0x4E25))
27721 严 0x6c49 严
```

Unicode 编码标准定义了不同的实现方式，其中普遍使用的方式是 UTF-8。UTF-8 就是以 8 个二进制位为单元对 Unicode 字符进行编码，是一种为 Unicode 字符设计的变长编码系统，即不同的字符可使用不同数量的字节编码。从 Unicode 到 UTF-8 的编码方式如下。

Unicode 编码（十六进制）	UTF-8 字节流（二进制）
0000～007F	0×××××××
0080～07FF	110××××× 10××××××
0800～FFFF	1110×××× 10×××××× 10××××××

例如，“汉”字的 Unicode 编码是 6C49H。6C49 在 0800 与 FFFF 之间，所以要用 3 B 模板 1110×××× 10×××××× 10××××××。将 6C49H 写成二进制是 0110 110001 001001，用这个二进制编码依次代入模板，得到 11100110 10110001 10001001，即“汉”的 UTF-8 编码是 E6B189H。同样，可以分析得到“严”的 UTF-8 编码是 E4B8A5H。

一个 Unicode 码可能转成长度为 1 B、2 B、3 B 的 UTF-8，这取决于 Unicode 码的值。对于英文字符，因为它们的 Unicode 码值小于 80H，只要用 1 B 的 UTF-8 传送即可。一些更复杂的字符可能占用 4 B。

3.4 多媒体数据编码

在计算机中，声音、图形和图像等多媒体数据也要转换成二进制编码后才能被计算机存储和处理。

3.4.1 音频编码

多媒体信息的数字化

音频表示声音。声音是通过空气的振动发出的，通常用模拟声波的方式表示，振幅反映声音的音量，频率反映声音的音调。

1. 声音的数字化

与文本信息不同，音频是不可数的，它是随时间变化的实体，在时间和幅度上都是连续的，即使人们能够在一段时间内度量音频的每一个特征，也不能将它们全部存储在计算机上。因此要在计算机上表示音频信息，必须对声波进行数字化处理，即把模拟的声波转换成离散的数字信号。音频信号的数字化处理过程需要 3 个步骤：采样、量化和编码。

一个音频信号的数字化过程如图 3-3 所示。每隔一定的时间在声波上取一个幅度值，称为采样，这样在时间上连续的信号就变成了离散的信号。将采样得到的幅度值以数字存储，称为量化。将采样和量化后的数字数据以一定的格式记录下来，称为编码。图 3-3 中共有 26 个采样值，在幅值上量化成 9 种值（最小的量化值编码为 1100，最大的量化值编码为 0100，可认为是带符号的二进制整数编码），该数字化音频信号（只列出左起前 4 个采样点）分别为 1001，1001，0001，0100，…。

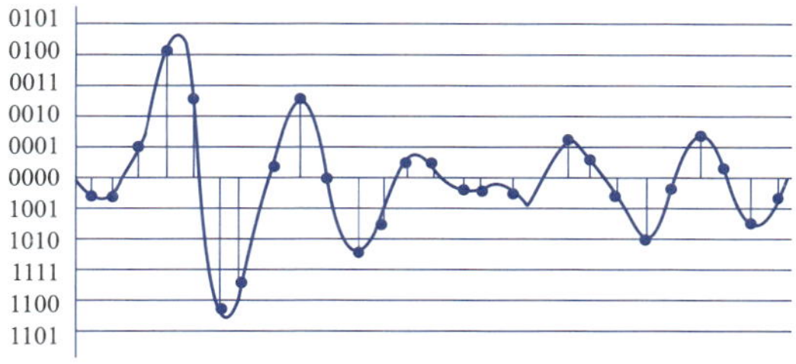

图 3-3 音频信号的数字化

数字音频的质量取决于采样频率、量化位数和声道数 3 个因素。

(1)采样频率是指每秒的采样次数。采样频率越高,数字音频的质量越好,但数据量越大。根据奈奎斯特(Nyquist)采样定理,采样频率不应低于音频信号最高频率的两倍,这样才能把数字化后的声音还原成原来的声音。例如,电话语音的信号频率约为 3.4 kHz,采样频率选为 6.8 kHz 以上就行(实际上一般取 8 kHz)。

(2)量化位数是指存放采样点幅度值的二进制位数,也称为采样精度。它决定了音频信号数字化后的表示范围。采样的精度越高,每个样本所占二进制位数越多,得到的数字化信号精度越高(即声音质量越高,量化噪声强度越低),但所需存储空间越大。通常量化位数有 8 位、16 位、32 位等。

(3) 声道数是指记录声音波形的个数。单声道只记录一个波形,双声道记录两个波形,即立体声,其存储空间是单声道的两倍。

根据上述 3 个因素,可以计算出音频信号经过数字化以后所产生的数据量。计算公式如下。

$$音频数据量(字节)=(采样频率\times量化位数\times声道数\times秒数)/8$$

例 3-4 假定模拟声音频率为 22 050 Hz,量化位数为 16 bit,采用双声道立体声模式,计算 1 min 声音的数据量。

数字采样频率取 44 100 Hz,则 1 min 声音的数据量为

$$(44\ 100\times16\times2\times60)/8\ \text{B}=10\ 584\ 000\ \text{B}\approx10.1\ \text{MB}$$

若一首歌曲按 4 min 计算,则对应的音频数据量约为 40.4 MB。

2. 声音文件格式

数字音频信息在计算机中是以文件的形式保存的。常见的数字化声音文件格式有 WAV、MP3、WMA(windows media audio,WMA)、RA、MID 等。

(1)WAV 格式。WAV 是微软公司采用的一种声音文件格式,也称为波形声音文件。它依照声音的波形进行存储,因此要占用较大的存储空间。

(2) MP3 格式。MP3 即 MPEG Layer-3 的缩写,是一种有损音频压缩格式,能够在音质损失较小的前提下,把音频文件压缩到更小,因此广受欢迎。网络中大多数音乐文件都采用了这种格式。

(3)WMA 格式。WMA 是微软公司定义的一种流式声音格式。采用 WMA 格式压缩的声音文件比由相同文件转化而来的 MP3 格式的文件要小得多,但在音质上却毫不逊色。

(4)RA 格式。RA 即 RealAudio 的缩写,是 RealNetworks 公司推出的一种流式声音格

式。这是一种在网络上很常见的音频文件格式，但是为了确保在网络上传输的效率，在压缩时声音质量损失较大。

（5）MID 格式。MID 是通过乐器数字接口（music instrument digital interface，MIDI）输入的声音文件，这种文件只是像记乐谱一样记录下演奏的符号，所以其体积是所有音频格式中最小的。严格地说，MID 与上面提到的那些声音格式不是一族的，因为它不是真正的数字化声音，而仅是一些声音或乐器符号的集合。

3. 音频处理举例

pydub 是一个用于处理音频的 Python 第三方库，能够通过函数调用来实现音频编辑功能，如音频的加载、裁剪、拼接、转换格式、添加效果和导出等。pydub 库能够处理多种格式的音频文件，包括 MP3、WAV、WMA 等，并能够将处理后的音频保存为不同的格式。此外，利用 pydub 库还能从视频文件（如 MP4、FLV 格式等）中提取声音信息。

利用 pydub 库进行音频处理的具体步骤如下。

（1）安装 ffmpeg 多媒体框架和 pydub 库。由于 pydub 库建立在 ffmpeg 多媒体框架之上，因此在安装 pydub 库之前，要确保已经安装了 ffmpeg 框架（在 ffmpeg 官网进行下载并安装）。

（2）导入模块并加载音频文件。在 pydub 库中，AudioSegment 类是处理音频文件的核心。因此需要从 pydub 库中导入 AudioSegment 类，其命令为

```
from pydub import AudioSegment
```

AudioSegment 类提供了一系列的 from_方法，用于从不同格式的文件中加载音频数据。这些方法使得 pydub 库能够灵活地处理多种音频格式。from_file()是一个通用的加载方法，其中需要指定文件的路径和可选的文件格式。pydub 库会尝试自动检测文件的格式，并使用适当的解码器来加载音频。例如：

```
from pydub import AudioSegment
audio=AudioSegment.from_file("example.mp3", format="mp3")
```

除了 from_file()方法外，AudioSegment 类还提供了针对特定音频格式的加载方法，如 from_mp3()、from_wav()、from_flac()等。这些方法实际上是 from_file()的便捷包装，它们为常见的音频格式提供了更直接的接口。使用这些方法时，需要注意格式参数，因为方法名已经指明了要加载的音频格式。例如：

```
from pydub import AudioSegment
mp3_audio=AudioSegment.from_mp3("example.mp3")
```

（3）处理音频。pydub 库提供了多种方法来处理音频。例如，利用[t1:t2]操作裁剪音频，其中 t1、t2 分别代表开始时间和结束时间，以 ms 为单位；利用“+”操作合并音频；利用 export()方法将音频导出到文件等。下面是简单的程序示例。

```
from pydub import AudioSegment
audio=AudioSegment.from_file("example.mp3", format="mp3")
```

```
ten_seconds=audio[:10000]                                  #裁剪前 10 s
a_audio=AudioSegment.from_mp3("audiofile.mp3")             #加载另一个音频文件
combined=ten_seconds+a_audio                               #拼接音频
combined.export("combined_audio.mp3", format="mp3")        #导出拼接后的音频
```

pydub 库提供了丰富的功能,可以通过查看其官方文档来了解更多用法。

(4)播放音频。pydub 库本身主要用于处理音频文件,它并不直接提供播放音频的功能。可以结合使用 pydub 库和其他库(如第三方库 pygame)来播放音频。pygame 库中的 mixer 模块提供了播放音频的功能,支持多种音频格式(如 MP3、WAV 等)。下列程序说明了如何使用 pygame 库中的 mixer 模块来播放音频文件。

```
import pygame
pygame.mixer.init()                                #初始化 mixer 模块
sound=pygame.mixer.Sound("example.mp3")            #加载音频文件
sound.play()                                       #播放音频
```

例 3-5 从 in_audio.mp3 音频文件中剪辑 15～31.5 s 的音频数据,保存到 out_audio.mp3 文件中并播放该文件。

程序如下。

```
from pydub import AudioSegment
import pygame
sound=AudioSegment.from_file("in_audio.mp3", format="mp3")    #加载音频文件
start_time=15*1000          #开始时间,以 ms 为单位
end_time=31.5*1000          #结束时间,以 ms 为单位
clipped_sound=sound[start_time:end_time]      #读取 sound 中 15~31.5 s 的音频数据
outfile=clipped_sound.export("out_audio.mp3", format="mp3")  #保存剪辑后的音频
pygame.mixer.init()                               #初始化 mixer 模块
sound=pygame.mixer.Sound(outfile)                 #加载音频文件
sound.play()                                      #播放音频
outfile.close()                                   #关闭音频文件
```

程序运行后将得到剪辑后的音频,保存在 out_audio.mp3 文件中。

3.4.2 图像编码

计算机上显示出来的画面通常有两种类型,一种称为矢量图形或几何图形,简称图形(graphics);另一种称为点阵图像或位图图像,简称图像(image)。

矢量图形处理不存储图形数据的每一点,而是存储图形内容的轮廓部分。例如,对于一个圆形图案,只存储圆心的坐标位置和半径长度,以及圆形边线和内部的颜色。该存储方式的缺点是经常耗费大量的 CPU 时间做一些复杂的分析计算工作。但图形的缩放、移动等变换不会影响显示精度,即图形不会失真,且图形的存储空间较之位图方式要小得多。所以,矢量图

形比较适合用来存储各种图表和工程设计图，而一般图像文件较少采用矢量处理方式。

位图图像方法即位映射，是将一幅图像分割成若干行×若干列的栅格，栅格每一点(像素)的颜色值都单独记录。这样就能够精确地描述各种不同颜色模式的图像画面。所以这种存储模式比较适合于内容复杂的图像和真实的照片，但要占用较大的存储空间。

1. 图像的数字化

图像数字化是计算机处理图像之前必经的基本步骤，目的是把真实的图像(如自然界的各种景物图、传统的照片、纸张印刷图片等)转变成计算机能够接收的存储格式，即将连续的模拟图像信号转换为离散的数字信号。图像数字化过程一般也要经过采样、量化和编码 3 个处理步骤。

(1)采样。对连续的模拟图像信号进行离散化处理，即将其在水平和垂直方向上等间距地分割成矩形网状结构，所形成的离散的小方格称为像素点，这样一幅图像就被采样成有限个像素点构成的集合，如图 3-4 所示。

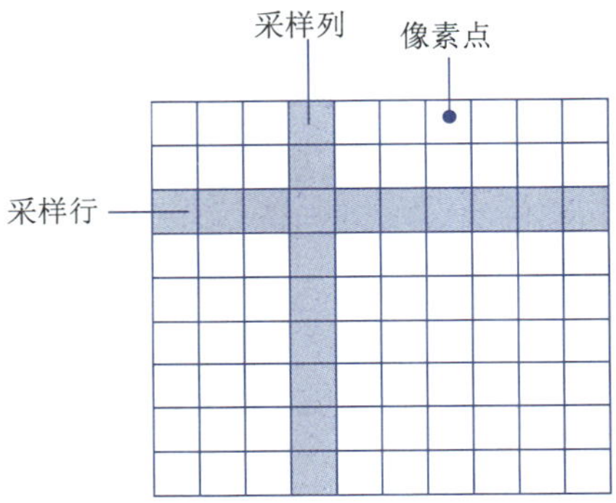

图 3-4　图像采样示意图

图像分辨率是指数字图像的像素数量，它是图像精细程度的度量方法，一般用其纵向和横向所含像素数量的乘积的形式表示。例如，图像分辨率为 1 024×768，表示该图像每行有 1 024 个像素，共有 768 行，它的总像素数量为 786 432(1 024×768)。图像分辨率实际上是一幅模拟图像采样的数量。对同样尺寸的一幅图像，如果数字化时图像分辨率越高，则组成该图像的像素数量越多，看起来就越清晰。

(2)量化。采样后的每个像素的取值仍然是连续的，因为颜色的取值可能是无穷多个颜色中的任何一个，因此要对颜色进行离散化处理。为了把颜色取值离散化，要将颜色取值限定在有限个取值范围内，这一过程称为量化。量化的结果是图像能够容纳的颜色总数，它反映了采样的质量。这个颜色总数由存储一个像素点所使用的二进制位数决定，称为颜色深度。使用的二进制位数越多，能表示的图像颜色总数越多，产生的图像效果越细致、逼真，但占用的存储空间也越大。例如，若颜色深度为 1 位，则只能表示两种不同的颜色；若颜色深度为 8 位，则可以表示 $2^8=256$ 种不同的颜色。

如果图像的每个像素只有黑和白两种颜色，这种图像称为二值图像或单色图像。表示二值图像，颜色深度只需 1 位就可以了，1 表示白色，0 表示黑色，如图 3-5(a)所示。

自然界任何一种颜色都可以由红(red)、绿(green)、蓝(blue)3 种基本颜色组合而成。图像中的每个像素都可以分解成 RGB 的 3 个分量，如果每个分量都用 1 B(8 bit)表示，那么表示一个像素就需要 3 B(24 bit)，这样图像的颜色数量可达到 $2^8\times2^8\times2^8=16\ 777\ 216$ 种，称为真彩色图像。在真彩色图像中，每个像素由 3 个颜色通道的数值组成，每个颜色通道的亮度值范围为 0～255。例如，红色可以用 RGB(255, 0, 0)来表示，绿色可以用 RGB(0, 255, 0)来表示，蓝色可以用 RGB(0, 0, 255)来表示。除了基本颜色外，通过不同的组合，还可以得到更多的颜色。例如，黄色可以通过将红色和绿色混合得到，用 RGB(255, 255, 0)来表示。同样地，紫色可以通过将红色和蓝色混合得到，用 RGB(255, 0, 255)来表示。彩色图像的表示形式如图 3-5(b)所示。

灰度图像是一种只包含亮度信息而不包含颜色信息的图像。在灰度图像中，像素的取值范围通常为 0～255，其中 0 表示黑色，255 表示白色，中间值表示不同程度的灰色。灰度图像是一种只包含亮度信息的单色图像，具有数据量小、易于处理和可视化展示等优点，广泛应用于医学影像、遥感影像、安全监控等场景中。灰度图像的表示形式如图 3-5(c)所示。

(3)编码。编码是将采样和量化的数字数据转换成二进制数码表示的形式，与图像文件所采用的格式及压缩存储格式有关。

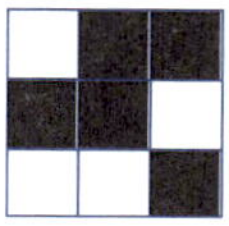

$$I=\begin{bmatrix}0&0&0\\0&0&1\\1&1&0\end{bmatrix}$$

(a) 二值图像的表示

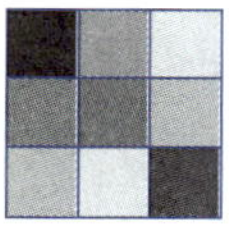

$$R=\begin{bmatrix}255&240&240\\255&0&80\\255&0&0\end{bmatrix}\quad G=\begin{bmatrix}0&160&80\\255&255&160\\0&255&0\end{bmatrix}\quad B=\begin{bmatrix}0&80&160\\0&0&240\\255&255&255\end{bmatrix}$$

(b) 彩色图像的表示

$$I=\begin{bmatrix}0&150&200\\120&50&180\\250&220&100\end{bmatrix}$$

(c) 灰度图像的表示

图 3-5　数字图像的表示

图像的分辨率和颜色深度决定了图像文件的大小，可以使用以下公式计算：

图像数据量(字节)＝列数×行数×颜色深度/8

例 3-6 有一幅像素大小为 1 024×768 的真彩色图像，计算其数据量。

真彩色图像的颜色深度为 24 位，图像数据量为

(1 024×768×24)/8 B＝2 359 296 B＝2 304 KB

实际查看到的图像文件比用上述公式计算出的要略大，原因是：上述公式计算出的仅仅是图像数据的大小，而整个文件的大小还包括文件头内容的信息量，文件头存放了该文件的格式信息。

2. 图像文件格式

数字化后的图像数据量巨大，必须采用编码技术来压缩信息。图像文件的格式是计算机

存储一幅图的方式与压缩方法，要针对不同的程序和使用目的来选择格式。不同的图像处理程序也有各自的内部格式。以下是一些常用的图像文件格式。

（1）BMP 格式。这是 Windows 所定义的图像文件格式。在 Windows 操作系统中运行的图形图像软件都支持 BMP 图像格式。BMP 图像文件的特点是包含的图像信息较丰富，几乎不进行压缩，所占用的存储空间较大。

（2）GIF 格式。GIF（graphics interchange format，图形交换格式），是一种动态图像格式，可以显示多帧图像，并以动画的形式展示。虽然 GIF 格式的图像质量不高，但它具有文件体积小、传输速度快、兼容性好等特点，是 Internet 中重要的文件格式之一。

（3）JPG 格式。JPG 格式文件是采用 JPEG（joint photographic experts group format）格式有损压缩方案存储的文件，常用来压缩存储批量图像。其特点是压缩比高，但压缩/解压缩算法复杂，存储和显示速度慢。同一图像的 BMP 格式的大小是 JPG 格式的 5～10 倍。JPG 格式适用于处理 256 色以上的大幅面图像，是互联网中受欢迎的图像格式。

（4）PNG 格式。PNG 是网景公司为支持新一代 Web 标准而制定的流式图像格式，它综合了 JPG 和 GIF 格式的优点，支持 24 位色彩，压缩不失真并支持透明背景和渐显图像的制作，所以称为传统 GIF 的替代格式。

（5）WMF 格式。WMF 是一种矢量图像格式，可以保存矢量图形数据和指令，图形可以任意缩放而不影响其质量。WMF 图像格式广泛应用于 Windows 操作系统和各种 Windows 应用程序中。

3. 图像处理举例

PIL（Python Imaging Library）及其更新版 Pillow 是 Python 中用于图像处理的强大库。现在通常推荐使用 Pillow 库，因此进行图像处理前，应先通过 pip 命令安装 Pillow 库。

PIL 提供了丰富的命令（方法）来执行各种图像处理任务。下面是一些常用命令。

（1）打开图像。利用 Image.open()方法打开图像文件，并将其加载为一个 Image 对象。例如：

```
from PIL import Image
img=Image.open("image.jpg")
```

（2）显示图像。利用 img.show()方法显示图像。

（3）转换图像格式。利用 save()方法将图像保存为指定格式。例如：

```
img.save("output.png", "PNG")
```

（4）调整图像尺寸。利用 resize()方法调整图像尺寸，传入新的宽度和高度参数，返回一个新的尺寸调整后的图像对象。调用格式如下：

```
resized_image=img.resize((new_width, new_height))
```

（5）裁剪图像。利用 crop()方法实现图像裁剪，返回一个裁剪后的新图像对象。该方法的参数是一个元组（x1，y1，x2，y2），描述了一个要裁剪的矩形区域，其左上角像素坐标为（xl，y1），右下角像素坐标为（x2－1，y2－1）。调用格式如下：

```
cropped_image=img.crop((x1, y1, x2, y2))
```

这里要注意的是，对图像建立坐标系时，一般是以图像左上角为原点，水平方向为 x 轴，竖直方向为 y 轴。如果某像素坐标为 (x,y)，表示该像素是从左往右数的第 x 个像素，从上往下数的第 y 个像素，x 和 y 都从 0 开始。对于一幅分辨率为 $n\times m$ 的图像，其左上角像素坐标为(0,0)，右下角像素坐标为 $(n-1,m-1)$。

(6) 旋转图像。利用 rotate()方法旋转图像，传入角度参数，返回一个旋转后的新图像对象。调用格式如下：

```
rotated_image=img.rotate(angle)
```

(7) 图像模式转换。利用 convert()方法将图像转换为不同的模式，如灰度图、二值图等。例如：

```
gray_image=img.convert("L")          #转换为灰度图
```

(8) 图像合成。利用 paste()方法将一张图像粘贴到另一张图像上。假设 img2 是要粘贴的图像，box 是粘贴的位置，调用格式如下：

```
img.paste(img2, box)
```

(9) 像素操作。getpixel(x, y)方法用于获取图像中指定位置的像素值，其中参数 x、y 是一个元组，表示像素的坐标(x, y)。与 getpixel()方法相对应，putpixel()方法用于设置图像中指定位置的像素值。例如：

```
from PIL import Image
img=Image.open("image.jpg")
pixel=img.getpixel((10, 20))           #获取(10, 20)位置的像素值
print(pixel)                           #输出像素值
img.putpixel((10, 20), (255, 0, 0))    #将(10, 20)位置的像素设置为红色
img.save("modified_image.jpg")
img.show()                             #显示图像
```

例 3-7 马赛克是一种广泛使用的图像处理技术，它能使图像模糊化，使观看者不能理解图像的具体细节，起到加密的作用，如图 3-6 所示。利用 PIL 库给图像加马赛克。

(a)原始图像

(b)马赛克图像

图 3-6 给图像加马赛克的效果

分析：给图像加马赛克通常是将图像分割成多个小块（马赛克块），然后对每个块应用这些区域中像素的某种统计信息（如平均值、中位数等）或预定义的颜色、图案来替换原始像素，从而使图像呈现出模糊化的效果。一种简单的处理方法是，将原始图像划分为 $n \times m$ 个正方形区域，然后将每个区域的颜色设置为该区域内所有像素对应颜色分量的平均值所组成的颜色。例如，假设区域中包含 3 个像素，颜色分别为(30,120,210)、(60,150,234)、(15,168,255)，则该区域的平均颜色为((30＋60＋15)/3,(120＋150＋168)/3,(210＋234＋255)/3)＝(35,146,233)。

程序如下。

```
from PIL import Image
def add_mosaic(input_path, output_path, block_size):
    img=Image.open(input_path)                          #打开原始图像
    width, height=img.size                              #获取图像的尺寸
    mosaic_img=Image.new('RGB', img.size)               #创建一个新的图像,用于存储结果
    for x in range(0, width, block_size):               #遍历图像的每个块
        for y in range(0, height, block_size):
            x_end=min(x+block_size, width)              #计算块的边界
            y_end=min(y+block_size, height)
            block=img.crop((x, y, x_end, y_end))        #裁剪出当前块
            #计算块内所有像素的 RGB 平均值
            r, g, b=0, 0, 0
            num_pixels=(x_end-x)*(y_end-y)
            for px in range(x_end-x):
                for py in range(y_end-y):
                    r_val, g_val, b_val=block.getpixel((px, py))
                    r+=r_val
                    g+=g_val
                    b+=b_val
            r//=num_pixels
            g//=num_pixels
            b//=num_pixels
            #使用平均颜色填充整个块
            for px in range(x_end-x):
                for py in range(y_end-y):
                    mosaic_img.putpixel((x+px, y+py), (r, g, b))
    mosaic_img.save(output_path)                        #保存马赛克图像
    mosaic_img.show()                                   #显示马赛克图像
add_mosaic('input_img.jpg', 'output_mosaic.jpg', block_size=100)    #图像处理示例
```

运行程序即得到马赛克图像。

习题

一、选择题

1. 下列选项中，3 个数依次为二进制数、八进制数、十六进制数的是(　　)。

A. 11，88，19　　B. 12，77，10

C. 11，77，1G　　D. 11，77，19

2. 在下列不同进制的 4 个数中，最大的是(　　)。

A. $(64)_{10}$　　B. $(67)_{8}$　　C. $(5B)_{16}$　　D. $(1101001)_{2}$

3. 以下属于 8421 BCD 码的是(　　)。

A. 00011100　　B. 01011001　　C. 10101000　　D. 00101011

4. 若 8 位二进制数的补码为 11111101，则其对应的十进制数为(　　)。

A. 509　　B. 253　　C. －3　　D. －2

5. 有一个数值是 152，它与十六进制数 6A 相等，该数值是(　　)。

A. 二进制数　　B. 八进制数　　C. 十六进制数　　D. 十进制数

6. 在机器数的 3 种表示形式中，符号位可以和数值位一起参与运算的是(　　)。

A. 原码　　B. 补码　　C. 反码　　D. 反码或补码

7. 对于任意一个实数，在计算机内部都可以用(　　)两部分来表示，这种表示实数的方法称为浮点表示法。

A. 阶码和基数　　B. 整数和阶码　　C. 基数和尾数　　D. 阶码和尾数

8. 为了方便区分，十六进制数用下标 16 或在数字尾部加(　　)表示。

A. E　　B. F　　C. G　　D. H

9. 通常，声音的数字化过程分为(　　)。

A. 采样、量化、编码　　B. 编码、采样、量化

C. 量化、采样、编码　　D. 采样、编码、量化

10. 一般来说，要求声音的质量越高，则(　　)。

A. 量化位数越低，采样频率越低　　B. 量化位数越高，采样频率越高

C. 量化位数越低，采样频率越高　　D. 量化位数越高，采样频率越低

二、填空题

1. 在一种数制中，单个位上所使用的表记符号的个数称为该数制的________。

2. Python 中 hex(int("77", 8)).replace("0x", "").upper()的值是________。

3. $(5\ 678.234)_{10}$ = $\_\_\_\_\_\__{2}$ = $\_\_\_\_\_\__{8}$ = $\_\_\_\_\_\__{16}$。

4. Python 中 print(chr(ord("D")+(ord("f")－ord("F"))))的输出结果是________。

5. 假定某台计算机的机器数为 8 位，则－65 的原码是________，补码是________。

6. 十进制数 5 918 的 BCD 码为________。

三、问答题

1. 计算机内的数据表示为什么要使用二进制？二进制与八进制、十六进制有什么关系？

2. 什么是溢出？溢出会造成什么后果？在 C/C++语言环境下，程序中先确定 a 的值是

126，执行语句 a＝a＋10 后输出 a 的值变成了－120，请分析原因。

3. 观察十进制偶数和十进制奇数的二进制表示的特点，如何根据一个二进制数快速判断其十进制数是奇数还是偶数？

4. 什么是 ASCII 码？字符"1"、数字 1 在计算机内如何表示？a 与 A 的 ASCII 码相差多少？

5. 简述汉字机内码和汉字编码之间的关系。

6. 声音和图像数字化的基本步骤是什么？

第4章 计算机系统

本章导读

谈及“计算机”时，不限于其物理设备，还包括运行在计算机上的各种程序以及与之相关的文档资料。这两大要素共同构成了通常所说的“计算机系统”。也就是说，计算机系统由硬件(hardware)和软件(software)两大部分构成。硬件作为计算机系统的实体基础，可以看作计算机系统的“躯体”，而软件则是赋予计算机系统功能的“灵魂”。硬件和软件相辅相成，共同实现计算的功能。

现代计算机经过不断更新换代，在硬件和软件方面都取得了很大发展。然而，无论如何变化，它们背后的工作原理仍然建立在冯·诺依曼提出的存储程序原理之上。因此，在学习和应用计算机时，需要掌握一些计算机系统方面的基本知识。

学习目标

◇掌握计算机系统的组成。
◇理解计算机的基本工作原理。
◇了解微型计算机结构的特点。
◇掌握微型计算机的组成部件。

4.1 计算机系统组成

计算机系统简称计算机，包括硬件系统和软件系统两大部分。计算机硬件系统包括组成计算机的所有部件和设备，是看得见、摸得着的实体。计算机软件系统包括所有在计算机上运行的程序以及相关的文档资料，只有配备完善而丰富的软件，计算机才能充分发挥其硬件的作用。

4.1.1 计算机硬件系统

计算机的硬件组成

计算机的硬件组成遵循冯·诺依曼体系结构，由控制器、运算器、存储器、输入设备和输出设备 5 个基本部分组成，如图 4-1 所示。

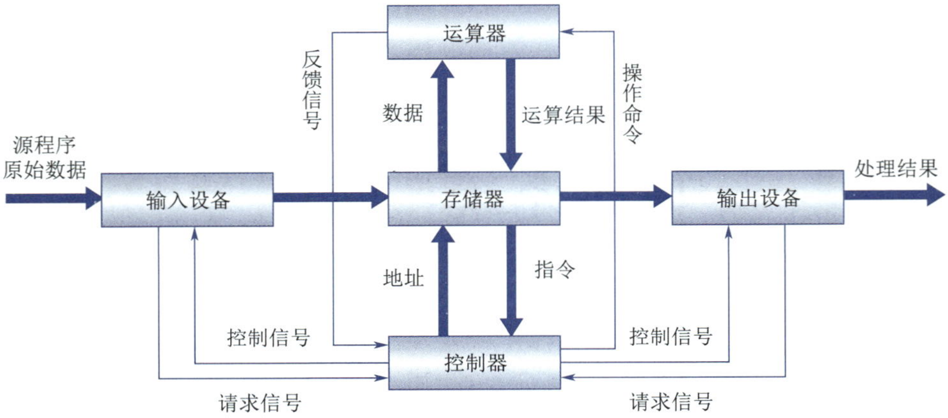

图 4-1　计算机硬件系统的组成

计算机各部件间的联系通过信息流动来实现。图 4-1 中，有两种信息流，一种是数据流，另一种是控制流。数据流是指源程序、原始数据和各种结果，控制流是指各部件向控制器发出的请求信号以及控制器向各部件发出的控制信号与操作命令。源程序和原始数据通过输入设备送入内存储器；在运算处理过程中，数据从内存储器中读入运算器进行运算；运算结果存入内存储器，必要时再经输出设备输出。指令也以数据形式存于内存储器中，运算时指令由内存储器送入控制器，由控制器控制各部件的工作。

1. 运算器

运算器又称为算术逻辑部件(arithmetic and logic unit，ALU)，它接受由内存送到的二进制数据，并对其进行算术运算和逻辑运算。那么计算机是如何进行运算的？

在计算机中，各种算术运算可归结为加法和移位这两种基本操作。减法运算可以通过加负数实现，而乘法运算和除法运算可以通过一系列的加法运算和移位操作来实现。因此，加法器和移位器是运算器的核心。加法器用于实现两数相加；移位器用于实现左移、右移等操作。另外，为了使运算器在操作过程中减少对内存的依赖和访问次数，从而提高运算速度，运算器中还需要若干寄存器。这些寄存器既可暂时存放操作数，又可存放运算的中间结果或最终结果。

至于逻辑运算，是由逻辑门来实现的。由于两个数的逻辑运算是一位对一位进行的，每一位都能得到一个独立结果，而不涉及其他位，所以逻辑运算要比算术运算简单些。

运算器在控制器的作用下实现其功能。除了完成算术运算和逻辑运算外，它也要完成数据的传送。被加工的数据大多预先存放在寄存器或存储器中。在一系列控制信号的作用下，数据被送往加法器，完成运算后，在控制信号的作用下，再传送到寄存器或内存单元中保存起来。

2. 控制器

控制器是整个计算机的控制中心，由指令寄存器(instruction register，IR)、指令计数器(又称为程序计数器，program counter，PC)、地址寄存器(address register，AR)、指令译码器(instruction decoder，ID)、时序信号发生器、微操作控制部件和中断处理部件组成。指令寄存器用于存放从内存取出的待执行的指令，供指令译码器分析使用。指令计数器用于存放当前要执行指令的地址。地址寄存器用于存放指令或操作数的地址。指令译码器将指令寄存器中的指令进行译码，翻译成相应的控制信号。时序信号发生器产生一定的时序脉冲和节拍电位，使计算机有节奏、有次序地工作。微操作控制部件将脉冲、电位和指令译码器送来的信号组合起来，有时间性地、有顺序地去控制各个部件完成相应的操作。中断处理部件用于处理计算机工作过程中遇到的各种随机事件，加强了计算机的功能，扩大了计算机的应用领域。

程序运行时，控制器根据指令计数器的值(地址)，从内存中取出将要执行的指令，送到指令寄存器中，经指令译码器译码，再由控制器发出一系列控制信号，使计算机各部件协调一致地工作，完成指令所规定的操作。同时，指令计数器加 1(PC+1)，指向下一条指令，重复上述过程。如果要中断程序的正常执行顺序而转移到别处去执行，只需把要转移的目的地址送到指令计数器即可。任何程序开始执行时，都必须把程序的入口地址先送到指令计数器中。

可见，运算器和控制器在结构关系上非常密切，它们之间有大量信息频繁地进行交换，共用一些寄存器单元，因此将运算器和控制器合称为中央处理器(central processing unit, CPU)。

3. 存储器

在实际的计算机系统中，包含内存储器、外存储器、高速缓冲存储器(cache)等不同层次的存储器。但是从冯・诺依曼体系结构的角度来看，存储器就是由内存储器和外存储器两个部分组成的。

(1)内存储器。

内存储器又称为主存储器，简称内存或主存，用于存放原始数据、程序以及计算机运算结果。它由大量的基本存储元件组成，每一个基本存储元件存储一位二进制数据 0 或 1。位称为比特(bit)，是数据存储的最小单位。凡是具有两个稳定状态的元件，均可用作基本存储元件。目前，基本存储元件一般都由半导体元件组成。

内存被划分成许多存储单元，每个存储单元可存放的二进制数位数相同。为了能够按指定的位置存取数据，必须给每个存储单元编号，这个编号称为存储单元的地址。计算机内存的组织结构如图 4-2 所示，中间一列为每个存储单元对应的二进制内存地址，实际上是一组二进制编码，如果表示地址的二进制数有 n 位，则内存地址最大可编码到 2^n-1(从 0 开始编码)，即最多可以有 2^n 个存储单元，称为存储容量；左边一列是用十六进制数表示的内存地址，以便于阅读；右边一列列出了内存单元的内容，即内存中存放的数据或程序。内存中每个存储单元的长度一般标准化为 8 个二进制位，即 1 B，字节是数据存储的基本单位。由字节组成字(word, W)，而字是计算机 CPU 一次处理信息的单位。

地址与存储单元是一一对应的，每一个存储单元都有一个唯一的地址。CPU 要访问某一存储单元(向存储单元写入数据或从存储单元中读出数据)，需要给出这个存储单元的地址。例如，F005H 单元存放的数据为 01010100。

对存储器进行地址编码是存储器组织的一个重要方法，它的概念直接影响对计算机的使用。在任何一种程序设计语言中，凡是涉及数据、程序存储的问题，就必然涉及对存储器的访问，从而也就会涉及地址。

根据存储能力与电源的关系，可将存储器分为易失性存储器和非易失性存储器，现代计算机系统的内存一般都包含这两类存储器。易失性存储器指的是当电源断电后，存储器所存储的数据便会消失的存储器，如随机存储器(random access memory，RAM)，内存主要由这种存储器构成，一般用户既可以从中读出信息，又可以将信息写入其中。非易失性存储器指的是即使断电，存储器所存储的数据也不会消失，重新供电后，就能够读取其中数据的存储器，如只读存储器(read-only memory，ROM)，一般用户只能从中读出信息，不能写入信息。ROM 用于存放系统的初始化、自检、引导程序。

十六进制内存地址	二进制内存地址	内存单元的内容
F000H	1111000000000000	01010001
F001H	1111000000000001	01010011
F002H	1111000000000010	01110010
F003H	1111000000000011	11010001
F004H	1111000000000100	01110101
F005H	1111000000000101	01010100
F006H	1111000000000110	11011001
F007H	1111000000000111	01011101
F008H	1111000000001000	01110110
F009H	1111000000001001	01011111
F00AH	1111000000001010	11001110
F00BH	1111000000001011	01111111

图 4-2　计算机内存的组织结构

内存可以与 CPU 直接进行信息交换，其特点是运行速度快，容量相对较小。CPU 和内存合称为主机。

(2)外存储器。

外存储器又称为辅助存储器，简称外存或辅存。从主机的角度看，外存是指计算机存储系统中不直接向 CPU 提供程序和数据的各种存储设备，用于弥补内存容量的不足，属于外围设备的范畴。外存的数据不能被 CPU 直接访问，只有先调入内存才能被 CPU 访问。这种存储器追求的目标是永久性存储与大容量，采用非易失性存储材料制成，如硬盘、只读存储光盘(compact disc read only memory，CD ROM)等，它们都必须通过各自的驱动器才能进行读写操作。

外存的特点是存储容量大，存取速度比内存慢，系统断电后其保存的信息不会丢失，不与计算机的其他部件直接进行数据交流，只与内存单独交换数据。

(3)存储容量。

计算机处理数据时，一次可以运算的数据长度称为一个字，构成一个字的二进制数的位数称为字长。一个字可以是一个字节，也可以是多个字节。根据 CPU 类型的不同，可能有不同的字长，且总是 8 的整数倍，常用的字长有 8 位、16 位、32 位、64 位等。如果某一类计算机的字由 4 个字节组成，则字的长度为 32 位，相应的计算机称为 32 位机。内存以字节为单元，在不同字长的系统中，一次可以对 2 个、4 个或 8 个单元进行访问。

一个存储系统的存储容量是指存储系统所能容纳的二进制数据的总和，通常用字节来计算。除了字节外，常用更大的单位来表示存储容量的大小，包括千字节（KB）、兆字节（MB）、吉字节（GB）、太字节（TB）、拍字节（PB）、艾字节（EB）、泽字节（ZB）、尧字节（YB）等。其相互换算关系如下。

1 KB=1 024 B=2^{10} B

1 MB=1 024 KB=2^{20} B

1 GB=1 024 MB=2^{30} B

1 TB=1 024 GB=2^{40} B

1 PB=1 024 TB=2^{50} B

1 EB=1 024 PB=2^{60} B

1 ZB=1 024 EB=2^{70} B

1 YB=1 024 ZB=2^{80} B

随着信息技术的日益普及，信息的数字化存储已经成为一种基本形式，以上单位不仅是衡量存储设备性能的单位，也是表示信息量的单位。

4. 输入设备和输出设备

什么是输入输出（input/output，I/O）？计算机中的输入输出是相对于计算机主机而言的。从外围设备（简称外设）将信息（包括原始数据、程序等）传送到计算机内存的过程称为输入，从计算机内部向外围设备传送信息的过程称为输出。

输入设备接收用户提交给计算机的程序、数据及其他各种信息，并把它们转换成计算机能够识别的二进制代码，送给内存。输出设备是把计算机的处理结果用人们能识别的数字、字符、图形、曲线、表格等形式输出。

4.1.2 计算机软件系统

计算机的硬件不具备自动计算的功能，它只是一个电子设备，要实现计算和信息处理的自动化，离不开计算机的软件系统。一般来说，软件系统是计算机程序以及与程序有关的各种文档的总称，那么软件系统和程序究竟如何区分？

计算机软件系统

从计算机内部逻辑看，程序是一组指令序列的集合。从使用角度看，程序是一个用编程语言描述的解决某一问题的步骤。而软件系统是计算机系统的组成部分，它是功能相对完备的程序，但软件系统不仅是程序，还包括程序使用的说明性信息；软件系统是一种特殊的商品，它的内容不是实物，而是信息；软件系统也同其他商品一样具有设计、生产、销售及售后服务等属性。软件系统的易复制性经常使人们忽略了它也是人类智慧的结晶。因此，在使用软件系统的同时要提高软件系统保护意识。

按软件系统的功能，可将软件系统分为系统软件和应用软件两大类。系统软件又可分为操作系统、语言处理程序、数据库管理系统和支撑软件等。

1. 系统软件

系统软件是在硬件的基础上对硬件功能的扩充与完善，其功能主要是控制和管理计算机的硬件资源、软件资源和数据资源，提高计算机的使用效率，发挥和扩大计算机的功能，为用户使用计算机系统提供方便。系统软件有两个主要特点：一是通用性，无论是哪个应用领域的用户，都要用到它；二是基础性，系统软件是应用软件运行的基础，应用软件的开发和运行要有系统软件的支持。

(1)操作系统。

操作系统(operating system，OS)是为了控制和管理计算机的各种资源，以充分发挥计算机系统的工作效率和方便用户使用计算机而配置的一种系统软件。操作系统是直接运行在计算机上的最基本的系统软件，也是系统软件的核心，任何一台计算机都必须配置操作系统。

操作系统是管理和控制计算机系统硬件、软件和一切系统资源的大型程序，是用户和计算机之间的接口。操作系统的主要作用是提高系统资源的利用率，提供方便友好的用户界面和软件开发与运行环境。

(2)语言处理程序。

程序设计语言是人们为了描述解题步骤(编写程序)而设计的一种具有语法语义描述的记号。程序设计语言按其发展分为机器语言、汇编语言和高级语言。用机器语言编写的程序能被计算机直接识别并执行，但用汇编语言或高级语言编写的程序要经过翻译以后才能被计算机执行，这种翻译程序称为语言处理程序，语言处理程序包括汇编程序、解释程序和编译程序。

(3)数据库管理系统。

数据库(database，DB)是指长期保存在计算机的存储设备上，并按照某种数据模型组织起来的，可以被各种用户或应用共享的数据的集合。数据库管理系统(database management system，DBMS)是指提供各种数据管理服务的计算机软件系统，它包括数据对象定义、数据存储与备份、数据访问与更新、数据统计与分析、数据安全保护、数据库运行管理以及数据库建立和维护等服务。由于企业信息化的目的就是要以现代信息技术为手段，对伴随着企业生产和经营过程而产生的数据进行收集、加工、管理和利用，改善企业生产经营的整体效率，增强企业的竞争力，因此数据库是企业信息化不可或缺的工具，是企业信息系统的核心。

(4)支撑软件。

支撑软件(如编辑程序、连接程序和调试程序等)是指用于支持软件开发、调试和维护的软件，可以帮助程序员快速、准确、有效地进行软件研发、管理和评测。编辑程序为程序员提供了一个书写环境，用来建立、编辑源程序文件。连接程序用来将若干个目标程序模块和相应高级语言的库程序连接在一起，产生可执行程序文件。调试程序可以跟踪程序的执行，帮助发现程序中的错误，以便于修改。

2. 应用软件

应用软件是为满足不同领域、不同问题的应用要求而开发的软件。应用软件既可以拓宽计算机系统的应用领域，扩大硬件的功能，又可以根据应用的不同领域和不同功能划分为若干子类，如办公软件、财务软件、CAD软件等。

需要指出的是，计算机软件发展非常迅速，新软件层出不穷，系统软件和应用软件的界限正在变得模糊。一些具有通用价值的应用软件也可以纳入系统软件之中，作为一种资源提供给用户。

4.1.3 计算机硬件和软件之间的关系

计算机系统的组成如图 4-3 所示。

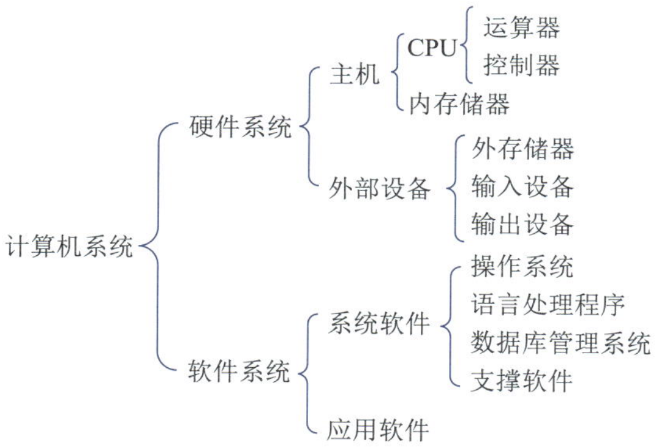

图 4-3 计算机系统的组成

在计算机系统中,硬件和软件是两个不可或缺的部分。计算机硬件是组成计算机系统的各部件的总称,是计算机系统快速、可靠、自动工作的物质基础。从这个意义上讲,没有硬件就没有计算机,计算机软件也不会产生任何作用。但是一台计算机之所以能够处理各种问题,具有很大的通用性,是因为人们把处理这些问题的方法分解为计算机可以识别和执行的步骤,并以计算机可以识别的形式存储到了计算机中。也就是说,在计算机中存储了解决这些问题的程序。

图 4-4 表明了计算机硬件和软件之间的关系。内层是外层的支撑环境,而外层不必了解内层细节,只需根据约定调用内层提供的服务。最内层是硬件,它是所有软件运行的物质基础。与硬件直接接触的是操作系统,它处在硬件和其他软件之间,向下控制硬件,向上支持其他软件。在操作系统之外的各层分别是各种语言处理程序、数据库管理系统、各种支撑软件,最外层才是用户最终使用的应用程序。

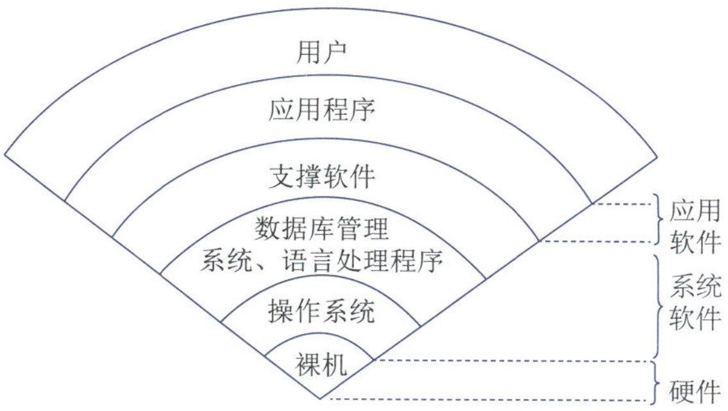

图 4-4 计算机硬件和软件之间的关系

没有配置任何软件的计算机称为裸机,裸机难以完成复杂的任务。软件是计算机系统必不可少的组成部分。操作系统是直接运行在裸机上的最基本的系统软件,是对裸机的首次扩充,同时又是其他软件运行的基础。因此,在所有软件中,操作系统是最重要的软件。操作系统管理和控制硬件资源,同时为上层软件提供支持。换句话说,任何程序都必须在操作系统的支持下才能运行，操作系统最终成为用户与计算机之间的桥梁，对计算机的操作转变成使用操作系统的命令，这样一来，用户使用计算机就变成使用操作系统了。

应用软件的开发和运行要有系统软件的支持，而用户直接使用的是应用软件，即使用某一应用软件来解决实际问题。

4.2 计算机的工作原理

计算机的工作过程本质上就是执行程序的过程，而程序是由若干条指令组成的，计算机逐条执行程序中的指令，即可完成一个程序的执行，从而完成一项特定的工作。因此，要了解计算机的工作原理，就要了解指令和指令执行的基本过程。

4.2.1 指令和程序

计算机之所以能脱离人的直接干预自动地进行计算，是由于人把实现整个计算的一步步操作用命令的形式(一条条指令)预先输入存储器，在执行时，机器把这些指令一条条地取出来，加以分析和执行。

指令与指令系统

通常一条指令对应着一种基本操作。一台计算机能执行什么样的指令，有多少条指令，这是由设计人员在设计计算机时决定的。计算机所能直接执行的全部指令的集合，就是计算机的指令系统(instruction set)。

以二进制编码表示的指令叫作机器指令，它通常包括操作码和操作数两大部分，操作码表示计算机执行什么操作，操作数指明参加操作的数本身或操作数所在的地址。因为计算机只识别二进制数，所以计算机指令系统中的所有指令都必须以二进制编码的形式来表示。

程序即解题步骤。计算机的解题步骤必须用计算机能识别的语言来描述，因此程序是指令的有序集合，用指令描述的解题步骤就叫作程序。

4.2.2 指令的执行过程

按照冯·诺依曼的存储程序思想，利用计算机的解题步骤，首先要把指挥计算机如何进行操作的指令序列(程序)和原始数据通过输入设备输送到计算机内存中，计算机运行时，依次从内存中取出一条条指令，控制器对指令进行分析判断，按照指令要求，发出不同的控制信号，在控制器的指挥下完成规定的操作，直到完成全部操作为止。所以，计算机的工作原理可以概括为存储程序和程序控制。

下面以指令 070740H 的执行过程为例来认识计算机的基本工作原理。指令 070740H 的功能是取出 0740H 存储单元内的数据与累加器中的数据相加，并将求和结果存储在累加器中。图 4-5 反映了指令的执行过程。

指令的执行过程分为以下 4 个步骤。

(1)取指令。按照程序计数器的地址(0100H)，从内存中取出指令(070740H)，并送往指令寄存器。

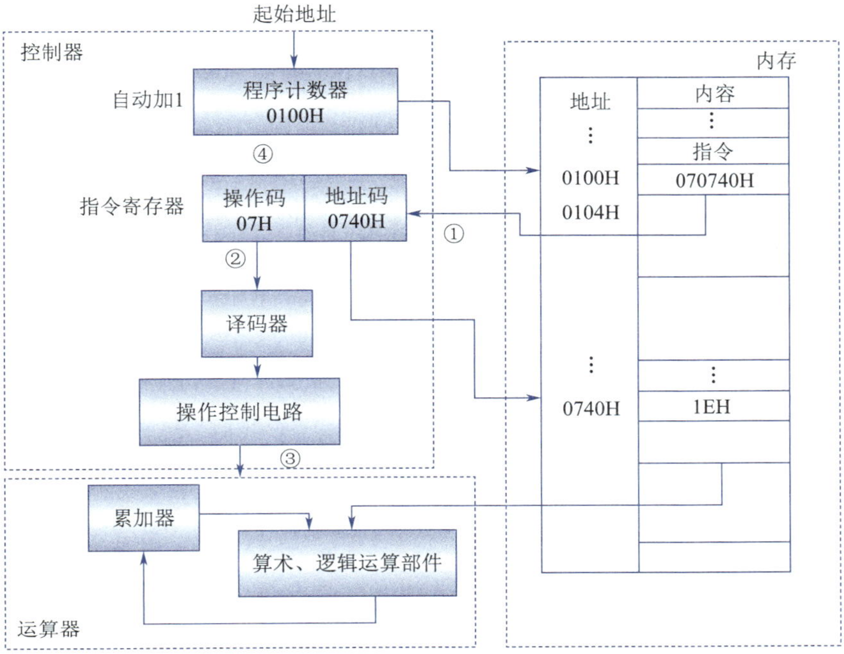

图 4-5 指令的执行过程

(2)分析指令。对指令寄存器中存放的指令(070740H)进行分析,由译码器对操作码(07H)进行译码,将指令的操作码转换成相应的控制信号。由地址码(0740H)确定操作数地址。

(3)执行指令。由操作控制电路发出完成该操作所需要的一系列控制信息,去完成该指令所要求的操作。如加法指令,取内存地址(0740H)的指令(1EH)和累加器的值相加,将结果放在累加器中。

(4)一条指令执行完成,程序计数器自动加 1 或将转移地址码送入程序计数器,然后回到步骤(1)。

一般把计算机完成一条指令所花费的时间称为一个指令周期,指令周期越短,指令执行得越快。通常所说的 CPU 主频或工作频率,就反映了指令执行周期的长短。

计算机在运行时,CPU 从内存中读出一条指令到 CPU 内执行,指令执行完,再从内存中读出下一条指令到 CPU 内执行。CPU 不断地取指令、分析指令、执行指令,这就是程序的执行过程。

总之,计算机的工作就是执行程序,即自动、连续地执行一系列指令,而程序开发人员的工作就是设计程序。一条指令的功能虽然有限,但是由一系列指令组成的程序可完成复杂的任务。

4.3 微型计算机体系结构

由于大规模、超大规模集成电路的发展，20 世纪 70 年代初出现了微处理器。以微处理器作为计算机的主要功能部件，标志着微型计算机(简称微机)的诞生。1981 年，IBM 公司推出第一台个人计算机 IBM PC，标志着 PC 时代从此开始。微型计算机以其体积小、功能强、价格低、操作简便等优点成为国内外应用最广泛的一类计算机。相比于一般通用计算机，微型计算机在体系结构上有其自身的特点。

4.3.1 微型计算机的总线结构

从系统结构看，微型计算机是将运算器和控制器集成在一个芯片上来组成微处理器的。所以微型计算机和通用计算机没有本质上的区别，主要不同点是微型计算机广泛采用了集成度相当高的器件以及采用了总线(bus)结构。

微型计算机的组成仍然遵循冯·诺依曼体系结构，其硬件由微处理器、存储器(含内存、外存和缓存)、各种输入输出设备组成。任何一个微处理器都要与一定数量的部件和外围设备连接，但如果将各部件和每一种外围设备都分别用一组线路与 CPU 直接连接，那么连接线路将会错综复杂乃至难以实现。为了简化设计和系统结构，常用一组线路，再配置适当的接口电路，与各部件和外围设备连接，这组连接线路称为总线，如图 4-6 所示。

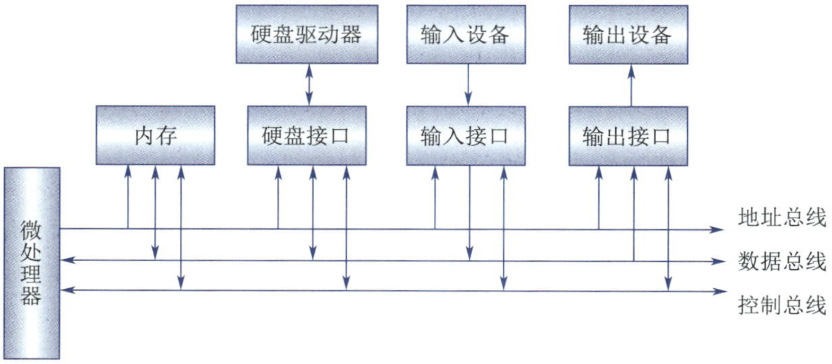

图 4-6　微型计算机的总线结构

微处理器、内存、输入输出接口和系统总线构成了微型计算机的主机。微处理器如同微型计算机的心脏，其性能决定了整个微型计算机的各项关键指标。输入输出接口是主机与外围设备连接的逻辑控制部件。总线为 CPU 和其他部件之间提供信息传输通道，包括地址总线(address bus，AB)、数据总线(data bus，DB)和控制总线(control bus，CB)。

地址总线专门用于传送指令和数据地址信息，CPU 按此地址寻找数据，是单向总线。地址总线的位数决定了 CPU 可直接寻址的内存空间大小，一般来说，若地址总线为 n 位，则可寻址空间为 2^n 字节。数据总线用于传送指令和数据信息，是 CPU 与内存及输入输出接口之间传输数据的通道，是双向总线，CPU 既可通过数据总线从内存或输入接口读入数据，又可通过数据总线将 CPU 内部的数据送至内存或输出接口。数据总线的位数是微型计算机的一个重要指标，通常与微处理器的字长一致。控制总线用来传送控制信号和时序信号。控制信号中，有的是 CPU 向内存及输入输出接口发出的信息，如读/写信号、片选信号、中断响应信号等；有的是外围设备等其他部件发送给 CPU 的信息，如中断申请信号、复位信号、总线请求信号、准备就绪信号等。因此，控制总线的传送方向由具体的控制信号而定，一般是双向的，控制总线的位数要根据系统的实际控制需要而定。

由于把大规模集成电路技术引入微型计算机的设计中，微型计算机中的器件高度集成，器件功能相对独立。有了总线结构以后，系统中各功能部件之间的相互关系变为各个部件面向总线的单一关系，一个部件只要符合总线标准，就可以连接到采用这种总线标准的系统中，使系统功能得到扩展。

以微型计算机为主体，配上系统软件和外围设备之后，就组成了微型计算机系统。

4.3.2　微型计算机的组成部件

从外观上看，一台微型计算机由主机箱、显示器、键盘和鼠标组成，有时还可以配有打印机、扫描仪等其他外围设备，一些新型外围设备还在不断涌现。在主机箱内，有主板、CPU、内存、外存以及各种输入输出设备等部件。

微型计算机的组装

1. 主板

主板(main board)又称为系统板(system board)或母板(mother board)，是微型计算机系统中最大的一块电路板。主板上有芯片组、CPU 插槽、内存插槽、扩展插槽、各种外围设备接口以及 BIOS 和 CMOS 芯片等，如图 4-7 所示。主板为 CPU、内存条和各种功能卡提供安装插槽，为各种存储设备、输入输出设备以及多媒体和通信设备提供接口。实际上，微型计算机通过主板将 CPU 等各种器件和外围设备有机地结合起来形成一套完整的系统，微型计算机的整体运行速度和稳定性在一定程度上取决于主板的性能。

主板与 CPU

图 4-7　微型计算机的主板

芯片组(chip set)是构成主板控制电路的核心，除 CPU 外，主板上几乎所有控制功能都集成在芯片组内。因此，芯片组在很大程度上决定了主板的性能和档次。按照在主板上的排列位置的不同，芯片组通常分为北桥芯片(north bridge chip)和南桥芯片(south bridge chip)。靠近 CPU 插槽的为北桥芯片，它主要负责控制 CPU、内存和显卡的工作。靠近 PCI 插槽的为南桥芯片，它主要负责控制系统的输入输出等功能。随着技术的发展，目前有的主板只有一块芯片组。

微型计算机一般提供插槽和扩展槽。主板上的插槽有多种类型，如 CPU 插槽、内存插槽、显卡插槽、硬盘接口等。CPU 通过插槽与主板连接后才可以正常工作，不同 CPU 插槽适用于不同的 CPU，相互之间不能通用。扩展槽用来连接一些其他扩展功能板卡的接口（也称为适配器）。适配器是为了驱动某种外围设备而设计的控制电路，如显示卡、声卡、网卡、视频卡等，可以插在主板的扩展槽内，内存条插在内存专用插槽内，通过总线与 CPU 相连。

接口是外围设备与微型计算机连接的端口，是微型计算机与输入输出设备通信的桥梁，用于计算机与输入输出设备之间的数据传递、转换和控制。主板上集成了硬盘接口、COM 串行口、PS/2 鼠标键盘接口、LPT、通用串行总线（universal serial bus，USB）接口等，有些主板上集成了 IEEE 1394 接口。其中 USB 接口是一种新型的连接外围设备的通用接口，支持设备的即插即用和热拔插（带电拔插）功能。由于 USB 传输速度快、使用方便、连接灵活等，目前已成为主板的标准接口。

基本输入输出系统（basic input output system，BIOS）是指集成在主板上的一个 ROM 芯片，其中保存了微型计算机系统最重要的基本输入输出程序、系统参数设置、自检程序和系统启动自举程序。BIOS 芯片负责开机时对系统各项硬件进行初始化设置和测试，以保证系统能够正常工作。它为计算机提供最低级、最直接的硬件控制功能。目前，主板上的 BIOS 芯片采用闪速只读存储器（flash ROM），可以电擦除，对 BIOS 芯片内容的更新十分方便，但也使其成为主板上唯一可被病毒攻击的芯片，BIOS 芯片中的程序一旦被破坏，主板将不能工作。

互补金属氧化物半导体（complementary metal-oxide-semiconductor，CMOS）本义是指制造大规模集成电路芯片使用的一种技术或使用这种技术制造出来的芯片，这里指微型计算机主板上的一块可读写的 RAM 芯片，用来保存当前系统 BIOS 芯片配置。CMOS 由主板的电池供电，即使系统掉电，信息也不会丢失。

2. CPU

CPU 是微型计算机的核心器件，在微型计算机系统中特指微处理器芯片。目前主流的 CPU 有 Intel 系列产品和 AMD 系列产品，两者在设计技术、工艺标准和参数指标上存在差异，但都能满足微型计算机的运行需求。

目前，Intel 公司的 CPU 主要分为酷睿（Core）、奔腾（Pentium）和赛扬（Celeron）等系列。Intel CPU 还有用于服务器和工作站的安腾（Itanium）、至强（Xeon），用于移动平台的凌动（Atom）等。AMD 公司的 CPU 有炫龙（Turion）、速龙（Athlon）、闪龙（Sempron）等系列，还有用于服务器的皓龙（Opteron）、用于移动平台的羿龙（Phenom）等。

多核处理器技术是目前 CPU 的主流技术之一。多核处理器是指在一个处理器中集成两个或多个完整的计算引擎，从而提高计算能力。多核处理器能支持系统总线上的多个处理器，由总线控制器提供所有总线控制信号和命令信号。多核技术解决了单核产品中处理器热量过高的问题。此外，多核处理器技术还包括高速缓冲存储器、浮点处理、超线程等先进技术。

微处理器的发展决定了微型计算机的发展。当一款新型的微处理器出现时，就会带动微型计算机系统其他部件的相应发展，如微型计算机体系结构的进一步优化、存储器容量的不断增大、存取速度的不断提高、外围设备的不断改进以及新设备的不断出现等。

例 4-1 利用 Python 的 psutil 库中的 cpu_freq()函数可以获取本机 CPU 的频率信息。

分析：psutil 库为常用的 Python 第三方库，用于获取系统的相关信息，包括 CPU、内存、磁盘、网络等。利用 psutil 库中的 cpu_freq()函数可以获取 CPU 的频率信息，包括 CPU 的当前运行频率(current)、CPU 的最小频率(min)和 CPU 的最大频率(max)，单位是 MHz。由此实现系统监控和性能分析。

程序如下。

```
import psutil
c_f=psutil.cpu_freq()                    #获取 CPU 的频率信息
print("CPU 当前频率:", c_f.current)
print("CPU 最小频率:", c_f.min)
print("CPU 最大频率:", c_f.max)
```

程序运行结果如下。

```
CPU 当前频率: 2200.0
CPU 最小频率: 0.0
CPU 最大频率: 2601.0
```

3. 内存

数据存储

微型计算机的内存分为 RAM、ROM 和 cache。

(1)RAM。

RAM 是计算机工作的存储区，一切要执行的程序和数据都要先装入 RAM。根据制造原理的不同，RAM 可分为静态 RAM(static RAM，SRAM)和动态 RAM(dynamic RAM，DRAM)。静态 RAM 利用其中触发器的两个稳态表示所存储的 1 和 0，这类存储器集成度低、价格高，但存取速度快。动态 RAM 用组成存储单元的电容存储 1 和 0。因为保存在电容上的电荷会随着电容器的漏电而逐渐消失，所以需要周期性地给电容充电，称为刷新(refresh)。动态 RAM 集成度高、价格低，但由于要周期性地刷新，所以存取速度慢。微型计算机的内存一般采用动态 RAM，以内存条(见图 4-8)的形式插于主板上。

图 4-8　内存条

例 4-2 利用 Python 的 psutil 库中的 virtual_memory()函数可以获取本机的内存信息,包括总容量、已用容量、剩余容量。

分析:利用 psutil 库中的 virtual_memory()函数可以获取系统的内存信息,包括总容量、已用容量和剩余容量,分别使用 total、used 和 free 属性来访问,单位为字节。由此通过 virtual_memory()函数实现对系统内存的监视。

程序如下。

```
import psutil
v_m=psutil.virtual_memory()
print("总 容 量:", round(v_m.total / 2**30,1), "GB")
print("已用容量:", round(v_m.used / 2**30,1), "GB")
print("剩余容量:", round(v_m.free / 2**30,1), "GB")
```

程序运行结果如下。

```
总 容 量: 7.9 GB
已用容量: 5.2 GB
剩余容量: 2.6 GB
```

为了和习惯统一,将输出的数据单位转换为 GB。程序中利用 round()函数对结果进行四舍五入、保留一位小数处理。

(2)ROM。

在微型计算机中,ROM 主要用于存放系统的引导程序、诊断程序等。目前,常用的 ROM 有可擦可编程 ROM(erasable programmable ROM,EPROM)、电擦除可编程 ROM(electrically-erasable programmable ROM,EEPROM)和闪速存储器(flash memory)等类型。

EPROM 内部的信息可以用紫外线来擦除,擦除后就可以再写入信息。完成擦除操作要用到 EPROM 擦除器,而向 EPROM 写入信息要用专用的编程器,并且向其中写内容时必须要加一定的编程电压。EEPROM 的擦除不需要借助其他设备,它是以电子信号来修改其内容的,而且是以字节为最小修改单位,不必将资料全部擦除就能写入,彻底摆脱了 EPROM 擦除器和编程器的束缚。EEPROM 在写入数据时,仍要利用一定的编程电压,此时,只需用厂商提供的专用刷新程序就可以轻而易举地改写内容。目前,常见的闪速存储器(俗称 U 盘或优盘)的存储介质是 Flash,Flash 是一种改进的 EEPROM,它在擦除存储介质内的信息时与 EEPROM 不同,EEPROM 擦除信息时是按单元进行的,而 Flash 是按块擦除信息的。

(3)cache。

随着 CPU 主频的不断提高,内存的存取速度远低于 CPU 的工作速度,直接影响了计算机的性能。为此,在 CPU 和内存之间增设 cache。cache 中存放常用的程序和数据,当 CPU 需要访问程序或数据时,首先从 cache 中查找,如果不在 cache 中,则到内存中读取,同时将程序和数据写入 cache,如此提高整个系统的运行速度。

cache 通常采用速度比动态 RAM 快、价格更高的静态 RAM。cache 容量小于内存,但存取速度比内存快得多。cache 逻辑上介于 CPU 和内存之间,可以将其集成到 CPU 内部,也可置于 CPU 之外,如图 4-9 所示。

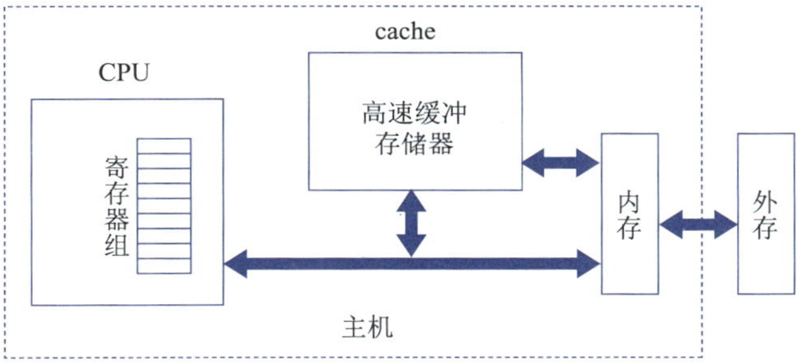

图 4-9 cache 的位置

4. 外存

常用的外存有硬盘(hard disk)、光盘(CD-ROM)以及移动存储设备等,早些时候还使用软盘(floppy disk)。每个盘在计算机中都有一个名字标识,人们习惯称为盘符(用英文大写字母加冒号表示)。从英文大写字母 C 开始顺序编号代表硬盘。有的硬盘存储容量比较大,可以将一个硬盘从逻辑上分区为不同容量的多个硬盘,每个逻辑硬盘被顺序设置一个盘符。

(1)硬盘。

硬盘是微型计算机上非常重要的一种外存储器设备,由硬盘驱动器和多个不可更换的大小相同的硬盘盘片(存储介质)密封而成,现在 3.5 in 硬盘使用较多。由于硬盘是一个密封部件,因此相对软盘来说,其存储密度要高得多,存储容量大得多,存取速度快得多。

硬盘具有多个盘片,由于一个盘片对应两个磁头,因此磁头数一般是盘片数的两倍,其外观及原理图如图 4-10 所示。

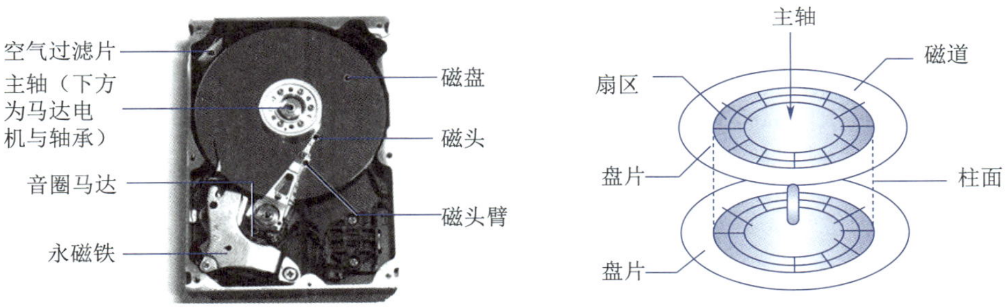

图 4-10 硬盘外观及原理图

硬盘相关性能的主要指标有磁头数(面数)、柱面数(每面上磁道数)、扇区数、每扇区内记录数据量(字节)、磁盘转速、平均寻道时间、内部数据传输率、接口类型等。例如,1 个硬盘有 32 个盘片,1 个盘片对应 2 个磁头,每个盘片被划分为 1 600 个同心的圆形磁道,每个磁道又划分为 1 024 个扇区,每个扇区固定保存 512 B 数据,所以硬盘的存储容量为 $32\times2\times1\ 600\times1\ 024\times512\ /(1\ 024\times1\ 024\times1\ 024)=50$ GB。

例 4-3 利用 Python 的 psutil 库中的 disk_usage()函数可以获取本机 C 盘的使用信息。

分析:利用 psutil 库中的 disk_usage(path)函数可以返回本机 path 所在磁盘的使用情况,包括磁盘的总容量(total)、已用磁盘容量(used)、剩余容量(free)等,单位为字节。

程序如下。

```
import psutil
d_u=psutil.disk_usage("C:")        #获取 C 盘的使用信息
print("总 容 量:", round(d_u.total / 2**30, 1), "GB")
print("已用容量:", round(d_u.used / 2**30, 1), "GB")
print("剩余容量:", round(d_u.free / 2**30, 1), "GB")
```

程序运行结果如下。

```
总 容 量: 637.3 GB
已用容量: 577.7 GB
剩余容量: 59.6 GB
```

(2)光盘。

光盘是一种利用光学方式读写、记录密度高、存储容量大的存储介质。光盘的基片是一种对激光具有耐热性的有机玻璃,在基片上涂上金属合金或稀土金属化合物形成存储介质。光盘的记录原理是将聚焦的激光射在记录介质上,对其微小的区域进行加热,打出微米级的小孔(凹坑),或引起几何变形,或产生结晶状态变化。用这种小孔的有无,或者用记录介质上状态的变化与不变化来代表二进制的 1 和 0,以此在光盘上记录数据。光盘上的数据通过光盘驱动器(简称光驱)读写,光盘驱动器可分为只读光盘驱动器和可读写的光盘驱动器。

(3)移动硬盘与 U 盘。

移动硬盘是在标准 IDE 接口硬盘的基础上加装 USB 或 IEEE 1394 接口,使其成为移动存储工具。移动硬盘以高速、大容量、轻巧便捷等优点赢得用户的青睐,而更大的优点还在于其存储数据安全可靠。移动硬盘与笔记本计算机硬盘的结构类似,多采用硅氧盘片。这是一种比铝、磁更坚固耐用的盘片材质,并且具有更大的存储量和更高的可靠性,提高了数据的完整性。采用以硅氧为材料的磁盘驱动器,以更加平滑的盘面为特征,有效地降低了盘片中可能影响数据可靠性和完整性的不规则盘面的数量。更高的盘面硬度使移动硬盘具有很高的可靠性。

U 盘是一种小体积的移动存储装置,它具有携带更方便、可靠性高的特点。U 盘使用 Flash 半导体材料作为存储介质,通过 USB 接口与计算机相连。它的结构很简单,主要部件就是一块闪存芯片和一块控制芯片,可以在该盘上读写、传送文件。U 盘目前已经成为通用的移动存储介质。

固态盘(solid state disk,SSD)也是以闪存芯片为存储介质,其存储原理与 U 盘相同,只是控制电路比 U 盘复杂。由于固态盘没有像硬盘那样的机械装置及存储盘片,而以半导体存储材料作为数据存储介质,因此固态盘的存储速度快、运行稳定、使用寿命长,但相对来说价格也更高。现在的平板计算机用的就是固态盘,还有部分超薄的笔记本计算机也会用到固态盘。

(4)存储器的层次结构。

实际上,计算机系统中的存储器被组织成层次结构,如图 4-11 所示。最上层是 CPU 中的寄存器,其存储速度能满足 CPU 的要求。其下一层是 cache,一般容量是 32 千字节到几兆字节。再往下依次是内存、磁盘(用于永久保存数据)。最后一层是用于后备存储的移动存储设备。

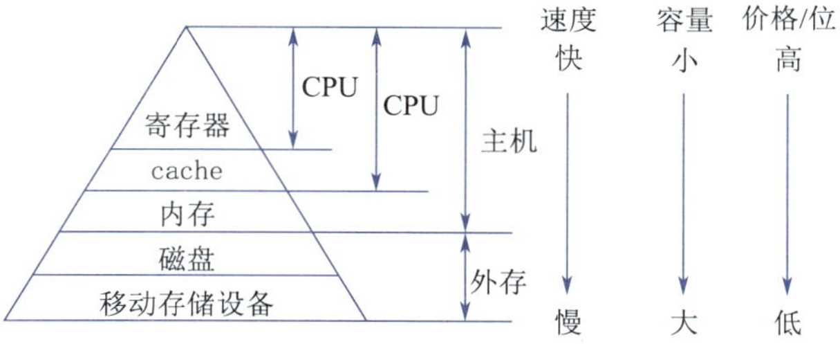

图 4-11 存储器的层次结构示意图

在存储器的层次结构中，“金字塔”越往上走，容量越小，成本越高，访问速度越快。

5. 输入输出设备

常用的输入设备有键盘（keyboard）和鼠标（mouse）等，输出设备有显示器和打印机等。磁盘等外存储器既可作为输入设备，又可作为输出设备。

（1）键盘和鼠标。

键盘是微型计算机必备的标准输入设备，用户的程序、数据以及各种对计算机的命令都可以通过键盘输入。标准键盘是最常见的键盘，各厂商的标准键盘无论从尺寸、布局还是外形上来看，都是大同小异的。

鼠标也是一种输入设备，能方便、快速、精确地将光标定位到屏幕指定位置，完成各种有关操作。鼠标接口大多采用 PS/2 接口、USB 接口或无线接口。

（2）显示器和打印机。

显示器是用来显示字符和图形的输出设备，包括阴极射线管（CRT）显示器和液晶显示器（LCD）两大类，LCD 是目前应用的主流。显示器的一个重要技术指标是分辨率，即屏幕上纵横两个方向的扫描点（像素）的数量，点数越多，点距越小，分辨率越高，图像越清晰。常见的分辨率有 1 024×768、1 280×1 024、1 920×1 080 等。

打印机是在纸上形成文件内容的输出设备，它将计算机的数据以单色或彩色字符、汉字、表格、图像等形式打印在纸上。目前主要使用激光打印机。

4.3.3 微型计算机的主要性能指标

一台微型计算机性能的好坏，不是由某一项指标来决定的，而是由它的系统结构、指令系统、硬件组成、软件配置等多方面的因素综合决定的。但对于大多数普通用户，可以从以下几个指标来大体评价计算机的性能。

1. 运算速度

通常所说的计算机运算速度（平均运算速度）是指每秒钟所能执行的指令条数，一般用百万条指令每秒（million instructions per second，MIPS）作为单位。同一台计算机，执行不同的运算所需时间可能不同，因而对运算速度的描述常采用不同的方法。微型计算机一般采用微处理器的主频来描述运算速度，主频越高，运算速度就越快。主频的单位通常是 MHz 或 GHz，如微处理器 Intel Core i7-12700K 的主频为 3.6 GHz。

2. 字长

字长是指计算机一次所能处理的二进制数的位数。微型计算机的字长直接影响它的运算精度和速度，字长越长，能表示的数值范围就越大，计算出的结果的有效位数也就越多，计算功能就越强。但是，字长又受到器件及制造工艺等的限制，字长越长，计算机的硬件代价相应也增大。目前，常用的是 64 位字长的微型计算机。

3. 内存容量

内存容量反映了计算机即时存储信息的能力。随着操作系统的升级、应用软件的不断丰富及其功能的不断扩展，人们对计算机内存容量的需求也不断提高。内存容量越大，系统功能就越强大，能处理的数据量就越大。目前，微型计算机的内存容量一般有 4 GB、8 GB、16 GB 或更高。

4. 外存容量

外存容量通常是指内置的硬盘的容量。外存容量越大，可存储的信息就越多，可安装的应用软件就越丰富。目前，常见的硬盘容量一般为 320 GB、500 GB、1 TB 等。

以上是微型计算机的一些主要性能指标，除了这些主要性能指标，微型计算机还有其他一些指标。例如，所配置外围设备的性能指标以及所配置系统软件的情况等。另外，各项指标之间也不是彼此孤立的，在实际应用时，应该把它们综合起来考虑。

习题

一、选择题

1. 计算机主机是由 CPU 和(　　)构成的。

A. 控制器　　B. 输入输出设备　　C. 运算器　　D. 内存

2. 计算机的内存容量通常是指(　　)。

A. RAM 的容量　　B. RAM 与 ROM 的容量总和

C. 软盘与硬盘的容量总和　　D. RAM、ROM、软盘和硬盘的容量总和

3. 计算机中表示信息的最小单位是(　　)。

A. 位　　B. 字节　　C. 字　　D. 字长

4. 计算机中基本的存取单位是(　　)。

A. 位　　B. 字节　　C. 字　　D. 字长

5. 微型计算机中配置 cache 是为了解决(　　)问题。

A. 内存与辅助内存之间速度不匹配

B. CPU 与辅助内存之间速度不匹配

C. CPU 与内存之间速度不匹配

D. 主机与外设之间速度不匹配

6. 计算机系统中的存储系统是指(　　)。

A. RAM　　B. ROM　　C. 内存　　D. 内存和外存

7. 下列式子中(　　)是正确的。

A. 1 KB=1 024×1 024 B　　B. 1 KB=1 000 B

C. 1 MB=1 024×1 024 B　　D. 1 MB=1 024 B

8. 关于硬件和软件的关系，下列说法中正确的是(　　)。

A. 要使计算机充分发挥作用，除了要有良好的硬件，还要有软件

B. 只要计算机的硬件档次足够高，软件怎么样无所谓

C. 硬件和软件在一定条件下可以相互转化

D. 硬件性能好可以弥补软件的缺陷

9. 微型计算机的结构原理是采用(　　)结构，它使 CPU 与内存和外设的连接简单化与标准化。

A. 星形　　B. 总线　　C. 网络　　D. 层次

10. 关于 U 盘的描述，不正确的是(　　)。

A. U 盘利用 Flash 芯片作为存储介质　　B. U 盘采用 USB 接口与主机连接

C. U 盘不能对存储的数据进行写保护　　D. U 盘是一种移动存储交换设备

二、填空题

1. 电子计算机由五大部件组成，它们分别是________、________、________、________和________。

2. CPU 是由________和________组成的。

3. 根据功能的不同，可将内存分为________和________两种。

4. 在表示存储器的容量时，MB 的准确含义是________。

5. 微型计算机采用总线结构，根据传送信息的种类不同，系统总线可分为________、________和________。

6. 微型计算机一般采用微处理器的________来描述运算速度，主频越高，运算速度就越________。

三、问答题

1. 什么叫主机？什么叫裸机？什么叫外设？

2. 计算机系统由哪些部分组成？微型计算机的硬件包括哪些部件？

3. 什么叫指令？什么叫指令系统？简述指令和程序的关系。

4. 内存和外存各有什么特点？

5. 简述存储器的层次结构，并说明其有何意义。

第 5 章 操作系统基础

本章导读

世界上第一台电子计算机诞生的时候，尚未出现操作系统。那时使用机器语言编写程序，通过接插板控制计算机操作。计算机只能逐个逐道地串行算题，一个用户独占整机资源，资源利用率和操作效率都很低。为了满足对计算机资源管理的需求，操作系统(operating system，OS)逐步发展起来。

操作系统作为计算机系统的核心软件，是连接计算机硬件与软件、用户与计算机之间的桥梁。它的作用主要体现在两个方面。首先，负责管理计算机系统资源，确保应用程序能够顺利运行，同时控制硬件和软件资源之间的协同工作。其次，操作系统还为用户提供了一个友好的操作界面，使用户能够更加方便、直观地与计算机进行交互，满足各种操作需求。

学习目标

◇理解操作系统的概念。

◇掌握操作系统的功能。

◇掌握常用操作系统的应用。

5.1 操作系统概述

计算机发展到今天，从微型计算机到高性能计算机，从智能手机到平板计算机，无一例外都配置了操作系统。操作系统已成为现代计算机系统不可或缺的重要组成部分。

5.1.1 操作系统的概念

操作系统是对计算机硬件功能的首次扩充，主要完成资源的调度和分配、信息的存取和保护、并发活动的协调和控制等工作。操作系统是其他软件运行的基础，其他所有软件，如编译系统、数据库管理系统等系统软件，以及办公软件、财务软件等应用软件都以操作系统为基础，只有在运行操作系

操作系统概述

统之后，才能运行其他软件。

操作系统是用户与计算机硬件设备之间的接口，用户通过操作系统操纵计算机硬件设备，从而完成自己的工作。计算机启动并加载操作系统之后，变成了一台虚拟(逻辑)的计算机[即虚拟机(virtual machine)]，如图 5-1 所示。用户看到的计算机是一台逻辑计算机，而用户看到的设备是硬件设备的抽象，是一种逻辑设备。对逻辑设备的所有操作都被操作系统转换为对实际硬件设备的操作。

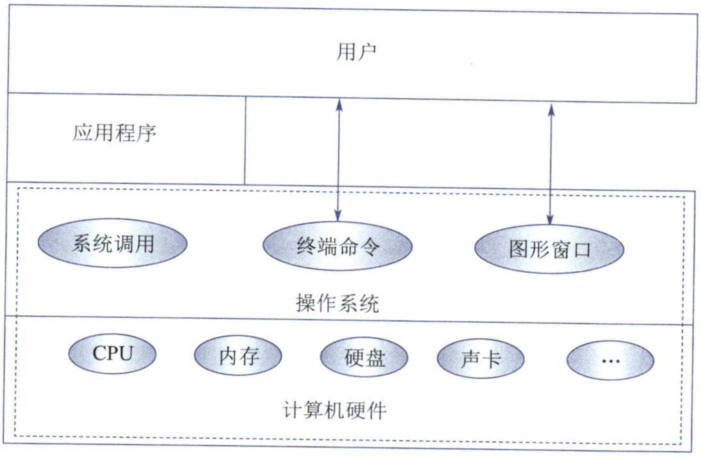

图 5-1　虚拟机

总之，操作系统是管理计算机软件、硬件和数据资源，控制程序运行，合理组织计算机工作流程，并为用户使用计算机提供良好的运行环境的一种系统软件。它不仅是硬件与其他软件的接口，也是用户和计算机之间的接口。

5.1.2　操作系统的特点

虽然操作系统种类繁多，各有各的特点，但所有操作系统都具有以下基本特点。

1. 并发性

并发性是指两个或多个事件在同一时刻发生。在操作系统中，并发性是指计算机系统中如果存在多个同时运行的程序(即多道程序)，操作系统应该具有处理和调度多个程序同时运行的能力。

由于计算机的运算速度很快，用户宏观上感觉是多个程序在同时运行，但一个 CPU 在同一时刻只能运行一个程序；微观上这些程序只能是分时地交替运行。这种并发性使得操作系统能够更有效地利用系统资源，提高计算和数据处理能力。

2. 共享性

共享性是指系统中的资源可供内存中多个并发执行的程序共同使用，而不是被一个程序所独占，也称为资源共享或资源复用。

操作系统实现资源共享主要有以下两种方式。

(1)互斥共享方式。系统中的某些资源，虽然可以提供给多个程序使用，但在一个时间段内只允许一个程序访问该资源。当某一个资源被一个程序所占用时，其他程序想使用该资源就只能等待，直到该程序使用完毕并释放该资源。这种资源共享的方式称为互斥共享。

(2)同时访问方式。系统中还有另一类资源，允许在一段时间内由多个程序“同时”对它们进行访问。

注意 这里所谓的“同时”往往是宏观意义上的，在微观意义上，这些程序可能是交替地对该资源进行访问(即分时共享)。

例如，使用QQ和微信视频就是采用互斥共享方式。同一时间段内摄像头只能分配给其中一个程序。使用QQ和微信发送文件可采用同时共享方式。在使用QQ发送文件A时，可同时使用微信发送文件B。从宏观上看，两边都在同时读取并发送文件，说明两个程序都在访问硬盘资源，从中读取数据。从微观上看，两个程序其实是交替着访问硬盘的。

并发性和共享性是操作系统最基本的两个特点，它们相互依存。一方面，资源的共享是因为程序的并发执行而引起的，若系统不允许程序并发执行，自然也就不存在资源共享问题；另一方面，若系统不能对资源共享实施有效管理，则必然会影响到程序的并发执行，甚至导致程序无法并发执行。

3. 虚拟性

虚拟性是指将一个物理实体转化为若干个逻辑上的对应体，使得多个应用程序可以同时使用这些逻辑资源，从而提高系统的利用率和效率。

操作系统的虚拟性体现在多个方面，包括内存管理、设备管理和文件管理等。通过虚拟内存技术，操作系统可以在有限的物理内存中模拟出更大的内存空间，使得多个应用程序能够同时运行而不会出现内存不足的问题。通过设备管理技术，操作系统可以将各种硬件设备虚拟化，使得应用程序可以像操作普通文件一样来操作硬件设备，实现了设备共享和设备无关性。通过文件管理技术，操作系统可以将物理文件系统转化为虚拟文件系统，使得用户无须关心底层物理设备的细节，方便了文件管理和访问。

总之，操作系统的虚拟性提高了系统的灵活性和可扩展性，使得一台计算机可以成为拥有许多真实设备的多台逻辑上的虚拟机，使用户能够更加高效地利用系统资源。

4. 随机性

随机性也称为异步性。操作系统允许多个并发程序共享资源，使每个程序的运行过程均受到其他程序的制约，令程序的运行不能一气呵成，运行时间、运行顺序及同一程序或数据的多次运行结果等均具有随机性。操作系统必须正确处理可能发生的随机事件，否则将会导致严重的后果。

5.2 操作系统的资源管理

从资源管理的角度来看，操作系统主要用于对计算机系统资源进行控制和管理。因此，操作系统具有四大功能：处理器管理、存储管理、文件管理和设备管理。

5.2.1 处理器管理

CPU是计算机系统中的重要资源，操作系统必须合理而有效地调度各用户程序使用或者释放 CPU，这就是处理器管理。在现代计算机系统中，处理器的分配和运行都是以进程(process)为基本单位的，因而对处理器的管理也可归结为对进程的管理。用户程序以进程方式占用系统资源，并且以分时共享方式使用处理器资源。操作系统要负责创建进程，为进程加载用户程序、分配资源，调度进程占用处理器，支持进程间进行通信。可以说，操作系统就是支持进程并且对进程所用系统资源进行管理的系统，因此，有时也把处理器管理称为进程管理。

1. 进程的概念

在单道程序设计系统中，程序运行时独占全部系统资源，资源的利用率和计算机的处理效率都很低。假设 1 个程序分为 3 个程序段，分别完成数据输入(I)、处理计算(P)和结果输出(O)功能，则该程序只能按照 I→P→O 的顺序执行。当执行 I 时，处理器和输出设备闲置；当执行 P 时，输入输出设备闲置；当执行 O 时，输入设备和处理器闲置。显然，这种顺序执行的方式使系统资源的利用率以及计算机的处理效率都很低。

进程管理

在多道程序设计系统中，允许多个程序同时进入一个计算机的内存中并发执行，计算机的系统资源为多个程序所共享。假设有 n 个程序，同样地分为 3 个程序段：数据输入 I_i、处理计算 P_i、结果输出 $O_i(i=1,2,3,\cdots,n)$，如图 5-2 所示，当 I_1 执行完毕，在执行 P_1 的同时，输入设备空闲，可以同时执行 I_2；当 I_2 和 P_1 都执行完毕，处理器和输入设备都空闲，可以执行 P_2 和 I_3，同时可以使用输出设备执行 O_1……显然，这种并发执行的方式提高了系统资源的利用率，同时也带来了多个程序之间相互竞争资源和相互制约的问题。例如，当 P_1 执行时，占用了处理器，P_2 就不能执行。

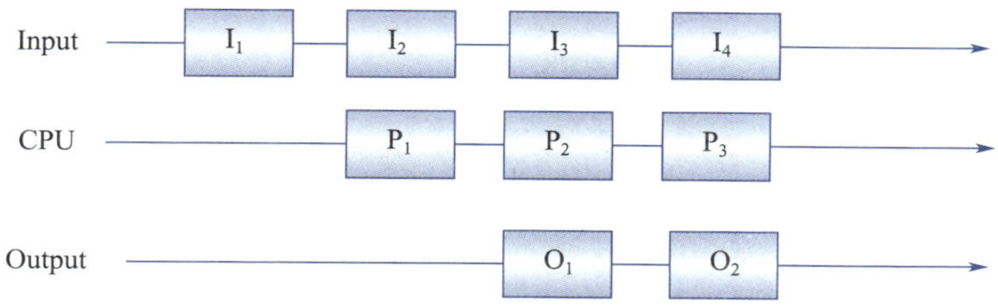

图 5-2　多道程序并发执行

并发执行的思想就是当一个正在运行的程序不使用某个设备时，另一个程序去使用该设备。为了更好地做到这一点，需要存在多个可以同时执行的子程序，使得当一个资源空闲时，存在另一个子程序可以去使用它，并且子程序不会竞争其他资源。此时，程序这个静态的概念已经无法用于描述程序在并发执行过程中对资源的使用了。于是，1966 年美国麻省理工学院(MIT)的萨莱克斯尔(J. H. Sallexer)提出了进程的概念。进程是一个具有一定独立功能的程序关于某个数据集合的一次运行活动，是操作系统进行资源调度和分配的实体。进程具有生命周期，可以并发执行，由于系统资源是有限的，因此进程会受到其他进程的制约和影响。

进程和程序是两个不同的概念，程序是指令的有序集合，没有执行含义，是静态的，可以脱离计算机长期保存，即使是不执行的程序也是客观存在的；而进程则强调执行过程，从创建到被调度执行，然后结束，是动态的，当程序执行完毕，进程也就不存在了。进程具有并发性，由于要竞争系统资源，进程会受到其他进程的制约和影响。进程是支持程序执行的机制，进程的存在必然需要程序的存在，但进程和程序不是一一对应的。程序是进程的一个组成部分，处于静止状态的程序不对应任何进程，被处理器执行的程序一定属于某一个或者多个进程。同一个程序多次执行，由于程序所对应的数据集合可以不同，所以可以产生多个不同的进程，一个进程可以通过调用激活多个程序。

例 5-1 利用 psutil 库中的 process_iter()函数获取本机进程的相关信息。

分析：利用 psutil 库中的 process_iter()函数可以获得当前系统中所有进程的相关信息，包括进程号、进程名和用户名信息。process_iter()函数返回一个迭代器，通过它可以遍历所有正在运行的进程。

程序如下。

```
import psutil
for proc in psutil.process_iter():              #遍历所有进程
    try:
        print(proc.pid, "\t", proc.name(), "\t", proc.username())
    except:
        pass
```

程序运行结果如下。

```
0       System Idle Process             NT AUTHORITY\SYSTEM
4       System                          NT AUTHORITY\SYSTEM
392     msedge.exe                      DESKTOP-09\dell
416     igfxEM.exe                      DESKTOP-09\dell
...
```

遍历每个进程得到一个 Process 对象，该对象的 pid 属性代表进程号，可以唯一标识系统中的每一个进程；name()代表进程名，对应其程序名，如 msedge. exe，当多个进程对应同一个程序时，进程的名字是一样的，因此进程名不能唯一标识一个进程；username()代表进程所属用户名，如 SYSTEM 表示系统进程。

值得注意的是，一些系统进程的某些信息是不允许访问的，当程序试图访问这些信息时就会报错，并停止运行。因此，在 try 语句中对进程信息进行测试，当发生不允许访问的情况时，转去执行 except 语句中的 pass 语句(空语句)，不做任何处理，再开始下一个进程信息的处理。如此循环，就输出了本机所有可被访问的进程信息。

2. 进程的状态

进程表示了程序的执行环境和执行过程，由于系统资源的制约，一个进程从创建到生命周期结束，其状态是不断变化的。简单地说，进程有 3 种基本状态：阻塞、就绪和执行。这 3 种状态可以进行转换，如图 5-3 所示。

(1)阻塞状态。又称为等待状态。由于某种资源得不到满足(如输入输出请求等待输入输出操作的完成)，进程暂时不能运行，等待分配到所需资源之后，就可以转入就绪状态。

(2)就绪状态。进程已经获得了除 CPU 以外的全部所需资源，但由于 CPU 被其他进程占用而暂时不能执行，等待其分配到 CPU 之后，就可以转入执行状态。

(3)执行状态。进程获得了 CPU 以及全部所需资源，并且正在执行。若分配的 CPU 时间片用完，则转入就绪状态；若执行过程中所需资源得不到满足，则转入阻塞状态。

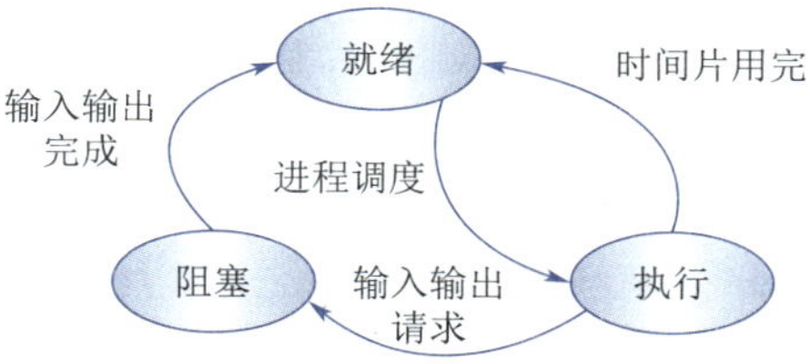

图 5-3 进程状态及其转换

进程在整个生命周期内，就是不断地在这 3 种状态之间进行转换，直到被撤销。图 5-3 中连接两个状态的箭头表示进程状态之间的转换。

例 5-2 利用 psutil 库中的 process_iter()函数显示进程状态。

程序如下。

```
import psutil
for proc in psutil.process_iter():
    try:
        print(proc.pid, "\t", proc.name(), "\t", proc.status(), "\t", str(proc.cpu_
        percent())+"%")
    except:
        pass
```

程序运行结果如下。

```
0        System Idle Process        running        774.2%
4        System                     running        1.6%
124      Registry                   running        0.0%
392      msedge.exe                 running        0.0%
…
```

Process 对象的 status()代表进程的状态，包括 running、stopped 两种状态，running 表示进程处在运行状态，stopped 表示进程处在暂停状态；cpu_percent()代表进程对 CPU 的占有率。

3. 进程管理

操作系统必须对进程从创建到消亡整个生命周期的每个环节进行管理控制，对进程的管理任务主要包括创建进程、撤销进程、阻塞进程、唤醒进程和进程调度。

(1)创建进程。

为了管理进程，需要建立一个专用数据结构，一般称为进程控制块(process control block，PCB)。进程控制块存放着操作系统用于描述进程情况及控制进程运行时所需的全部信息。操作系统是根据进程控制块来对并发执行的进程进行控制和管理的。

创建进程首先是为进程建立一个进程控制块，将相关信息填入进程控制块，并将进程控制块插入就绪队列。能够创建进程的操作有很多，如用户登录、用户启动程序等。在新建进程时需要指定其对应的程序。

例 5-3 创建计算器进程。

程序如下。

```
from subprocess import Popen
Popen ("calc.exe")
```

程序运行后，即创建一个新进程，进程名为 CalculatorApp. exe，同时打开“计算器”窗口。其中，标准库模块 subprocess 的 Popen()函数用于将一个程序作为新进程启动，并返回其状态。

(2)撤销进程。

撤销进程也称为终止进程。当进程完成任务或在执行的过程中发生异常时，系统将终止该进程。根据被终止进程的标识符从进程控制块集合中找到该进程的进程控制块，从中读出该进程的状态，终止该进程的执行；若该进程还有子进程，应该将其所有子进程也终止，防止它们成为不可控进程；然后回收进程所拥有的资源；最后将被终止的进程从所在队列中移出，等待其他程序来收集信息。

例 5-4 撤销例 5-3 创建的进程。

程序如下。

```
import psutil
for proc in psutil.process_iter():
    if proc.name()=="CalculatorApp.exe":
        proc.terminate()
```

程序执行后，将从当前系统中找到名为 CalculatorApp. exe 的进程，使用 Process 对象的 terminate()进行撤销，并回收进程资源。此时，例 5-3 打开的“计算器”窗口被关闭。

(3)阻塞进程。

正在运行的进程请求操作系统提供服务，由于某种原因，操作系统并不能立即满足该进程的要求(如输入输出操作、等待其他进程提供数据、启动某种操作)，导致该进程暂时无法继续执行，此时该进程便放弃 CPU 而处于暂停状态，即进程的执行受到阻塞。进程阻塞是进程自身的一种主动行为，只有处于运行状态的进程，才可能将其转为阻塞状态。

阻塞进程的执行过程是中断 CPU，停止进程的运行，将进程当前运行信息保存到进程控制块相应的信息区；然后将该进程设为阻塞状态，并把它插入资源等待队列。此时操作系统根据其调度策略，将 CPU 分配给其他进程。

(4)唤醒进程。

当某进程被阻塞的原因消失时，如输入输出操作已完成或其所需要的数据已到达，则由相关进程(如提供数据的进程)将等待该事件的进程唤醒。进程的唤醒是一种被动行为，需要其他进程触发。

唤醒进程的过程是通过进程标识符找到被唤醒进程的进程控制块，从阻塞队列中移出该进程控制块，插入就绪队列，并将进程控制块进程状态设为就绪。

(5)进程调度。

在单处理机多道程序设计系统中,由于有多个进程共享系统资源,必然会引发多个进程争夺 CPU 的使用权问题。一般意义上,调度即指选择,当有多个进程处于就绪状态,并请求使用 CPU 时,必须按照一定的原则(调度算法)合理、有效地选择进程占用 CPU,这就是进程调度。

进程调度算法的种类很多,常见的有以下 4 种。

①先来先服务(first come first served,FCFS)。按先进先出(first in first out)原则管理就绪状态的进程队列,先就绪的进程先获得 CPU。

例如,有 3 个进程 P_1、P_2、P_3先后(但几乎是同时)请求 CPU,它们分别需要 24、6、4 个单位时间执行,如果采用先来先服务的算法调度,如图 5-4 所示,P_1、P_2、P_3按顺序执行,周转时间(即进程从创建到结束运行所经历的时间)分别为 24、30、34 个单位时间,平均周转时间约为 29 个单位时间。

图 5-4　先来先服务的调度示例

这是一种最简单的调度方法,小进程需要等待大进程执行完毕,平均周转时间较长。目前,这种算法较少用于主要调度算法,但它通常结合其他调度算法使用。

②时间片轮转(round robin,RR)。按照先来先服务原则调度进程,但进程只能使用 CPU 的 1 个时间片,即使进程还没有完成,也必须释放 CPU 给下一个进程,并到就绪进程队列末尾重新等待调度。

例如,还是上面的 3 个进程 P_1、P_2、P_3,若采用时间片轮转的算法调度,每 2 个单位时间为 1 个时间片,3 个进程分时执行,如图 5-5 所示,P_1、P_2、P_3的周转时间分别为 34、16、12 个单位时间,平均周转时间约为 21 个单位时间。该算法特别适合分时系统使用。

图 5-5　时间片轮转的调度示例

③优先级调度(highest priority first,HPF)。根据进程间的优先级确定占用 CPU 的次序,始终将 CPU 分配给就绪队列中具有最高优先级的就绪进程。

根据已占有 CPU 的进程是否可被抢占这一原则,可将该方法分为抢占式优先级调度算法和非抢占式优先级调度算法。前者当就绪进程优先级高于正在 CPU 上运行进程的优先级时,将会强行停止其运行,将 CPU 分配给就绪进程;而后者不进行这种强制性切换。

短进程优先策略也是一种优先级策略,每次都会将当前就绪队列中要求 CPU 服务时间最短的进程调度运行,但是对长进程而言,有可能很长时间也得不到调度运行。

进程的优先级是由操作系统按一定的原则赋予的,但是这个优先级也不是固定不变的,进程可以根据系统的整体目标灵活地制定相应的优先级变化策略,如随着等待时间的增加而提高优先级等。

④多级反馈队列轮转(multi-level feedback queue,MFQ)。把就绪进程按优先级排成多

个队列，赋给每个队列不同的时间片，一般高优先级进程的时间片比低优先级进程的时间片小。调度时按时间片轮转算法先选择高优先级队列的进程投入运行。若高优先级队列中还有其他进程，则按照时间片轮转算法依次调度执行。只有高优先级就绪队列为空时，才从低一级的就绪队列中调度进程。

5.2.2 存储管理

存储管理是操作系统的重要组成部分，它负责管理计算机系统的内存，其根本任务是根据程序的请求为程序动态分配内存，并且在程序不再需要内存时对它们进行释放与回收。内存空间一般分为两部分：一部分是系统区，存放操作系统以及一些标准子程序；另一部分是用户区，存放用户的程序和数据等。存储管理主要是对内存中的用户区域进行管理。

存储管理

1. 存储管理功能

当程序运行时，操作系统将程序代码调入内存并创建一个进程。进程需要占用存储空间，进程在运行过程中还需要动态地申请并占用内存空间；进程终止时，释放其占用的内存空间。操作系统需要管理进程所使用的存储器资源。具体地说，存储管理有以下 5 个功能。

(1)内存的分配和回收。

当要把进程装入内存时，必须按照规定的方式向操作系统提出申请，由存储管理进行具体分配；当内存中某个进程撤离或主动归还内存资源时，存储管理要收回它所占用的全部或部分存储空间，以便后续进程使用。

(2)内存空间的共享。

为了提高内存空间的利用率，允许多个进程直接读写同一块内存空间。共享内存也是多进程间通信的一种方式，可以用于不同程序之间的信息传递，从而实现快速的数据交换。

(3)存储保护。

为了防止内存中的系统程序遭到破坏，避免内存中的多道作业相互干扰，必须对内存中的程序和数据进行保护。最基本的保护措施是规定各道作业只能访问(既可读也可写)属于它的存储区域，对公共区域中允许共享的信息或获得授权可使用的其他用户的信息可读但不可写，对未获得授权使用的信息既不可读也不可写。

(4)内存空间的扩充。

内存容量是有限的，难以满足某些大型用户程序的要求，存储管理通常借助虚拟存储技术，只把程序当前使用的部分放在内存中，而其他部分存放在大容量的硬盘上。这种方法从逻辑上扩充了内存容量，为用户提供了一个比内存实际容量更大的地址空间。

(5)地址变换。

内存由若干个存储单元组成，为了便于访问，每个存储单元都有一个编号，称为物理地址。用户进行程序设计时并不知道程序将要存放在内存中的什么位置，尤其是在多道程序设计系统中，同一个用户程序装入内存的时刻不同，在内存中的位置也不一样。通常编译器都是以 0 为基址安排所有应用程序的指令和数据的，这个地址相对于物理地址，称为逻辑地址。程序中的逻辑地址与内存中的物理地址是不一致的，存储管理必须将逻辑地址转换为物理地址，这个过程称为地址映射，也称为地址重定位。

2. 虚拟存储管理

虚拟存储管理通过对内存和外存进行统一管理，使用户能够使用的存储空间远远大于实际内存空间，即逻辑空间可以大于物理空间。其基本思想是依据程序的局部性原理，对一个程序，只需要装入其中的一部分就可以有效地运行。因此操作系统只需要把程序当前使用的部分保留在内存当中，而其余部分则保存在外存上。当需要时，再从外存将其调入内存，若内存空间不足，则从内存中淘汰一些内容。这些操作都由存储管理系统自动实现，不需要用户干预。对用户而言，只感觉到系统提供了一个大容量的内存，但这个大容量的内存实际上并不存在，而是一个虚拟的存储器。实现这种功能的存储管理技术称为虚拟存储管理。

例 5-5 利用 psutil 库中的 swap_memory()函数获取虚拟内存信息。

分析：psutil 库中的 swap_memory()函数可以获取交换区的相关信息。交换区实质上是硬盘上的一片存储区域。当物理内存不足时，系统可能会使用交换区来提高性能。操作系统会将内存中的部分数据放入交换区，在需要时再将数据移回内存，因此交换区被作为虚拟内存使用。交换区的信息包括当前交换区总容量、已用容量和剩余容量，单位为字节。

程序如下。

```
import psutil
s_m=psutil.swap_memory()              #将交换区的相关信息赋给 s_m 对象
print("总 容 量:", round(s_m.total / 2**30, 1), "GB")
print("已用容量:", round(s_m.used / 2**30, 1), "GB")
print("剩余容量:", round(s_m.free / 2**30, 1), "GB")
```

程序运行结果如下。

```
总 容 量:2.8 GB
已用容量:0.1 GB
剩余容量:2.7 GB
```

5.2.3　文件管理

在计算机系统中，数据或程序都是以文件的方式进行存储的。操作系统通过文件系统管理和存取文件。从用户的角度看，文件系统实现文件的按名存取。从系统的角度看，文件系统对文件的存储空间进行组织和分配，负责文件的存储，并对存入的文件实施保护和检索。文件系统的主要功能是提供信息的存储、检索、更新、共享和保护，并提供一套使用文件的操作方法和命令。

文件管理

1. 文件组织结构

文件是存储在外部存储介质上的信息的集合，计算机中的数据和程序都以文件的形式组织和存储。对于任何一个文件，都存在以下两种形式的结构。

(1)文件的逻辑结构。

这是从用户观点出发所观察到的文件组织形式，是用户可以直接处理的数据及结构，它独立于存储的物理特性,又称为文件组织。文件的逻辑结构可分为两大类:一是有结构文件,它是指由一个以上的记录构成的文件,又称为记录式文件;二是无结构文件,是指由字符流构成的文件,又称为流式文件。

(2)文件的物理结构。

文件的物理结构又称为文件的存储结构,是指文件在外存上的存储组织形式,这与存储介质的存储特性有关。存储介质的物理结构不同(如磁带存储、磁盘存储、半导体存储和光存储),文件的物理结构也不同。例如,使用磁盘作为存储介质,在存放文件信息之前,必须先进行格式化,格式化是将磁盘划分为一个个的存储单元,即先将磁盘划分为磁道,然后再进一步划分为扇区,文件内容以扇区为基本单元进行存储。

文件系统的作用就是在逻辑文件和相应存储设备上的物理文件之间建立映像关系,文件在逻辑上可以看作是连续的。但在存储设备中存放时有多种物理组织形式,如顺序结构、链接结构等。

常见的文件系统有 3 种:FAT32、NTFS 和 exFAT。

①FAT32,即 32 位文件分配表(file allocation table 32),可以支持容量达 8 TB 的卷,单个文件大小不能超过 4 GB。

②NTFS,即新技术文件系统(new technology file system)。它是 Windows 7 的标准文件系统,单个文件大小可以超过 4 GB。NTFS 兼顾了磁盘空间的使用与访问效率,提供了高性能、安全性、可靠性等高级功能,如文件和文件夹权限设置、加密、磁盘配置和压缩等。

③exFAT,即扩展文件分配表(extended file allocation table),也称为 FAT64。它是为解决 FAT32 不支持 4 GB 以上的文件而推出的文件系统。对闪存来说,NTFS 不适合使用,exFAT 更为适用。因为 NTFS 是采用“日志式”的文件系统,需要不断读写,会损伤闪存芯片。

2. 文件命名

每个文件都有一个文件名,系统按文件名对文件进行识别和管理。不同的操作系统对文件的命名方式有所不同,但大体上都分为两部分:文件主名和扩展名,两者之间用圆点(.)隔开(如 explorer. exe)。文件主名用来标识不同的文件,扩展名用来标识文件类型。不同类型文件的处理方法是不同的。

文件名可包含空格和汉字,不区分大小写字母。其中,文件主名必须有,由至多不超过 255 个合法的可见字符组成,不允许使用\、/、:、* 、?、"、<、>、| 等字符。

扩展名由 1～4 个字符组成,具有特定的含义,通常取默认的扩展名。例如,扩展名. txt 表示文本文件,扩展名. exe 表示可执行文件。扩展名通常与特定的应用程序相关联,被特定的应用程序打开和操作。

字符? 和 * 通常用作通配符,? 代表 1 个任意字符,* 代表 0 个或多个任意字符。通配符常用于表示执行同样命令的一组文件。例如,A? BC. docx 表示所有第 2 个字符任意、其他字符不变的文件主名为 4 个字符的. docx 文件,B*. * 表示所有文件名以 B 开始的文件,*. txt 表示所有扩展名为. txt 的文件,*. * 表示所有文件。

3. 文件夹

一个磁盘上的文件成千上万,为了有效地管理和使用文件,文件系统允许用户在磁盘上创建文件夹(也称为目录),在文件夹下再创建子文件夹(即子目录),也就是将磁盘上所有文件组织成树状结构,然后将文件分门别类地存放在不同的文件夹中,如图 5-6 所示。这种结构像一棵倒置的树,树根对应根文件夹(即根目录),树中每一个分支对应子文件夹,树叶对应文件。在树状结构中,用户可以将同一个项目有关的文件放在同一个文件夹中,也可以按文件类型或用途将文件分类存放。

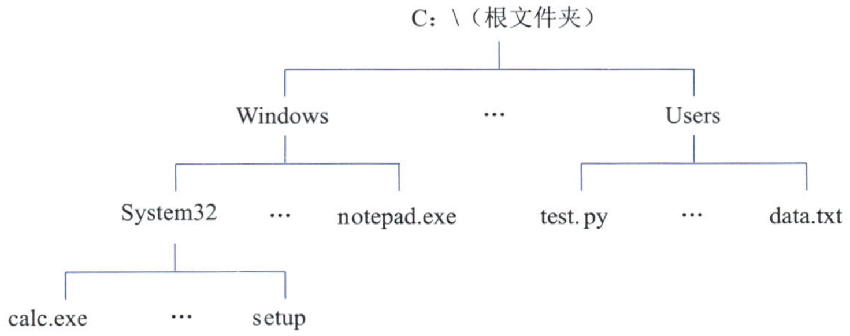

图 5-6　树状文件夹结构

注意 文件夹的命名规则和文件的命名规则相同,通常不使用扩展名。同一文件夹中不能有相同的文件名,不同文件夹中的文件可以同名。

4. 文件路径

在进行文件操作的过程中,如果操作的不是当前磁盘上当前文件夹中的文件,就需要指明文件所在位置。描述文件所在位置的一种方式就是路径。路径分为绝对路径和相对路径。绝对路径是从根文件夹开始直到文件的描述。相对路径是相对于当前磁盘当前文件夹来设置的路径。例如,图 5-6 中 calc. exe 文件的绝对路径如下。

C:\Windows\System32\calc. exe

若 C 盘当前文件夹为根文件夹,则 data. txt 文件的相对路径如下。

Users\data. txt

例 5-6 创建文件夹,要求判断输入的路径是否存在,若不存在,则创建该路径。

分析: Python 标准库 os 提供了丰富的文件操作功能,包括路径操作、进程管理等,利用这些功能可以方便地对计算机中的文件进行所需要的操作。os 库中的 mkdir(path)函数可以在指定的 path 路径下创建文件夹,若文件夹已经存在,则会报错。

程序如下。

```
import os
path=input("请输入路径:")
if not os.path.exists(path):
    os.mkdir(path)
    print("创建成功")
else:
    print("路径已存在")
```

程序运行结果如下。

```
请输入路径:e:\myos↙
创建成功
```

程序通过 input()函数输入要创建的路径，然后判断这个路径是否存在，若不存在，则通过 mkdir()函数创建该路径，并通过 print()语句提示路径创建成功；否则通过 print()语句提示路径已存在。程序执行时，输入的文件夹 myos 不存在，则在 e:\路径下创建该文件夹。程序执行后，可以使用以下命令验证文件夹是否存在。

```
>>>os.path.exists("e:\myos")          #e:\myos 文件夹已经存在
True
>>>os.path.exists("e:\myos1")         #e:\myos1 文件夹不存在
False
>>>not os.path.exists("e:\myos1")
True
```

5. 文件访问

文件访问就是对文件的内容进行操作，包括打开文件、关闭文件、读写文件、文件定位等。

(1)打开文件。

在进行磁盘文件访问之前，必须打开文件。打开文件的作用是建立程序与磁盘文件的联系。系统为每个打开的文件在内存中开辟一个区域，用于存放文件的有关信息(如文件名、文件路径等)，为文件读写做准备。

(2)关闭文件。

释放文件在内存中所占用的资源，把该文件在内存缓冲区的内容更新到外存。

(3)读写文件。

读文件是指将磁盘文件中的数据传送到内存的操作，写文件是指从内存向磁盘文件中传送数据的操作。

(4)文件定位。

系统会为每个打开的文件维护一个读写指针，读写指针是相对于文件开头的偏移地址。读写指针指向每次文件读写的开始位置，在每次读写完成后，读写指针会按照读写的数据量自动后移相应数值。

例 5-7 先用记事本建立文本文件 e:\myos\data.txt，然后读取并显示该文件的内容。

程序如下。

```
fname=input("输入文件名: ")
infile=open(fname)
data=infile.read()
print("文件内容:", data)
infile.close()
```

程序运行结果如下。

```
输入文件名: e:\myos\data.txt↙
文件内容: There is always a better way.
```

程序执行时，通过 input()语句输入文件名，并将其保存到变量 fname 中；利用 open()函数打开 fname 指定的文件生成 infile 对象，利用 read()函数从 infile 中读取文件内容到变量 data 中；利用 print()语句输出文件内容(即 data 的值)；文件操作完成后，关闭该文件。

例 5-8 在指定文件中写入从键盘输入的数据。

程序如下。

```
fname=input("输入文件名: ")
outfile=open(fname, "w")
data=input("输入 5 个数据,以逗号分隔:")
outfile.write(data)
print("文件写入成功!")
outfile.close()
```

程序运行结果如下。

```
输入文件名: e:\myos\data1.txt↙
输入 5 个数据,以逗号分隔:10,20,30,40,50↙
文件写入成功!
```

程序执行时，从键盘输入文件名到 fname 中，open()函数以写文件 w 的方式打开 fname 指定的文件，并生成 outfile 对象；再从键盘输入数据到 data 中，通过 write()函数将 data 中的数据写入 outfile 文件；print()语句提示数据写入成功；当操作完成时，关闭已打开的文件。写入数据后可以用记事本查看文件的内容。

注意 以 w 方式写入数据时将会覆盖文件的原有数据或新建文件。

5.2.4　设备管理

操作系统的设备管理是指用于对外围设备进行控制和管理的子系统。外围设备种类繁多，它们的物理特性和操作方式相差甚大。因此，设备管理要实现两个目标。一是方便用户使用设备。操作系统需屏蔽设备的物理细节，配置统一的设备驱动程序和人机交互界面，使得应用程序可以独立于具体的设备进行工作，从而提高设备的可适应性。二是提高设备的利用率。操作系统需解决设备与设备之间、设备与 CPU 之间处理速度不匹配的问题，使得 CPU 和设备能够充分并行工作，以此提高计算机系统的整体性能。

1. 设备类型

从操作系统观点看，外围设备重要的性能指标有数据传输速率、数据的传输单位、设备共享属性等。因此，可以对设备按不同的方式进行分类。

(1)按传输速率分类，可分为低速设备、中速设备和高速设备。低速设备是指传输速率为每秒几字节至数百字节的设备，如键盘、鼠标、语音输入输出设备等。中速设备是指传输速率在每秒数千字节至数万字节的设备，如打印机等。高速设备是指传输速率在数十万字节至数兆字节的设备，如磁盘、光盘等。

(2)按信息交换的单位分类，可分为块设备和字符设备。块设备中信息的存取以数据块为单位，如磁盘，通常每个盘块的大小为 512 B。字符设备用于数据的输入输出，基本单位为字符，如键盘、显示器、打印机等。

(3)按设备的共享属性分类，可分为独占设备、共享设备和虚拟设备。独占设备是指在一段时间内只允许一个进程访问的设备。共享设备是指在一段时间内允许多个进程同时访问的设备。虚拟设备是指通过虚拟技术将一台独立设备转换为若干台逻辑设备，供若干个进程同时使用。通常把这种经过虚拟技术处理后的设备称为虚拟设备。

2. 设备管理的实现方式

为了实现设备管理的目标，可以采用多种实现方式，包括缓冲区管理、设备分配与回收、设备驱动调度、设备中断处理、虚拟设备技术等。这些技术的合理运用可以方便用户使用设备和提高设备的利用率。

(1)缓冲区管理。

为了解决 CPU 和设备之间速度不匹配的矛盾，提高 CPU 和设备的并行性，操作系统普遍采用了缓冲技术。具体做法是在内存中开辟存储区，称为输入输出缓冲区，专门用于临时存放输入输出操作的数据，以平衡不同数据传输速度、不同数据传输大小的设备之间的信息传输。

实现缓冲区管理的基本思想是当进程执行写操作输出数据时，先向系统申请输出缓冲区，然后将数据送至缓冲区。若是顺序写请求，则可以不断地将数据填入缓冲区，直到装满为止，此后系统可将缓冲区的内容写到设备上。当进程执行读操作输入数据时，先向系统申请输入缓冲区，系统将设备上的物理记录读取至缓冲区，然后根据要求再将当前所需要的逻辑记录从缓冲区中选出并传送给进程。

显然，在输出数据时，只有在系统来不及腾空缓冲区而进程又要写入数据时，缓冲区才需要等待；在输入数据时，仅当缓冲区为空而进程又要从中读取数据时，缓冲区才被迫等待。因此，采用输入输出缓冲技术可以提高 CPU 与设备的并行性，提高系统效率。

(2)设备分配与回收。

设备分配是指根据进程的请求，将合适的设备分配给进程使用。在进行设备分配时，需要考虑设备的固有属性，如独占设备、共享设备和虚拟设备。此外，还需要考虑设备的忙碌状态和设备的优先级。在设备分配过程中，可以采用先来先服务、优先级高者优先等算法。

设备回收是指当进程完成对设备的操作后，将设备交还给操作系统的动作。在设备回收过程中，需要将设备状态从忙碌变为空闲，并重新放入相应的设备队列中，以便下一次分配。

(3)设备驱动调度。

设备驱动调度是指操作系统中用于管理和调度外围设备的一种机制，通常采用多种调度策略和优先级设置，以适应不同设备的需求和特性。例如，在磁盘设备的驱动调度中，通常采用磁盘移臂调度和磁盘旋转调度，以减少寻找时间和延迟时间，提高磁盘传输效率。

磁盘移臂调度根据访问者指定的柱面位置来决定执行次序，尽可能减少输入输出操作中的寻找时间；而磁盘旋转调度关注的则是如何减少延迟时间。当磁盘设备要进行数据读写时，需要等待磁盘旋转到适当的位置。通过合理的旋转调度策略，可以减少等待时间，提高单位时间内输入输出操作的次数。

(4)设备中断处理。

当设备向 CPU 发出中断请求时,CPU 会暂停当前正在运行的程序,并将控制权转移给中断处理程序。在中断处理程序完成处理后,它会回到原来的程序中继续执行。如果有多个外围设备同时发出中断请求,CPU 会根据优先级和设备类型等因素来确定处理的顺序。

设备中断处理是操作系统中设备管理的重要环节,它能够提高计算机系统的效率和可靠性,保证系统的正常运行。

(5)虚拟设备技术。

虚拟设备技术通过将一个物理设备虚拟化为多个逻辑设备,使得多个进程可以同时访问同一个物理设备,其中最具代表性的是假脱机(simultaneous peripheral operations on-line, SPOOLing)技术,它将任务排队并缓冲,使得输入输出过程不再等待实际设备的完成,允许多个任务并行执行,提高了系统效率。

5.3 常用操作系统

掌握操作系统可以更好地提高计算机的操作与应用能力,也是应用计算机进行问题求解的一个必备技能。

5.3.1　操作系统的分类

按照用户使用的操作环境和功能特征不同进行分类,操作系统大致可以分为 7 类。

1. 单用户操作系统

单用户操作系统(single user operating system)的主要特征是在一个计算机系统内一次只能支持一个用户使用计算机。这类操作系统通常用于微型机计算机系统,又可分为单用户单任务操作系统和单用户多任务操作系统。单用户单任务操作系统一次只允许运行一个用户程序,如 MS-DOS;单用户多任务操作系统允许用户一次运行多个程序,例如,用户可以一边使用 WPS 编辑文档,一边使用媒体播放器收听音乐,其典型代表是低版本的 Windows 操作系统。

2. 批处理操作系统

批处理操作系统(batch processing operating system)是一种早期的操作系统形式。在批处理操作系统中,系统将用户的作业成批输入系统并暂存在外存中组成作业队列,然后按照一定的调度原则自动从队列中选择一个或多个作业装入内存进行处理,作业完成并输出结果后退出,系统再接收下一批作业。整个作业执行的过程中,用户不能干预,而是在提交作业前将请求作业运行时需要的资源,或是对可能产生错误的相应处理等设计成“作业说明书”,与程序和数据一起提交给系统,由作业控制程序解释执行并提供相应的服务。

批处理操作系统的优点是用户可以脱机使用计算机,操作方便;作业成批处理,提高了 CPU 利用率。其缺点是无交互性,用户一旦将程序提交给系统后,就失去了对程序的控制,使用不方便。

由于批处理操作系统吞吐量大，资源利用率高，因此往往用在大型计算机中进行大型的科学计算或事务处理。

3. 分时操作系统

由于批处理操作系统中用户与系统没有交互，无法获知程序的执行情况，不利于程序调试和排错，20 世纪 70 年代中期就出现了分时操作系统(time-sharing operating system)。

分时操作系统是指一台计算机允许若干个联机用户，通过各自的终端以交互方式共用一台计算机的操作系统。每个用户在各自的终端上以问答方式控制程序运行，系统把 CPU 的时间划分成时间片，轮流为每个终端分配一个时间片运行其作业，若时间片用完，而程序还未执行完，则挂起等待下次分得的时间片，把 CPU 分配给下一个终端作业，也运行一个时间片。这样一来，每个用户的每次要求都能得到快速响应，使每个用户好像都独占了一台支持自己请求服务的计算机。

实现分时操作系统最关键的技术是如何使用户能与自己的作业进行交互，即当用户在自己的终端上输入命令时，系统能及时接收命令请求并及时处理请求，再将结果返回给用户。此后，用户可继续输入下一条命令(这个过程就称为人机交互)。即使有多个用户同时通过自己的键盘输入命令，系统也应能全部及时接收并处理。

分时操作系统主要用于软件开发和运行较小的程序。因为在这种环境下，用户不会长期连续地占用 CPU，以利于其他用户使用。典型的分时操作系统有 UNIX、Linux 等。

4. 实时操作系统

实时操作系统(real-time operating system)是指能及时响应外部驱动事件的请求，并以足够快的速度予以处理，处理的结果又能在规定的时间之内控制监控的生产过程或对处理系统做出快速响应，并控制所有实时任务，使它们协调一致地运行的一种操作系统。

实时操作系统可分为两类。

(1)硬实时系统，即实时控制系统，主要用于军事和工业控制领域，计算机及时测量出被控系统的各种数据，并及时进行处理。这种实时操作系统响应速度快、可靠性高。如导弹制导系统、流水线连续过程控制系统、交通信号灯监督控制系统等。

(2)软实时系统，即实时信息处理系统，主要用于诸如飞机订票系统、银行管理系统等方面。在这种应用中，计算机要能对用户的服务请求及时做出回答，并能及时修改、处理系统中的数据。

实时操作系统大部分运行在芯片的底层，如 VxWorks、RT-Linux、国产 SylixOS，这些大型的实时操作系统实时控制着底层的应用，以确定的时间执行设定的任务，例如，火箭发射中的定时分离、调整轨道等。

5. 网络操作系统

网络操作系统(network operating system)是用于管理网络通信和资源共享，协调各主机上任务的执行，并向用户提供统一网络接口的软件集合。网络操作系统是用户(或用户程序)与各主机操作系统之间的接口，用户只有通过该接口才能取得网络所提供的各种服务。UNIX、Windows Server 是比较典型的网络操作系统。

6. 分布式操作系统

在所谓的集中式操作系统中，处理和控制功能都高度地集中在一台计算机上，所有任务都由它完成。而分布式操作系统是指由多台分散的计算机经互联网络连接而成的系统，每台计算机既高度自治，又相互协同，并且能在系统范围内实现资源管理、任务分配，能并行地运行分布式程序。通常分布式操作系统满足以下条件。

(1)系统中任意两台计算机可以通过通信机制交换信息。

(2)系统中的资源为所有用户共享。

(3)系统中的若干台计算机可以互相协作来完成同一个任务，换句话说，一个程序可以分布于几台计算机上并行地运行。

(4)系统中各台计算机之间无主次之分，系统中的一个节点出错不影响其他节点的运行，即具有较好的容错性和健壮性。

比较著名的分布式操作系统有 Plan 9、Amoeba、CMDS、Clouds 等。

7. 嵌入式操作系统

嵌入式操作系统(embedded operating system)是指运行在嵌入式系统环境中，对整个嵌入式系统以及它所操作、控制的各种部件、装置等资源进行统一协调、调度和控制的操作系统。嵌入式操作系统在系统实时高效性、硬件相关性、软件固态化以及应用专用性等方面具有较为突出的特点。在通信、工业控制、家用电器等方面，嵌入式操作系统有广泛的应用。

典型的嵌入式操作系统有嵌入式 Linux、VxWorks、Windows CE 等。

5.3.2　Windows 操作系统

微型计算机是当前最为普及的计算机，而微型计算机中广泛使用的操作系统就是 Windows。Windows 操作系统是一个典型的多任务、图形用户界面的操作系统，具有功能强大、易于操作等特点。

1. Windows 文件管理

文件资源管理器是 Windows 操作系统提供的文件资源管理工具，可以用它查看本台计算机中所有与文件相关的资源。特别是通过它提供的树状文件系统结构，能够更清楚、更直观地了解计算机的文件和文件夹。

文件资源管理器的窗口包括标题栏、菜单栏、操作选项卡、左窗口、右窗口和状态栏。左窗口是文件夹窗口，以树状形式显示文件夹结构；右窗口中的内容是选定的左窗口打开的文件夹的具体内容。

2. Windows 程序管理

Windows 操作系统是多任务的操作系统，它的应用程序非常多，主要包括两部分：一是在安装操作系统期间内置的应用程序，如记事本、写字板、画图等；二是用户根据工作需要添加的应用程序，如 WPS Office、QQ 等。Windows 将程序的运行同样置于操作系统的管理下，通过任务管理器实现对程序的管理。

Windows 任务管理器提供了有关计算机性能的相关信息，并显示了计算机上所运行的程序和进程的详细信息。如果计算机已连接网络，则可以快速查看网络状态。

任务管理器提供了“进程”“性能”“应用历史记录”“启动”“用户”“详细信息”“服务”等选项卡。下面详细介绍其中的几个选项卡。

“进程”选项卡显示了系统正在运行的所有进程，包括应用程序、后台服务程序及那些隐藏在系统底层运行的病毒程序或木马程序。当找到需要结束的进程名时，单击进程名，然后单击“结束任务”按钮，就可以强制终止该进程。

“性能”选项卡显示了计算机性能的动态概念，如 CPU、内存、网络、GPU 等的使用情况。在“性能”选项卡中单击“打开资源监视器”按钮，可打开“资源监视器”窗口，进一步了解系统中各资源的使用情况。

“详细信息”选项卡显示了系统正在运行的所有程序，如果此时单击“简略信息”按钮，任务管理器仅显示系统已打开窗口的应用程序，而 360、QQ 等最小化至系统托盘区的应用程序则不会显示。在该选项卡中，当选择某个正在运行的程序后，可单击“结束任务”按钮，关闭该程序。

3. Windows 系统管理

Windows 系统管理包括系统环境参数的设置以及系统工具的使用，旨在对硬件和软件进行重新配置，优化系统的性能，提高操作效率。Windows 系统管理是通过控制面板实现的。

控制面板(control panel)是 Windows 操作系统图形用户界面的一部分，是用来进行系统管理和系统环境设置的一个工具集。在控制面板中，允许用户查看并操作基本的系统设置，如添加硬件、添加/删除软件、控制用户账户、更改辅助功能选项等。

4. Windows 设备管理

Windows 设备管理是通过 Windows 设置实现的。Windows 设置实质上是一个管理工具，提供了计算机所安装的硬件的图形视图，可以通过设置管理计算机上的设备，如添加或删除指定设备、查看和更改设备属性、更新设备驱动程序等。

5.3.3 其他常用操作系统

目前流行的操作系统除 Windows 外，还有 UNIX、Linux、macOS、iOS、Android 和华为鸿蒙系统等。

1. UNIX 操作系统

UNIX 操作系统是 20 世纪 70 年代初出现的操作系统，既可作为网络操作系统使用，也可作为单机操作系统使用。它是一种功能强大的多用户、多任务的计算机操作系统，支持多种处理器架构，按照操作系统的分类，属于分时操作系统。

UNIX 操作系统在计算机操作系统的发展史上占有重要地位，在操作系统的总体设计构想等方面取得了新的发展，同时也是用于大型主机的少数操作系统之一。

2. Linux 操作系统

Linux 操作系统是基于可移植操作系统接口(portable operating system interface，POSIX)的多用户、多任务且支持多线程和多 CPU 的操作系统。Linux 操作系统开放源代码，其内核代码可以自由传播、免费使用，功能与 UNIX 操作系统完全兼容。

Linux 操作系统主要应用于服务器、嵌入式开发和 PC 桌面三大领域，其中服务器领域的应用是重中之重。

3. macOS 操作系统和 iOS 操作系统

macOS 操作系统是苹果公司为 Mac 系列计算机开发的专属操作系统，是首个在商用领域取得成功的图形用户界面操作系统。

iOS(iPhone OS)操作系统是苹果公司为其移动设备所开发的专用移动操作系统，支持的设备包括 iPhone、iPad 和 iPod touch。

4. Android 操作系统

Android(安卓)操作系统是一种基于 Linux 操作系统内核的自由及开放源代码的操作系统，主要用于移动设备，如智能手机和平板计算机。

5. 华为鸿蒙系统

华为鸿蒙系统(HarmonyOS)是华为公司开发的面向全场景的分布式操作系统，可按需扩展，将人、设备、场景有机地联系在一起，有着更高的系统安全性，主要应用于物联网，其特点是低时延。

HarmonyOS 整体采用分层结构设计，功能的实现是采用模块化耦合，对应不同设备采用弹性部署。其系统有 4 层架构，从低到高分别是内核层、系统服务层、框架层和应用层。

(1)内核层分为内核子系统和驱动子系统。内核子系统采用多内核设计，支持针对不同资源受限设备选用适合的 OS 内核。内核层通过屏蔽多内核差异，对上层提供基础的内核能力，包括进程/线程管理、内存管理、文件系统、网络管理和外部设备管理等。驱动子系统提供统一的外围设备访问能力和驱动开发、管理框架。

(2)系统服务层是 HarmonyOS 的核心，通过框架层对应用程序提供服务。该层包含 4 个部分：系统基本能力子系统集、基础软件服务子系统集、增强软件服务子系统集、硬件服务子系统集。根据不同设备形态的部署环境，各个子系统集内部可以按子系统粒度裁剪，每个子系统内部又可以按功能粒度裁剪。

(3)框架层为 HarmonyOS 的应用程序提供了多语言的用户程序框架和 Ability 框架，以及各种软硬件服务的多语言框架 API；同时为采用 HarmonyOS 的设备提供了多语言的框架 API，不同设备支持的 API 与系统的组件化裁剪程度相关。

(4)应用层包括系统应用和第三方非系统应用。HarmonyOS 的应用由一个或多个 FA (feature ability)或 PA(particle ability)组成。其中，FA 有用户界面，提供与用户交互的能力；而 PA 无用户界面，提供后台运行任务的能力以及统一的数据访问抽象。基于 FA 或 PA 开发的应用，能够实现特定的业务功能，支持跨设备调度与分发，为用户提供一致、高效的应用体验。

习题

一、选择题

1. 操作系统是(　　)。

A. 用户与软件的接口　　B. 系统软件与应用软件的接口

C. 主机与外围设备的接口　　D. 用户与计算机的接口

2. 在操作系统中，(　　)负责对进程进行调度。

A. 处理器管理　　B. 作业管理

C. 高级调度管理　　　　D. 存储和设备管理

3. 引入多道程序的目的在于(　　)。

A. 充分利用 CPU,减少 CPU 的等待时间

B. 提高实时响应速度

C. 有利于代码共享,减少主、辅存信息交换量

D. 充分利用存储器

4. 为了对紧急进程或重要进程进行调度,调度算法应采用(　　)。

A. 先来先服务算法　　　　B. 优先级算法

C. 短作业优先算法　　　　D. 时间片轮转算法

5. 进程和程序的本质区别是(　　)。

A. 存储在内存和外存　　　　B. 顺序和非顺序执行机器指令

C. 分时使用和独占使用计算机资源　　　　D. 动态和静态特征

6. 已经获得除(　　)以外的所有运行所需资源的进程处于就绪状态。

A. 存储器　　B. 打印机　　C. CPU　　D. 磁盘空间

7. 存储管理的目的是(　　)。

A. 方便用户　　　　B. 提高内存利用率

C. 方便用户和提高内存利用率　　　　D. 增加内存实际容量

8. 文件系统的多级文件夹结构是一种(　　)。

A. 线性结构　　B. 树状结构　　C. 环状结构　　D. 网状结构

9. 在操作系统中,下列关于文件夹的描述中不正确的是(　　)。

A. 文件夹是用来组织和管理文件的

B. 在一个文件夹中可以建立另一个名字相同的文件夹

C. 文件夹中可以存放驱动程序文件

D. 文件夹中可以存放两个同名文件

10. 在各类计算机操作系统中,分时操作系统是一种(　　)。

A. 单用户批处理操作系统　　　　B. 多用户批处理操作系统

C. 单用户交互式操作系统　　　　D. 多用户交互式操作系统

二、填空题

1. 从资源管理的角度看,操作系统具有四大功能:________、________、________和________;为了方便用户,操作系统还必须提供________。

2. 现在操作系统的两个最基本特征是________和________,除此之外,它还具有________和________的特征。

3. 若一个操作系统具有很强的交互性,可同时供多个用户使用,则是________操作系统。

4. 如果一个操作系统在用户提交作业后,不提供交互能力,只追求计算机资源的高利用率、大吞吐量和作业流程的自动化,则属于________操作系统。

5. 进程在执行过程中有 3 种基本状态,它们是________、________和________。

6. 在一个单 CPU 系统中,若有 5 个用户进程,假设当前系统为用户态,则处于就绪状态的

用户进程最多有________个，最少有________个。

7. 实时操作系统可分为实时信息处理系统和实时控制系统两种类型，民航销售系统属于________，而导弹飞行控制系统则属于________。

8. 国产的面向全场景的分布式操作系统是________。

三、问答题

1. 操作系统的主要功能是什么？
2. 什么是进程？进程和程序有什么区别？
3. 什么是文件？文件管理的主要功能是什么？
4. 什么是虚拟内存？虚拟内存有什么优点？
5. 分时操作系统和实时操作系统有什么不同？
6. 常用的操作系统有哪些？这些操作系统各自的特点是什么？

第 6 章 网络应用与网络安全

本章导读

随着计算机网络技术的飞速发展，计算机网络已经成为现代社会不可或缺的基础设施。如今，网络无处不在，使信息的获取、传递和处理变得非常便捷和高效。云计算技术使人们可以随时随地访问和共享数据，大大提高了工作效率。物联网技术则让各种设备实现智能化互联，为生活带来诸多便利。然而，这些先进的网络技术也带来了前所未有的网络安全挑战。

当前，以云计算、物联网等为主要标志的新一代网络应用技术，不仅推动了社会的快速发展，成为经济增长的重要引擎，还在不断改变着人们的思想观念和思维方式。人们逐渐习惯于依赖网络解决各种问题，同时也更加重视网络安全问题。为了应对这些挑战，需要不断提升网络安全意识，掌握网络安全知识，共同维护一个安全、稳定的网络环境。

学习目标

◇理解计算机网络的概念和体系结构。

◇掌握网络的拓扑结构和局域网基础知识。

◇掌握 IP 地址、域名系统和接入 Internet 的方式。

◇掌握云计算、物联网、区块链的概念与应用。

◇掌握网络安全相关技术。

6.1 计算机网络概述

计算机网络是计算机技术与通信技术相结合的产物，始于 20 世纪 50 年代，并得到迅速发展，成为现代信息社会的重要基础设施。

6.1.1 计算机网络的概念

1. 什么是计算机网络

计算机网络概述

计算机网络(computer network)是指将不同地理位置、具有独立功能的计算机系统通过通信设备和通信线路按一定的几何结构相互连接起来，在网络操作系统、网络管理软件和网络通信协议的管理和协调下，实现资源共享和数据通信的系统。关于计算机网络的定义，可能有多种表述。不管如何定义，都应把握其中三点含义。

(1)计算机网络的基本功能是资源共享和数据通信。数据通信是计算机网络最基本的功能，资源共享是建立在数据通信的基础上的，没有数据通信功能，也就谈不上资源共享。资源共享是建立计算机网络的根本目的。网上用户能够部分或全部使用计算机网络资源，互通有无、分工协作，从而大幅地提高各种硬件资源、软件资源和数据资源的利用率。在当今的大数据时代，数据资源成为最重要的网络资源。

(2)计算机网络中的计算机是分布在不同地理位置的具有独立功能的“自治”计算机系统。各台计算机都安装有操作系统，能够独立运行。也就是说，各台计算机既能联网运行，也能单机运行，这有别于早期的由主机和终端组成的多用户计算机系统(见图 6-1)，因为那些终端仅仅由显示器和键盘组成，没有“自治”功能，所以不能称为计算机网络。

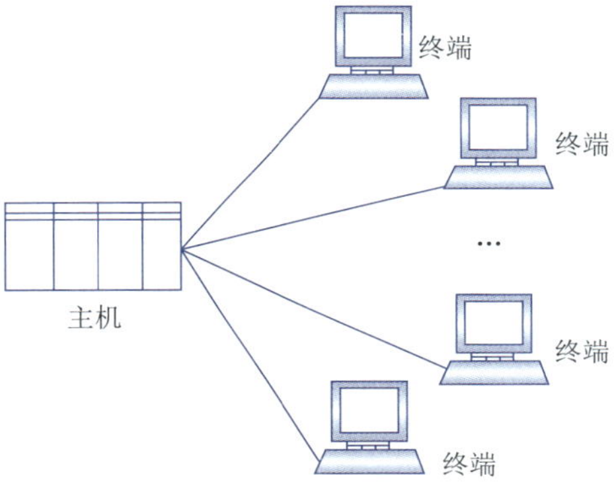

图 6-1　主机—终端系统

(3)计算机网络必须有网络操作系统的支持，计算机在通信过程中还必须遵循相同的网络协议，所以计算机网络除了有网络硬件设备外，还必须有网络软件，用于控制和管理网络资源。这一点和计算机系统的组成是一样的。

2. 计算机网络的构成

计算机网络的诞生不仅使计算机的作用范围超越了地理位置的限制，方便了用户，而且还增强了计算机本身的功能，拓宽了服务范围，日益成为计算机应用的主要形式。

随着网络技术的发展，计算机网络不仅包括台式计算机、笔记本计算机等设备，还包括智能手机、平板计算机、汽车、家用电器等设备，构成了一个遍及全世界的数以亿计的计算机设备互联的网络。图 6-2 展示了现代计算机网络的构成。

如图 6-2 所示，主机或端系统通过通信线路、交换机和路由器连接到一起形成计算机网络。通信线路由不同类型的物理媒体组成，包括双绞线、同轴电缆、光纤和无线蜂窝等。交换机通常用于将主机接入网络，路由器通常用于实现网际互联。从发送方系统到接收方系统，数据需要经过一系列通信线路以及交换机、路由器等网络连接设备。主机或端系统通过因特网服务提供方(the Internet service provider，ISP)接入 Internet，针对不同的使用环境，有不同的接入方式，比如移动接入、家庭接入或者局域网接入等。

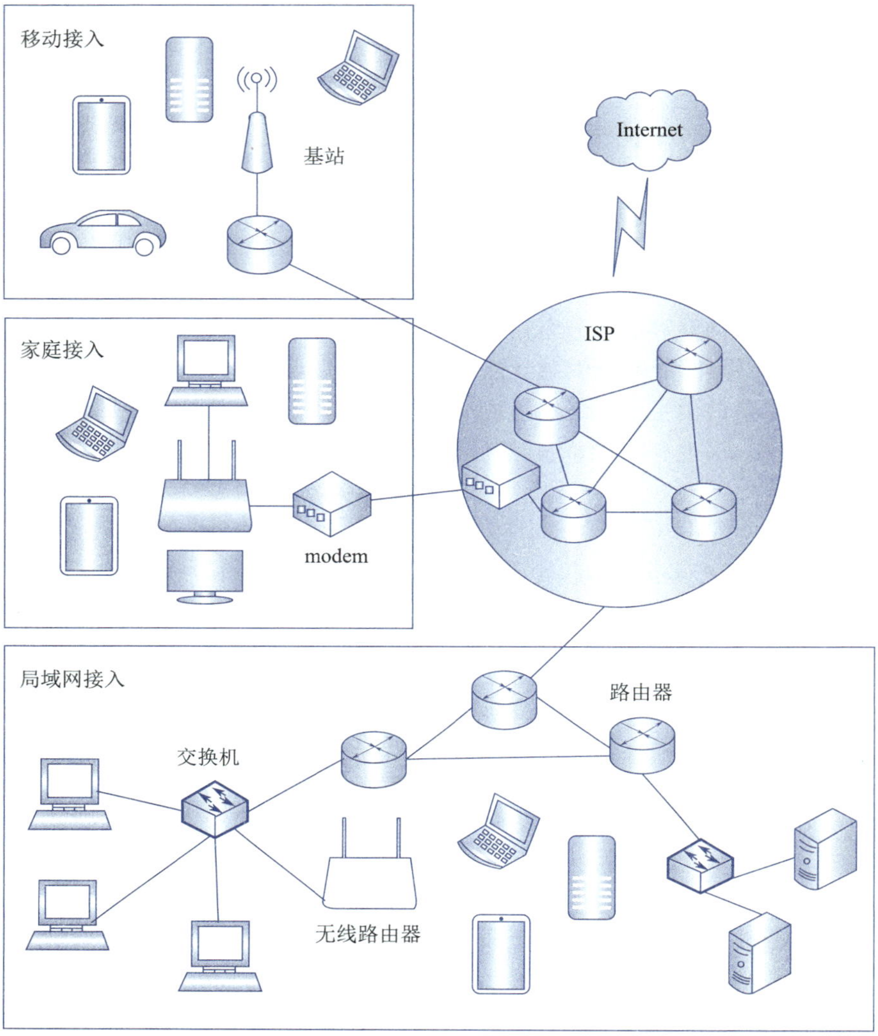

图 6-2　现代计算机网络的构成

6.1.2　计算机网络的分类

计算机网络有不同的分类方法，按计算机的地理范围划分是目前比较常用的划分标准。按这种标准可以把计算机网络划分为局域网、城域网和广域网三种。局域网一般来说只能在一个较小区域内，城域网是不同地区的网络互联，广域网的范围更大。不过在此要说明一点，就是这里的网络划分并不是严格意义上地理范围的区分，只是一个定性的概念。

1. 局域网

局域网(local area network，LAN)是最常见、应用最广泛的一种网络。所谓局域网，就是在一个局部地区范围内(如一个学校、一幢大楼或一个房间)的各种计算机连成的网络。局域网配置容易、传输速率高，但它所覆盖的地区范围较小，所涉及的地理距离一般来说可以是几米至 10 km 以内。当前局域网随着整个计算机网络技术的发展得到了充分的应用和普及，几乎每个单位都有自己的局域网，甚至家庭中都有自己的小型局域网。目前常见的局域网有以太网（Ethernet）和无线局域网（wireless local area network，WLAN）。

2. 城域网

城域网（metropolitan area network，MAN）一般来说是在一个城市，但不在同一地理范围内的计算机互联。这种网络的连接距离可以在 10～100 km。与局域网相比，城域网传输的距离更长，连接的计算机数量更多，在地理范围上可以说是局域网的延伸。在一个大型城市或地区，一个城域网通常连接着多个局域网，如学校的局域网、政府机构的局域网、医院的局域网、公司企业的局域网等。由于光纤连接的引入，中高速的局域网互联成为可能。

3. 广域网

广域网（wide area network，WAN）也称为远程网，所覆盖的范围比城域网更广，它一般是在不同城市、地区或国家之间的局域网或者城域网互联，地理范围可从几百千米到几千千米。因为距离较远，信息衰减比较严重，广域网用于通信的传输装置一般由专门公司或电信部门提供，主要使用分组交换技术。由于广域网所连接的用户多，信息流量大，因此数据传输速度较低。Internet 是一种典型的广域网。

6.1.3　计算机网络体系结构

计算机网络体系结构是指网络系统的总体设计，它定义了网络硬件、软件、协议、存取控制和拓扑的标准。计算机网络系统通常使用分层体系结构，由一组功能相关的模块共同完成，并且各模块之间呈现明显的层次结构，每一层实现一组任务功能。计算机网络体系结构是通信协议和结构化功能分层的集合。

计算机网络体系结构

1. 网络协议

网络协议（network protocol）是指在网络中计算机相互通信时，为了实现数据的正确接收与发送，必须要遵守的一些事先约定好的规则或标准。在这些规则中明确了通信时数据的格式、数据传送的时序以及相应的控制与应答信号等，构成网络协议的三个要素有语义、语法和时序。

（1）语义。语义用来解释控制信息每个部分的意义。它规定了需要发出何种控制信息，以及完成什么样的动作与做出什么样的响应。

（2）语法。语法是用户数据与控制信息的结构与格式，以及数据出现的顺序。

（3）时序。时序也称为同步，是对事件发生顺序的详细说明。

在网络中，针对不同的问题制定出不同的协议。目前的网络协议主要有 NetBEUI、X. 25、IEEE 802、TCP/IP 和 IPX/SPX 等。

2. 网络结构分层原理

由于网络中的计算机分散在不同的地点，且由不同的厂家制造，各个厂家都有自己的标准，这使计算机之间的通信过程极其复杂，要协调的地方很多，处理过程也很困难。为了确保系统能高效、安全、可靠地运行，在制定通信协议时通常采用“分而治之”的方法，即把一个复杂的大任务分解为若干个相对独立的小任务来实现。

计算机网络层次模型

为了对网络体系结构与协议有一个初步了解，先分析如图 6-3 所示的实际生活中的邮政系统分层模型。人们写信时都有个约定，即信写好之后，按中国邮政的规定书写信封，将信件用信封封装，贴邮票交由邮局寄发。邮局收到信后，首先根据信封上的邮政编码进行信件的分拣和分类，然后交付有关运输部门进行运输，如航空信交付民航、平信交付铁路或公路运输部门等。这时，邮局和运输部门也有约定，如到站地点、时间、包裹形式等。信件送到目的地后进行相反的过程，最终将信件送到收信人手中。综上所述，该通信过程可分成 4 层。最高层是用户层，甲、乙双方按照中文的语法和格式写信、读信。第 2 层是邮递人员层，邮递人员只需知道收信人地址而不关心信件的内容，地址是用户提供给邮递人员的信息，可以称为这两层之间的信息。第 3 层是分拣人员层，分拣人员将信件按地址分类。第 4 层是运输层，由运输工具传递信件。以上各层都遵循各层的规定，层与层之间通过信封上的信息进行了必要的沟通。

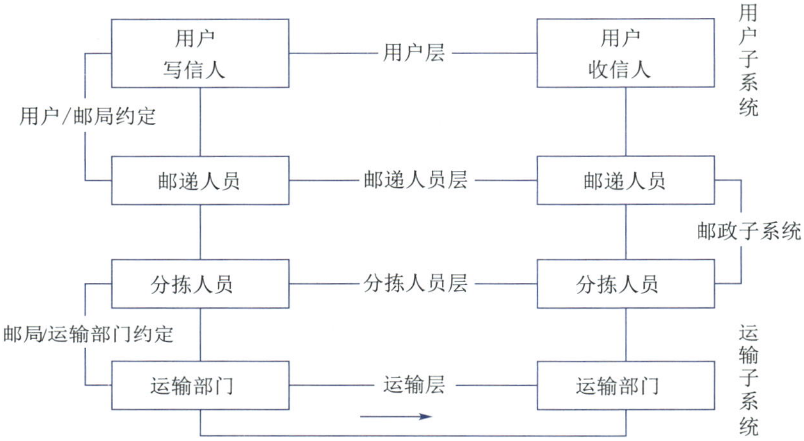

图 6-3　邮政系统分层模型

与现实生活中的邮政系统类似，网络协议则是将网络中两台计算机之间的通信分解为几个层次相互通信，将相似的功能放在同一层内，相邻层之间通过接口进行信息交换，对等层之间有相应的网络协议实现本层功能，最终将信息准确地从信源送到信宿，这样将网络协议分成若干相互有联系的简单协议，每层对某个子功能做出规定。这种分层实现的方法降低了设计的复杂程度。

计算机网络的各个层次和在各个层次上定义使用的全部协议称为体系结构，最主要的体系结构模型有 OSI 参考模型和 TCP/IP 参考模型。

3. OSI 参考模型

OSI（开放系统互连）参考模型将整个网络的通信功能划分为 7 个层次，每个层次完成不同的功能，其结构形式如图 6-4 所示。

第 1 层是物理层（physical layer），负责在计算机之间传递数据位，为在物理媒介上传输的位流建立规则。

第 2 层是数据链路层（data link layer），它把从物理层传来的原始数据打包成帧（frame），并负责帧在计算机之间的无差错传递。

第 3 层是网络层（network layer），定义了网络操作系统通信使用的协议，以及为信息确定地址，把网络地址（或称 IP 地址）翻译成对应的物理地址（MAC 地址），确定将数据从发送方沿着网络传输到接收方的路由选择，实现拥塞控制。在网络层，数据传输的单位为数据包（packet）。

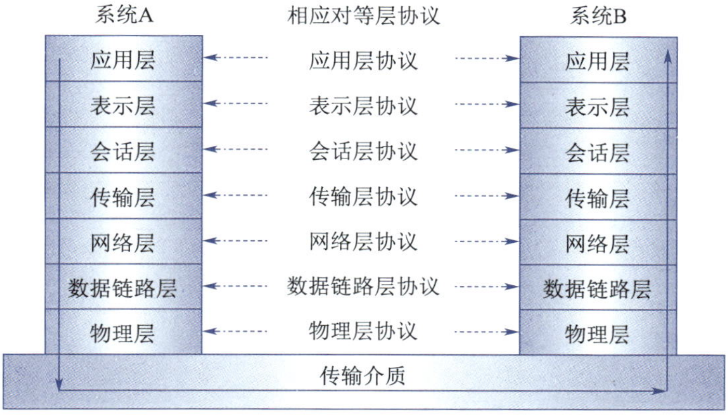

图 6-4　OSI 参考模型

第 4 层是传输层（transmission layer），负责错误的确认和恢复，以确保信息的可靠传递。必要时也对信息重新打包，把过长信息分成小包后再发送。在接收方把这些小包重构成初始信息。在该层，数据传输的单位称为报文段（segment）。

第 5 层是会话层（session layer），负责建立并维护两个节点间的通信链接，为节点间通信确定正确的顺序，还可以确定节点传输的距离以及如何从传输错误中恢复。

第 6 层是表示层（presentation layer），它为上层用户提供数据或信息语法的变换。其主要功能是信息转换，包括数据信息的压缩、加密、与标准格式的转换以及它们的逆操作、虚拟终端协议（virtual terminal protocol，VTP）等，为异构机间的通信提供了一种公共语言。

第 7 层是应用层（application layer），开放系统的最高层，是直接为应用进程提供服务的。其作用是在实现多个系统应用进程相互通信的同时提供一系列业务处理所需的服务。这种网络服务包括文件传输、文件管理、远程访问文件，以及打印机、电子邮件的消息处理和终端仿真等。程序员也可以使用该层来将工作站连接到网络服务上。

OSI 参考模型是一种概念化的模型，实际中使用的网络体系结构一般只是遵循它的一些基本原则，例如，在实际应用中，一般将会话层、表示层和应用层合并成一层，物理层和数据链路层合并成一层，形成 4 层的体系结构，更具有实用性。

4. TCP/IP 参考模型

TCP/IP 参考模型是目前应用最广泛的网络体系结构模型，它起源于阿帕网（ARPA-NET），其目的是解决不同网络之间的互联问题。

TCP/IP 是传输控制协议/互联网协议（transmission control protocol/internet protocol）的简称，是互联网的基本协议。它由两个不同层次的标准组成，IP 是基础，TCP 建立在 IP 之上。IP 主要是指将不同格式的物理地址转换成统一的 IP 地址，向 TCP 所在的传输层提供 IP 数据报，实现无连接数据报传送和数据报的路由选择。TCP 向应用层提供面向连接的服务，确保网上传输的数据报能被完整地接收，实现数据的可靠传输。

TCP/IP 参考模型分为 4 层，分别是网络接口层、网络层、传输层和应用层，如图 6-5 所示。

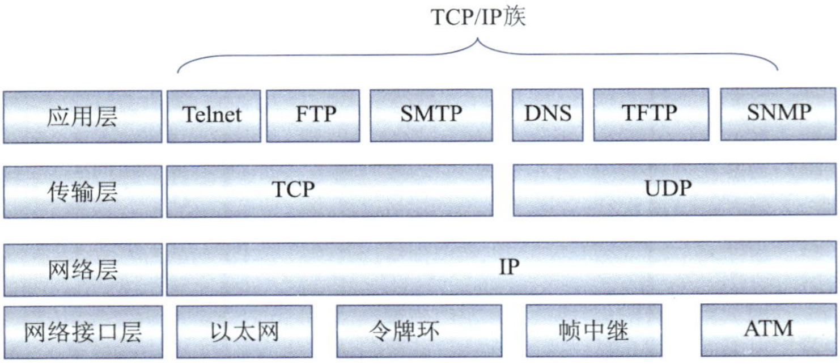

图 6-5　TCP/IP 参考模型

(1)网络接口层。

网络接口层与 OSI 参考模型的数据链路层和物理层相对应,它不是 TCP/IP 的一部分,但它是 TCP/IP 赖以存在的与各种通信网之间的接口,所以,TCP/IP 参考模型对网络接口层并没有给出具体的规定。

(2)网络层。

网络层对应于 OSI 参考模型的第 3 层,其主要功能是把分组发往目标网络或主机。同时,为了尽快地发送分组,可能需要沿不同的路径同时进行分组传递。因此,分组到达的顺序和发送的顺序可能会不同,这就需要上层必须对分组进行排序。

网络层除了需要完成路由的功能外,也可以完成将不同类型的网络(异构网)互联的任务。除此之外,网络层还需要完成拥塞控制功能。

网络层定义了分组格式和协议,即 IP。

(3)传输层。

在 TCP/IP 参考模型中,传输层的功能是使源端主机和目标端主机上的对等实体可以进行会话。TCP/IP 参考模型的传输层对应于 OSI 参考模型的第 4 层,它提供了两个主要的协议,即 TCP 和用户数据报协议(user datagram protocol,UDP)。

TCP 是一个面向连接的、可靠的协议。它将一台主机发出的字节流无差错地发往互联网上的其他主机。在发送方,它负责把上层传输下来的字节流分成报文段并传输给下层。在接收方,它负责把收到的报文段进行重组后递交给上层。TCP 还要处理端到端的流量控制,以避免缓慢接收的接收方没有足够的缓冲区来接收发送方发送的大量数据。

UDP 是一个不可靠的无连接协议,主要适用于不需要对报文段进行排序和流量控制的场合。

(4)应用层。

TCP/IP 参考模型将 OSI 参考模型中的会话层和表示层的功能合并到应用层实现。应用层面向不同的网络应用引入了不同的应用层协议。其中,有基于 TCP 的,如远程上机协议(Telnet protocol)、文件传送协议(file transfer protocol,FTP)、简单邮件传送协议(simple mail transfer protocol,SMTP)、超文本传送协议(hyper text transfer protocol,HTTP)等,也有基于 UDP 的,如域名服务(domain name service,DNS)(DNS 也使用 TCP)、简易文件传送协议(trivial file transfer protocol,TFTP)、简单网络管理协议(simple network management protocol,SNMP)等。

6.2 局域网基础

局域网是一种重要的联网方式，很多城域网、广域网都是通过局域网互联形成的。局域网作为一种重要的基础网络已经得到了广泛应用。

6.2.1　计算机网络的拓扑结构

计算机网络的拓扑结构是指网络中各个站点相互连接的形式，具体说就是文件服务器、工作站和电缆等的连接形式，用以反映网络的整体结构外貌及各个模块之间的组合关系。无论局域网还是广域网，一般都有 5 种基本的网络拓扑结构，它们分别是总线拓扑结构、星形拓扑结构、环形拓扑结构、树状拓扑结构和网状拓扑结构。

1. 总线拓扑结构

总线拓扑结构是一种比较简单的计算机网络结构，它采用一条称为公共总线的传输介质，将各计算机直接与总线连接，任何一个节点发出的信号都沿着传输线路传送，而且能被所有节点接收，其结构如图 6-6 所示。

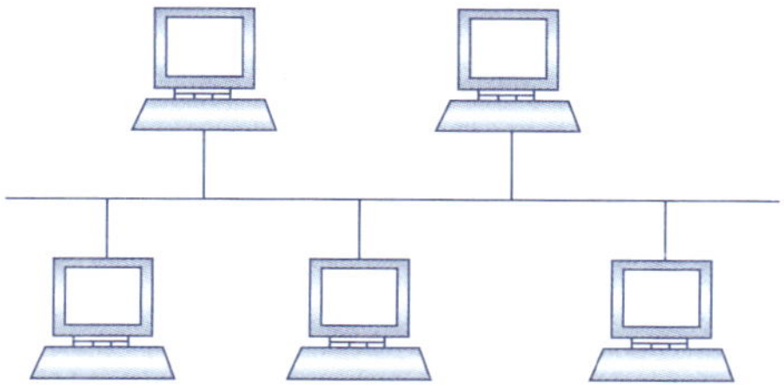

图 6-6　总线拓扑结构

总线拓扑结构的优点是布线简单灵活，扩充性好；可靠性高，节点响应速度快。其缺点是共用一条总线，数据通信量较大，如果计算机数量过多，会降低网络的速度。

2. 星形拓扑结构

星形拓扑结构由中心节点和其他从节点组成，中心节点可直接与从节点通信，而从节点间必须通过中心节点才能通信。在星形拓扑结构中，中心节点通常由一种称为交换机的设备来充当，网络上的计算机之间是通过交换机来相互通信的，如图 6-7 所示。当网络中的任意两个节点进行通信时，发送节点都必须先将数据发向中心节点，然后由中心节点再发向接收节点。由此可见，在星形拓扑结构中，中心节点是控制中心。

星形拓扑结构的优点是控制简单，网络故障容易被发现；在网络中通信容量不大的情况下，通信速度较快。其缺点是中心节点的负担过重，所需通信线路长，利用率低。

3. 环形拓扑结构

环形拓扑结构中的各个节点通过一条首尾相连的通信线路连接起来形成一个闭合的环形结构，网络中的信息沿着固定的方向单向流动，如图 6-8 所示。

环形拓扑结构的优点是通信线路短，增加或减少工作站时仅需要简单的连接。其缺点是由于通信结构的封闭性，一个节点的故障会引起全网的故障，检测故障困难。

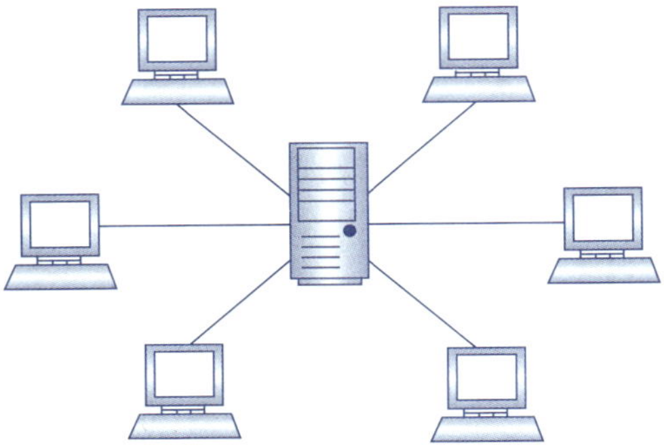

图 6-7　星形拓扑结构

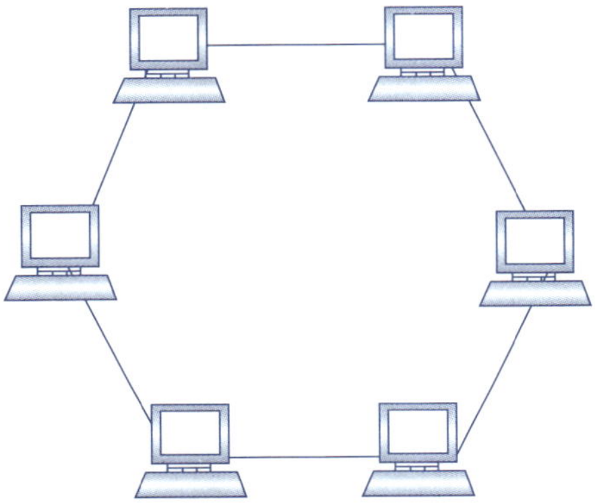

图 6-8　环形拓扑结构

4. 树状拓扑结构

树状拓扑结构是分层结构，它由一点出发后再分成几个点，每个点下面又再分成几个点，所以这种结构又称为分级集中式网络，如图 6-9 所示。

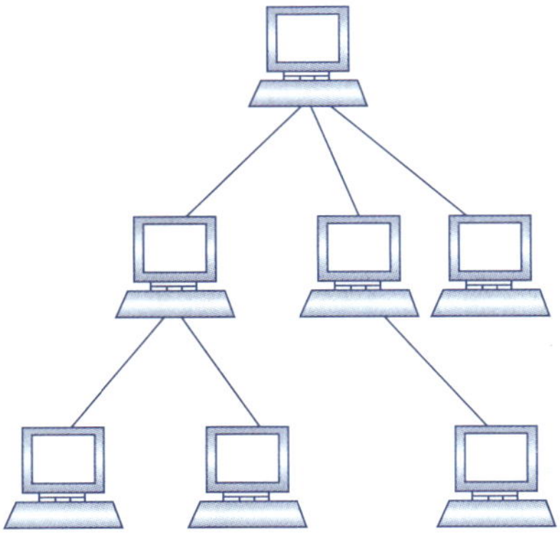

图 6-9　树状拓扑结构

树状拓扑结构的优点是在任意两个节点间不产生回路，每条线路都支持双向传输，节点易于扩充。其缺点是结构复杂，网络维护困难。

5. 网状拓扑结构

网状拓扑结构是指节点与节点之间有一条或几条链路相连，各节点之间进行信息交换时可根据链路的空闲状态选择不同的路径，如图 6-10 所示。

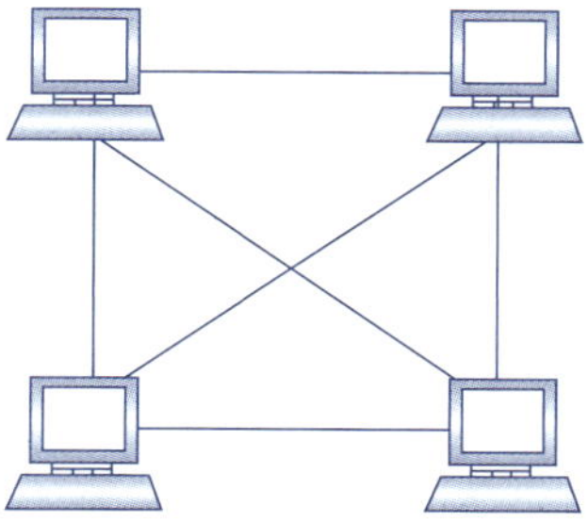

图 6-10 网状拓扑结构

网状拓扑结构的优点是资源利用率高，网络可靠性高。其缺点是结构复杂，网络协议复杂，成本较高。

在实际应用中，前几种类型的拓扑结构经常被综合应用，形成混合型结构。例如，星形总线拓扑结构、星环形拓扑结构等。

6.2.2 局域网的组成

局域网的组成包括网络硬件和网络软件两大部分。网络硬件主要包括网络服务器、工作站、网络通信设备、网络传输介质等，对网络的性能起着决定性的作用，是网络运行的基础。网络软件主要是网络操作系统和满足特定应用要求的网络应用软件，是提高网络运行效率和开发网络资源的工具。

1. 网络服务器

网络服务器是整个网络系统的核心，它为网络用户提供服务并管理整个网络，在其上面运行着网络操作系统。通常使用小型计算机、专用 PC 服务器或高档微型计算机做服务器。

根据服务器在网络中所承担的任务和所提供的功能不同，可以把服务器分为文件服务器、打印服务器、通信服务器等。文件服务器能将大量的磁盘存储区划分给网络上的合法用户使用，接收工作站提出的数据处理和文件存取请求；打印服务器接收工作站提出的打印要求，及时完成相应的打印服务；通信服务器负责局域网与局域网之间的通信连接功能。一般在局域网中最常用的是文件服务器。在整个网络中，服务器的工作量通常是普通工作站的几倍甚至几十倍。

2. 工作站

工作站又称为客户机。当一台计算机连接到局域网上时，这台计算机就成为局域网的一个工作站。工作站为用户提供服务，是用户和网络之间的接口设备，用户通过它可以与网络交换信息，共享网络资源。

工作站通过网络适配器、通信介质以及通信设备连接到网络服务器。工作站只是一个接入网络的设备，它的接入和离开对网络不会产生太大的影响，现在的工作站都用具有一定处理能力的个人计算机来承担。

3. 网络通信设备

网络通信设备是指连接服务器与工作站的连接设备和物理线路，包括网络接口设备和网络互联设备，如网络适配器、调制解调器、交换机、路由器、无线 AP、无线路由器等。

(1)网络适配器。

网络适配器(network adapter)又称为网络接口卡(network interface card，NIC)，俗称网卡，是局域网中的通信控制器或通信处理机。它一方面通过总线接口与计算机设备相连，另一方面又通过电缆接口与网络传输介质(如双绞线、光纤等)相连，负责接收网络上传过来的数据包，解包后将数据传输给本地计算机，并将本地计算机上的数据打包后送入网络。在局域网中，网络适配器一般被制成板卡的样式安装在微型计算机的扩展槽中，一般只实现网络物理层和数据链路层的功能。

无线网卡是一种不需要连接网线的网络适配器，一般笔记本中都集成有无线网卡。

(2)调制解调器。

调制解调器(modem)是调制器(modulation)和解调器(demodulation)的全称，因其发音与“猫”相近，所以 modem 俗称“猫”。它是一种能够使计算机通过电话线同其他计算机进行通信的设备，其作用是把计算机的数字信号转换成模拟信号，把电话线传输的模拟信号转换成计算机所能接收的数字信号。

(3)交换机。

交换机(switch)是由多端口的网桥发展而来的，属于 OSI 参考模型中的数据链路层设备。它是一种基于 MAC 地址(即网卡地址)识别，能完成封装转发数据包功能的网络设备。交换机可以“学习”MAC 地址，并把其存放在内部地址表中，通过在数据帧的始发方和目标接收方之间建立临时的交换路径，使数据帧直接由源地址到达目的地址。

(4)路由器。

当两个以上的异类网络互相连接时，必须使用路由器(router)。路由器工作在网络层，是一种典型的网络层设备。它使两个局域网之间按帧传输数据，用以实现不同网络间的地址翻译、协议转换和数据转换等功能，一般用于广域网之间的连接或广域网与局域网之间的连接。

路由器的主要功能是路由选择和流量控制。路由选择就是在网络中为分组寻找一条通往目的网络的最佳或最短路径。若路由器分组过快且不能及时发送出去，其有限的缓冲区不足以存放信赖的分组，则会造成分组丢弃，这种情况称为阻塞。阻塞会使网络性能变坏，甚至造成“死锁”，因此路由器可以采用各种方法来控制阻塞问题。

(5)无线 AP。

无线 AP(access point)也称为无线接入点，它是用于无线网络的无线交换机，也是移动终端进入有线网络的接入点，其覆盖距离为几十米至几百米。大多数无线 AP 带有接入点客户端模式，可以和其他 AP 进行无线连接，延伸网络的覆盖范围。

(6)无线路由器。

无线路由器(wireless router)是无线 AP 与宽带路由器的结合体，借助路由器的功能，可实现家庭无线网络中的互联网连接共享，实现非对称数字用户线(asymmetric digital subscriber line，ADSL)和小区宽带的无线共享接入。

4. 网络传输介质

传输介质是通信网络中发送方和接收方之间的物理通路，也是通信中实现信息传送的载体，它将网络中的各种设备互连在一起。计算机网络中采用的传输介质分有线和无线两大类。

(1)有线传输介质。

常见的有线传输介质有双绞线、同轴电缆和光纤。

①双绞线。双绞线由互相绝缘的铜线组成,两两拧在一起以减少邻近线对电气的干扰,如图 6-11 所示。双绞线有效传输距离在 100 m 左右。由于其性能较好且价格便宜,因此得到广泛应用。根据双绞线外部包裹的是金属编织层还是塑橡外皮,可将其分为屏蔽双绞线(shielded twisted pair,STP)和非屏蔽双绞线(unshielded twisted pair,UTP)。双绞线共有 6 类,传输速率为 4～1 000 Mb/s。计算机网络系统中常用的非屏蔽双绞线为 3 类线和 5 类线。

图 6-11　双绞线

②同轴电缆。同轴电缆比双绞线的屏蔽性好,因此在更高速度上可以传输得更远。它以硬铜线为芯(导体),外包一层绝缘材料(绝缘层和屏蔽层),其外又覆盖一层保护性材料(护套)。同轴电缆的结构如图 6-12 所示。同轴电缆的这种结构使它具有更高的带宽和极好的噪声抑制特性。同轴电缆使用的最大距离可达几千米,数据传输速率可以达到 1～2 Gb/s,主要用于有线电视信号的传输。

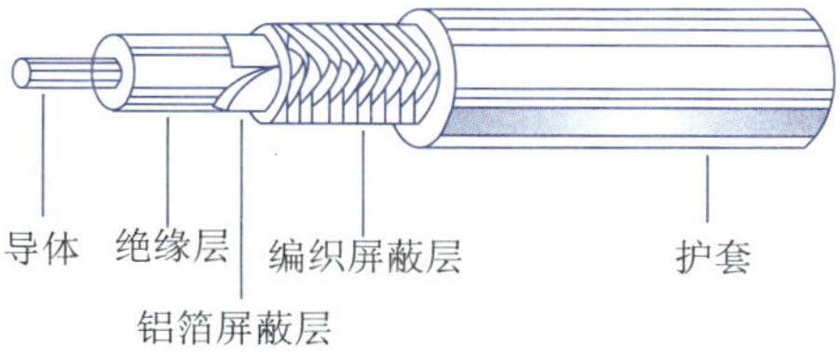

图 6-12　同轴电缆

③光纤。光纤是光导纤维的简称,由纯石英玻璃制成,是网络传输介质中性能最好、应用前景最广泛的一种。纤芯外面包围着一层折射率比纤芯低的包层,包层外是一塑料护套,其结构如图 6-13 所示。光纤通常被扎成束,外面有外壳保护。光束在玻璃纤维内传输,防磁防电,传输稳定,传输速率可达 100 Gb/s,性能可靠,质量高,适用于高速网络和骨干网。

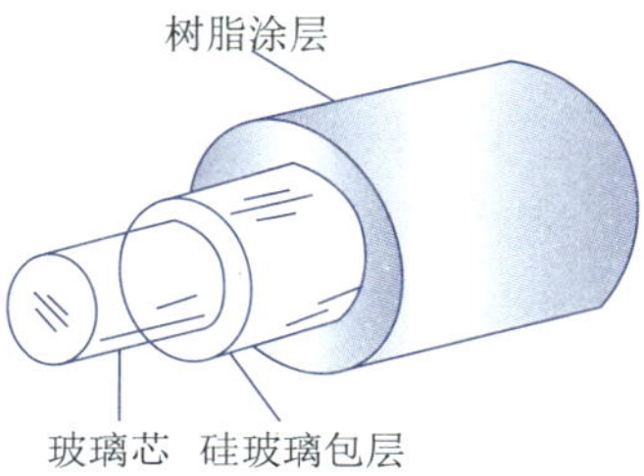

图 6-13　光纤

（2）无线传输介质。

无线传输是利用电磁波在自由空间（即通信双方之间无障碍）的传播实现无线通信，如微波、卫星等，信息被加载在电磁波上进行传输。

①微波。微波通信是利用无线电波在对流层的视距范围内进行信息传输的一种通信方式。由于微波只能沿直线传播，所以微波的发射天线和接收天线必须精确对准，中间无其他物理遮挡，有时又称为视距传播。由于两微波塔相距较远，传输信号会衰减，而且大气对微波信号有吸收及散射，因此每隔一定距离应架设一个中继站。

②卫星。卫星通信是利用人造地球卫星作为中继站转发微波信号，使各地间互相通信。卫星通信具有通信距离远，覆盖面积大，可靠性高，不受地理条件限制，可进行多址通信、移动通信等优点，但通信时延长。目前，卫星通信发展相当迅速，已成为现代通信的重要方式之一，现在 Internet 的国际互联和通信可以采用卫星传输。

5. 网络软件

网络软件包括网络协议软件、通信软件、网络管理软件和网络操作系统等。网络软件功能直接影响到网络的性能。如果一个计算机网络没有配置网络操作系统，则只能称为计算机通信网。

局域网的协议软件主要用于实现物理层和数据链路层的某些功能，如在各种网络适配器中实现的软件。

局域网的通信软件用于管理各个工作站之间的信息传输，如实现传输层和网络层功能的网络驱动程序等。

网络管理软件用于对用户进行控制，对网络资源进行全面管理，进行合理的调度与分配，为不同的用户提供相应的网络服务、便利的操作与管理平台。例如，网络代理服务器管理软件，通过在服务器上进行相应的设置，即可控制工作站的上网状态。

局域网的操作系统既有单机操作系统的管理功能，还有对整个网络的资源进行协调管理，进行合理的调度和分配，实现计算机间高效可靠的通信，提供各种网络服务和为网络用户提供便利的操作与管理平台。网络操作系统主要包括文件服务程序和网络接口程序。文件服务程序管理共享资源，网络接口程序管理工作站。常用的网络操作系统有 UNIX、Linux、Windows Server 等。

6.2.3 常见局域网

局域网的类型很多，若按传输介质所使用的访问控制方法分类，常见的局域网可分为以太网、令牌环网、FDDI 网和无线局域网等，它们在拓扑结构、传输介质、传输速率、数据格式等多方面都有许多不同。其中应用最广泛的局域网是以太网和无线局域网。

为了促进局域网产品的标准化，电气电子工程师学会（Institute of Electrical and Electronics Engineers，IEEE）于 1980 年 2 月成立了局域网标准委员会，为局域网制定了一系列标准，统称 IEEE 802 标准。该标准提交给国际标准化组织（International Organization for Standardization，ISO）作为国际标准的参考并得到认可，并将 IEEE 802 标准确定为局域网国际标准。目前，常用的局域网标准是 IEEE 802.3（以太网）和 IEEE 802.11（无线局域网）。

1. 以太网

以太网由 Xerox、Digital Equipment 和 Intel 三家公司采用 IEEE 802.3 标准组建。它基于 CSMA/CD 介质存取协议，实现对共享介质的访问控制，是有线局域网。由于以太网原理简单、易于实现、价格低廉，是当前应用最为普遍的局域网。

当前电子邮件数量不断增加，网络数据库管理系统和多媒体应用不断普及，因此迫切需要高速、高带宽的网络技术。交换式快速以太网技术便应运而生。目前主要有快速以太网、千兆以太网、万兆以太网等。

2. 无线局域网

无线局域网采用 IEEE 802.11 标准组建。它是利用微波、无线电波或红外线来取代传统物理线路所构成的局域网。目前，无线局域网在各类工作或生活场所无处不在，它已经成为互联网中十分重要的接入网技术。

(1)无线局域网的结构。

1997 年 6 月，第一个无线局域网标准 IEEE 802.11 正式颁布实施，为无线局域网技术提供了统一标准。IEEE 802.11 标准包括 IEEE 802.11a、IEEE 802.11b、IEEE 802.11g、IEEE 802.11n 等标准。图 6-14 给出了一种无线局域网的结构。

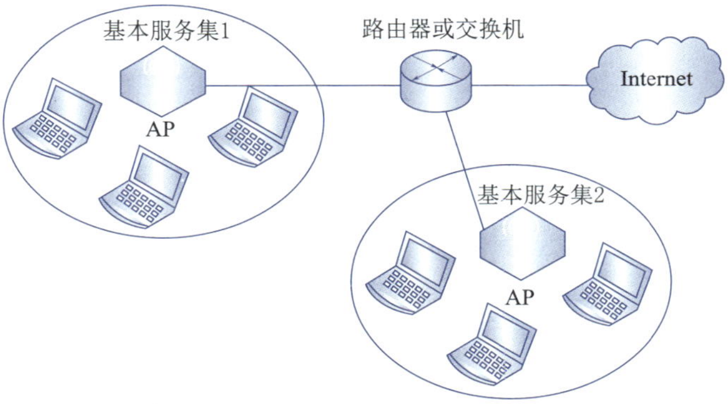

图 6-14 无线局域网的结构

如图 6-14 所示，无线局域网可以通过路由器或交换机接入互联网。无线局域网的最小构件是基本服务集(basic service set，BSS)。一个基本服务集包括一个基站和若干个无线主机。所有无线主机在本基本服务集以内都可以直接通信，但在和本基本服务集以外的无线主机通信时都必须通过本基本服务集的基站。无线 AP 就是基本服务集的基站，它负责为其无线通信覆盖范围内的无线主机发送和接收数据。

使用 IEEE 802.11 系列标准的局域网又称为 Wi-Fi。目前，Wi-Fi 已经成为无线局域网的代名词。

(2)无线局域网组网模式。

无线局域网有两种组网模式：对等网络(peer-to-peer)和有基础设施网络(infrastructure network)。

①对等网络：也称为无线自组网络(Ad Hoc 网络)，是一种点对点的对等式移动网络。它没有有线基础设施的支持，网络中的节点均由无线主机构成。网络中不存在无线 AP，通过配有无线网卡的移动终端直接进行通信。其基本结构如图 6-15 所示。

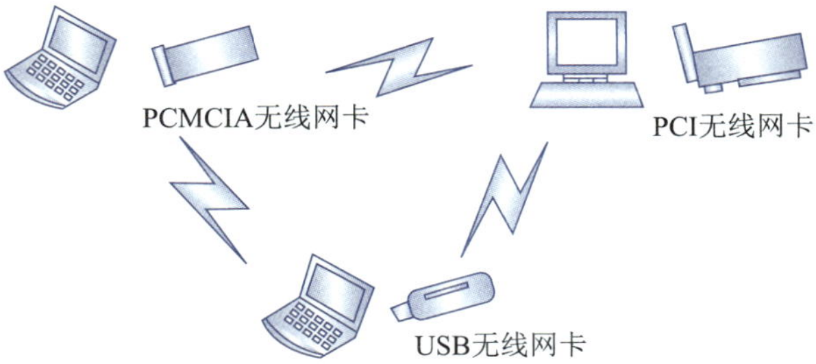

图 6-15　对等网络的基本结构

由于对等网络省去了无线 AP，所以其架设过程十分简单，但传输距离短，且无法接入有线网络。

②有基础设施网络：由无线 AP 或无线路由器、移动终端组成。有线网络通过标准传输介质连接到固定接入点(无线 AP 或无线路由器)，接入点将有线网络的信息通过无线方式发送给移动终端。其中有无线 AP 接入和无线路由器接入两种模式，分别如图 6-16 和图 6-17 所示。

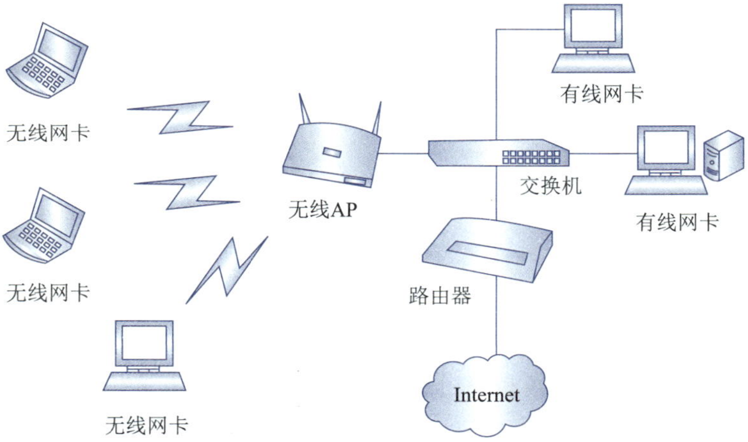

图 6-16　无线 AP 接入的无线网络

无线 AP 接入模式通常应用于需要大量无线访问节点的大型组织，可以实现大面积的网络覆盖，同时所有接入终端都属于同一个网络，也方便统一实现网络控制和管理。无线 AP 不能与 modem 相连，而要用一个交换机或路由器作为中介。无线路由器接入模式一般应用于家庭，这种情况一般覆盖面积不大，用户数也不多。无线路由器带有宽带拨号功能，可以直接和 modem 相连，通过拨号上网，实现无线覆盖。

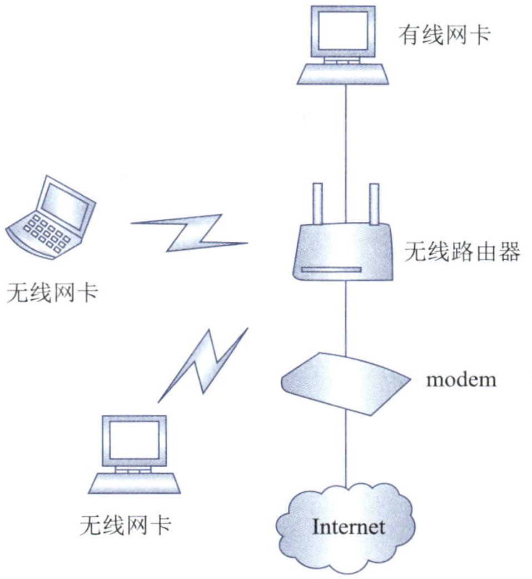

图 6-17 无线路由器接入的无线网络

6.3 Internet 基础

Internet(因特网)又称为国际互联网,是世界上规模最大、用户最多、影响最广的计算机网络。Internet 可以把世界各地的计算机或物理网络连接在一起,按照 TCP/IP 进行数据传输,而不论这些网络的类型是否相同,以及规模、距离是否一样。凡是采用 TCP/IP 并能够与 Internet 上的任何一台计算机进行通信的计算机,都可以看成 Internet 的一部分。只要进入 Internet,就可以利用其资源,实现信息交流和资源共享。

6.3.1 IP 地址与域名系统

在 Internet 中,具有独立工作能力的计算机称为主机,主机的数量相当多,为了唯一地标识每一台主机,应采用 Internet 地址。Internet 地址有两种形式:IP 地址和域名地址。

IP 地址与域名

1. IP 地址

网络中通信的每个主机必须有一个唯一的地址,以便于其他主机识别。地址可分为逻辑地址和物理(MAC)地址。MAC 地址是生产厂家嵌在网卡上的独一无二的编号,属于 OSI 参考模型的数据链路层,是不可变更的。逻辑地址属于 OSI 参考模型的网络层,并且依赖于网络层中的 IP,称为 IP 地址。IP 地址由 Internet 网络中心进行统一分配与管理,我国进行 IP 地址分配与管理的机构是中国互联网络信息中心(China Internet Network Information Center,CNNIC)。每个 IP 地址只能分配给网络中的某台主机,但网络中某台主机可以有多个 IP 地址,如网络中的路由器设备,一般有两个及两个以上的 IP 地址。

IP 地址必须是全球唯一的,且有统一的格式。目前,IP 地址主要有两个版本,一个是第 4

版互联网协议(IPv4),另一个是第 6 版互联网协议(IPv6)。

(1)IPv4。

IPv4 的 IP 地址用 4 B 共 32 位二进制数来标识,字节之间用小圆点分隔,例如,某台主机的 IP 地址为 11001010.01110011.01010000.00000001。为了表示方便,将每个字节转化为一个十进制数(0～255),称为点分十进制形式。这样上述 IP 地址就可写成 202.115.80.1。IPv6 是在 IPv4 的基础上发展出来的新版本,它把 IP 地址由 32 位扩展到了 128 位,拥有更大的容量,可以支持更多的寻址空间。

IP 地址包括两部分内容:网络标识和主机标识。网络标识用于识别一个逻辑网络,而主机标识用于识别网络中的一台主机的一个连接。同一个网络内的所有主机分配相同的网络标识号,同一网络内的不同主机必须分配不同的主机标识号,以便区分不同的主机;不同网络内的每台主机必须具有不同的网络标识号,但是可以具有相同的主机标识号。

根据网络标识和主机标识长度的不同,可将 IP 地址分成 5 种类型:A 类、B 类、C 类、D 类、E 类。图 6-18 所示为 IP 地址的分类。

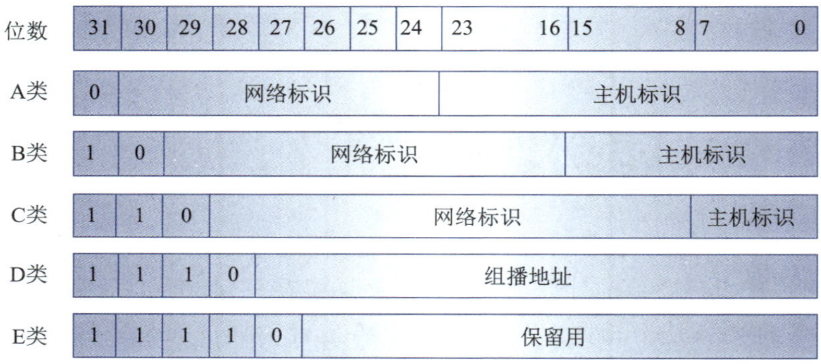

图 6-18　IP 地址的分类

A 类地址的类标志为 0,网络标识为最高位 0 和随后 7 位二进制码,其余 24 位为网内主机标识,地址范围为 0.0.0.0～127.255.255.255,网络内有 126 个 A 类网络(网络标识为 1～126,号码 0 和 127 保留),而每一类网络中允许有 1 600 万个节点。只有非常大的局域网才能使用 A 类地址。

B 类地址的类标志为 10,网络标识为最高 2 位 10 和后面的 14 位,其余 16 位为网内主机标识,地址范围为 128.0.0.0～191.255.255.255,网络内大约有 16 000 个 B 类网络,而每个 B 类网络中可以多于 65 000 个节点。一般大单位和大公司构建的网络使用 B 类地址。

C 类地址的类标志为 110,网络标识为最高 3 位 110 和后面的 21 位,其余 8 位为网内主机标识,地址范围为 192.0.0.0～223.255.255.255,一个网络内允许包含 16 777 216 个 C 类网络,每个 C 类网络中最多可以有 254 个节点。较小的单位和公司使用 C 类地址。

D 类地址主要作为组播地址保留备用,而 E 类地址是保留地址未被启用。

(2)IPv6。

Internet 经过几十年的飞速发展,IPv4 的地址已经基本耗尽。自 2011 年 2 月起,ISP 已经不能再申请到新的 IP 地址了。解决 IP 地址耗尽的根本措施就是采用具有更大地址空间的新版本的 IP,即 IPv6。在 IPv6 中,每个 IP 地址是 128 位,地址空间最大为 2^{128} 个,如果地址分配速率是每微秒分配 100 万个地址,则需要 1 019 年的时间才能将所有可能的地址分配完毕。

IPv6 巨大的地址空间给阅读和操纵 IP 地址带来困难，利用 IPv4 的点分十进制记法显然也不够方便了。例如，一个用点分十进制记法的 128 位地址如下：

104.230.140.100.255.255.255.255.0.0.17.128.150.10.255.255

为了使 IP 地址易于管理和维护，IPv6 使用冒号十六进制记法，即把每个 16 位的值用十六进制数表示，各数之间用冒号分隔。例如，将前面所给的点分十进制记法的值改为冒号十六进制记法，就可以表示为如下形式：

68E6:8C64:FFFF:FFFF:0:1180:960A:FFFF

冒号十六进制记法中，允许把数字前面的 0 省略。上面就把 0000 中的前三个 0 省略了。

冒号十六进制记法还允许零压缩(zero compression)技术，即一串连续的 0 可以被一对冒号所取代，例如，IP 地址 FF05:0:0:0:0:0:0:B3 可压缩为 FF05::B3。但为了保证零压缩不出现二义性，规定在任意地址中只能使用一次零压缩。

此外，冒号十六进制记法可结合点分十进制记法使用。例如，IP 地址 0:0:0:0:0:0:128.10.2.1 是一个合法的冒号十六进制记法，使用零压缩可以表示为::128.10.2.1。

需要注意的是，虽然被冒号所分隔的每个值是两个字节的数字，但每个点分十进制部分的值都指明一个字节(8 位)的值。

目前，Internet 正处于 IPv4 与 IPv6 共存阶段。这个阶段还需要解决很多技术问题，包括双协议栈、隧道技术等。因此，Internet 全面采用 IPv6 尚需时日。

2. 域名

数字式 IP 地址不易记忆和分类，因此，TCP/IP 引进了一种字符型的主机命名机制，这就是域名(domain name，DN)。域名的实质就是用一组具有助记功能的英文简写名称代替 IP 地址。域名的定义工作由域名系统(domain name system，DNS)完成，它把形象化的域名翻译成对应的数字式 IP 地址。

由于域名与 IP 地址一样众多，为了避免域名重名，主机的域名存放在许多区域的域名服务器中，不同的域名服务器管理不同的域，这些域名服务器组成一个层次结构的系统，所有这些域的集合构成了域名空间，如图 6-19 所示。

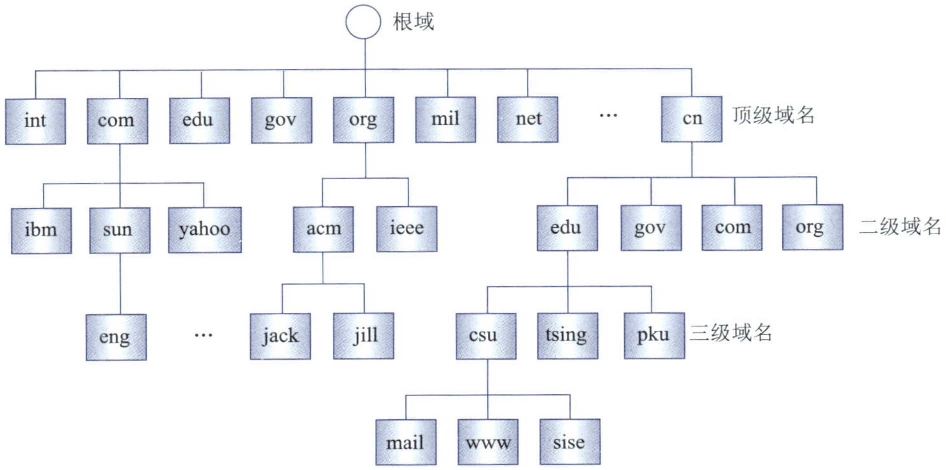

图 6-19　Internet 域名空间结构

域名空间的顶层是一个根域（root domain），每一个下级域都是上级域的子域，每个域都有自己的域名服务器，这些服务器保存着当前域的主机信息和下级子域的域名服务器信息。各层次的子域名之间用圆点（.）隔开，从右至左分别是顶级域名（一级域名）、二级域名……直至主机名（最低级域名），形成了域名的名称结构。其结构如下。

主机名.….二级域名.顶级域名

顶级域名通常分为两类：一类是机构顶级域名，如 int 表示国际机构，com 表示商业机构，edu 表示教育研究机构等；另一类是国家或地区顶级域名，用两个字母表示世界各个国家或地区，如 cn 表示中国，uk 表示英国，us 表示美国等。

6.3.2 接入 Internet 的方式

如果一台计算机要接入 Internet，并非直接与 Internet 相连，而是通过某种方式与 ISP 提供的服务器相连，通过它再接入 Internet。随着网络带宽的增加、传输速度的加快，Internet 的接入方式不断增加，技术性能也不断改进。

按照组网结构的不同，用户计算机与 ISP 连接的方式分为两种：一种是将计算机接入已经与 ISP 连接的局域网；另一种是单机直接与 ISP 连接，包括电话线接入、光纤入户接入、蜂窝移动网络接入等方式。

1. 局域网接入

对于建立了局域网的单位或小区（如校园网），只要向 ISP 租用一条专线，就使该局域网所有用户都可通过局域网接入 Internet，其接入方式如图 6-20 所示。对于单位用户，只要给计算机安装网卡，并通过网线接入已经与 ISP 连接的局域网，然后对 TCP/IP 参数进行设置，则该计算机便接入了 Internet。

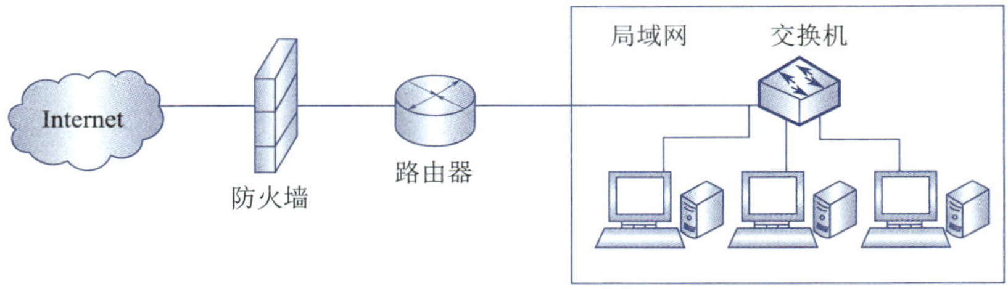

图 6-20 局域网接入方式

2. 电话线接入

通过电话线接入 Internet，对家庭用户来说是最为经济、简单的一种方式。通过电话线接入方式在不同的阶段采用不同的技术，目前普遍采用的是 ADSL 方式。

ADSL 是一种能够通过普通电话线提供高速宽带数据业务的技术，采用了新的调制解调技术，使得从 ISP 到用户的传输速率（下行速率）可以达到 8 Mb/s，而从用户到 ISP 的传输速率（上行速率）将近 1 Mb/s。这种非对称的特性非常适合那些需要从网上下载大量信息，而用户向网络发送的信息较少的应用，如 Internet 远程访问、视频点播等。通过 ADSL 连接，需要使用 ADSL 调制解调器（ADSL modem）。其接入方式如图 6-21 所示。

在 ADSL 连接中，将信号分离器一端连接到电话线插座上，另一端有两个插口，一个与电话机相连，另一个与 ADSL modem 相连。ADSL modem 的另一端与计算机网卡相连。

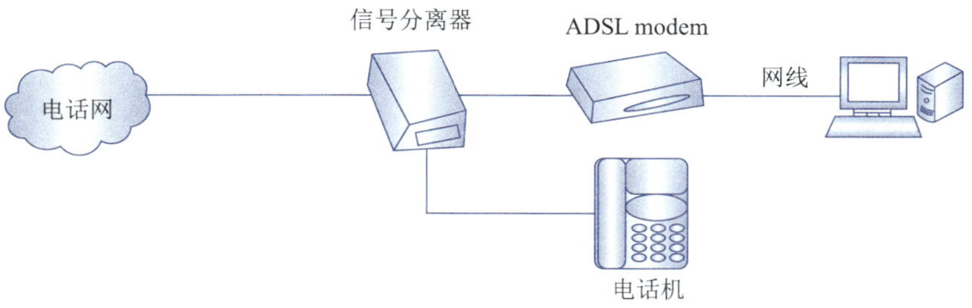

图 6-21 ADSL 接入方式

ADSL 接入方式的最大特点是不需要改造信号传输线路，利用普通电话线作为传输介质，配上专用的 ADSL modem 即可实现数据的高速传输。电话线路中的高频数字信号和低频语音信号通过滤波器分离，分离后的高频数字信号送入 ADSL modem，低频语音信号送入电话机。每一个用户可以独享数据传输带宽。

3. 光纤入户接入

光纤入户(fiber to the premises，FTTP)又称为光纤到户(fiber to the home，FTTH)，指的是采用光纤作为传输载体，以光脉冲的形式来传输信号，具有传输速度快、成本低、质量轻、抗干扰性强等优点。采用的设备一端部署在运营商机房(称为光线路终端)，另一端在用户家中(称为光网络单元)，光纤 modem 是一种光纤传输设备。其连接方式如图 6-22 所示。

图 6-22 光纤连接方式

4. 蜂窝移动网络接入

蜂窝移动网络是指采用蜂窝组网结构的公众移动通信网络，从俗称的 1G(第一代移动通信网络)到现在的 5G 都可以算作蜂窝移动网络。蜂窝移动网络把移动通信的服务区分为一个个正六边形的子区，每个子区设一个基站，形成了形状酷似“蜂窝”的结构，因此把这种移动通信方式称为蜂窝移动通信方式，如图 6-23 所示。

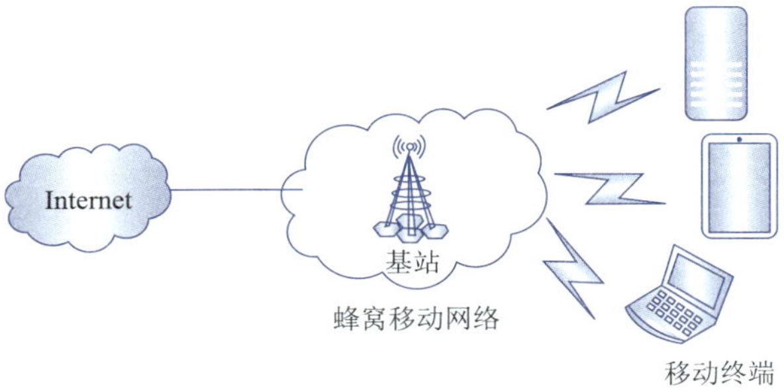

图 6-23 蜂窝移动通信方式

基站是在一定的无线电覆盖区中，通过移动通信交换中心，移动终端之间进行信息传递的无线电设备。基站就像一座信号收发室，人们接听电话、手机上网都需要靠它进行信号传输。

蜂窝移动网络接入是一种重要的无线接入方式，常见的蜂窝移动网络类型有 GSM 网络、CDMA 网络、GPRS 网络、4G 网络、5G 网络等。

6.3.3 Internet 服务

Internet 服务

Internet 已成为除报纸、广播、电视之外的第 4 种信息传播通道。Internet 为用户的日常生活、学习和工作提供各种信息服务功能。

1. Web 服务

万维网(world wide web，WWW)，简称 Web，是目前 Internet 上发展最快、应用最广泛的服务类型。

(1)Web 概述。

Web 是一个基于超文本(hypertext)方式的信息检索服务系统。超文本概念首先是由欧洲原子能物理实验室(CERN)的科学家蒂姆 · 伯纳斯 · 李(Tim Berners Lee)于 1989 年提出来的。研究 Web 的目的是支持全球范围内的科学家在 Internet 上彼此交流信息和共享科研成果。1993 年 5 月，全球第一个 Web 站点出现，它使用了极简单的超文本信息格式。

Web 服务采用客户-服务器模式，为用户提供一种友好的信息查询接口，即用户仅需提出查询要求，而到哪里查询及如何查询则由 Web 服务器自动完成。

Web 服务器可以处理超媒体(hypermedia)文档，即在超文本文档中包含文字、图形、音频、视频等多媒体信息，该文档称为网页，也称为 Web 页。Web 页通过超链接(hyperlink)连接到其他网页。超链接由统一资源定位符(uniform resource locator，URL)表示，在网页上一般突出显示，单击它就可以跳转到超链接指示的站点。

用户可以利用浏览器(browser)访问 Web 服务器上的超文本信息，浏览器是 Web 系统的客户机，浏览器和 Web 服务器之间按照超文本传输协议通信。为了支持不同客户机与不同 Web 服务器之间超文本的格式传输，超文本信息使用超文本标记语言(hypertext markup language，HTML)书写。

HTML 用一套标记将文本、图像、表格、动画等分散的资源连接成逻辑整体，浏览器根据这些标记解释这些资源，形成丰富多彩的 Web 页面。这些标记用尖括号＜＞括起来，包括起始标记和结束标记(加斜杠/)。例如，<html>…</html>、<head>…</head>、<body>…</body>等。起始标记和结束标记中间的部分是标记的内容，HTML 文件就是由一个个这样的元素(element)组成的。

例 6-1 网页文档示例。

以下是用 HTML 编写的一个简单的网页文档。

```
<html>
  <head>
      <title> 网页示例</title>
```

```
    </head>
    <body>
        <h2 align="center"> 欢迎访问我的网页！ </h2>
        <p align="center">  这是一个简单的网页示例！
           <a href="Myweb.htm">  返回主页 </a>
        </p>
        <p align="center"><img src="Scenery.jpg"></p>
   </body>
</html>
```

其中，<html>标记表示文档信息是用 HTML 编写的（文件扩展名必须为.htm 或.html），头标记<head>指定网页头部信息，主体标记<body>包含网页的主体内容。网页浏览效果如图 6-24 所示。

图 6-24　网页浏览效果

实际上，HTML 文件由一个 html 元素组成。html 元素由头元素<head> … </head>和主体元素<body> … </body>组成，头元素和主体元素又由其他元素组成。例如，标题元素<title>表示网页的标题，标题元素<hn>用于显示 6 个级别的文本标题：<h1>，<h2>，…，<h6>（其中，h1 元素字体最大，h6 元素字体最小）；段落元素<p>用于定义段落，锚点元素<a href="…"> … </a>用于设置超链接，图像元素<img>用于插入图片等。

（2）URL。

URL 是在 Web 页上进行资源定位的标准，使 Web 页的每一个文档在整个互联网范围内具有唯一的标识符。URL 的形式如下。

协议类型://存放资源的主机名[:端口]/路径/资源文件名

其中，协议类型指定使用的传输协议，如 HTTP、FTP 等；存放资源的主机名是指存放资源的服务器域名或 IP 地址；端口是可选的，如果未指定端口，则使用协议默认的端口，如 HTTP 的默认端口是 80；路径是指资源文件的路径，如果 URL 中未指定路径，则表示访问服务器的根文件夹。例如，中南大学网站"校内导航"的 URL 如下。

http://www.csu.edu.cn/index/xndh.htm

其中，http 表示采用 HTTP 访问 Web 服务器；www. csu. edu. cn 表示存放网页的 Web 服务器的域名；index 为该服务器上的文件夹，表示资源文件的搜索路径；xndh. htm 是 index 文件夹中的一个 HTML 文件。

URL 机制还定义了用于其他各种不同的常见协议的 URL，并且浏览器了解这些 URL。例如，ftp://表示通过 FTP 访问 FTP 服务器，telnet://表示通过 Telnet 进行远程登录。

总之，URL 不仅允许用户浏览 Web，而且能处理 FTP、E-mail 和 Telnet 等，不必单独使用这些服务的用户界面程序，Web 浏览器是集成了几乎所有互联网服务的一个客户端程序。

(3)HTTP。

HTTP 是 Web 浏览器和 Web 服务器之间的应用层通信协议。它可以使浏览器更加高效，而网络传输量更少。它不仅保证计算机正确、快速地传输超文本文档，还确定传输文档中的哪一部分，以及哪部分内容首先显示(如文本先于图形)等。

HTTP 是一种请求/响应类型的协议。一个客户机与服务器建立连接后，发送一个请求给服务器，请求信息包括统一资源定位符、协议版本号、请求修饰符、客户机信息和其他内容。服务器接到请求后，给予相应的响应信息，响应信息包括协议版本号、传输正确或错误的代码、服务器信息、实体信息和其他内容。

通常不同的请求使用不同的连接，客户机和服务器保持建立的连接，多次交换请求响应信息，直到有一方明确终止其连接。即使有持续连接，HTTP 仍然是无状态的协议，即服务器在不同的请求之间不保留任何信息。

在互联网上，HTTP 通信建立在 TCP/IP 连接之上，即 HTTP 通过 TCP/IP 建立通信联系，其信息交换过程分为 4 步：建立连接(connection)、发送请求(request)信息、发送响应(response)信息、关闭连接(close)，如图 6-25 所示。

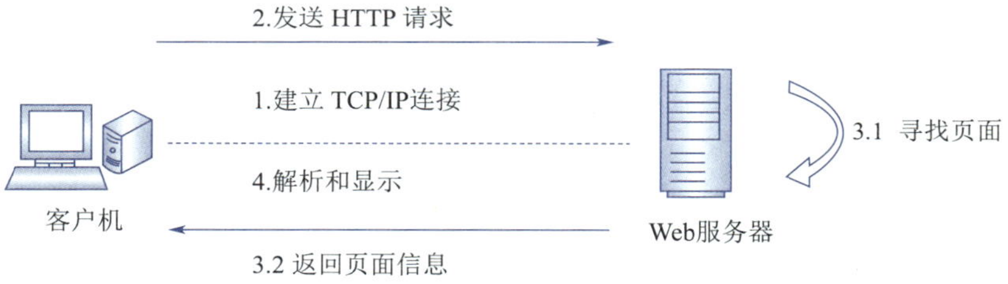

图 6-25　HTTP 的信息交换过程

HTTP 信息交换的具体过程如下。

①建立 TCP/IP 连接。当用户在浏览器中输入 URL 或单击超链接时，浏览器首先进行 DNS 解析(将域名转换为 IP 地址)，然后通过该 IP 地址和相应的端口(HTTP 默认是 80 端口)与服务器建立 TCP/IP 连接。

②发送 HTTP 请求。一旦 TCP/IP 连接建立，浏览器会向 Web 服务器发送 HTTP 请求，请求获取用户指定的 URL 对应的网页内容。

③服务器响应。Web 服务器收到请求后，会处理该请求，从本地寻找相应的页面信息(如 HTML 文件等)，然后将这些信息封装成 HTTP 响应，并返回给浏览器。

④解析和显示。浏览器接收到 HTTP 响应后，会解析其中的网页文件，并根据解析结果显示网页。

一般情况下，Web 服务器向浏览器发送请求数据后，不会立即关闭 TCP/IP 连接，而是根据配置和协议版本决定是否保持连接打开状态。在 HTTP 1.0 中，通常每个请求/响应对都会关闭 TCP/IP 连接。HTTP 1.1 引入了持续连接（也称为 keep-alive 连接），允许在相同的 TCP/IP 连接上发送和接收多个 HTTP 请求和响应。这种持续连接可以减少连接建立和关闭的开销，提高网页加载的性能。现代浏览器和服务器通常默认使用 HTTP 1.1 或更高版本，并利用持续连接来优化性能。

（4）抓取网页信息。

网络爬虫（Web crawler）又称为网络蜘蛛（Web spider），是一种按照一定的规则自动抓取网页信息的程序或脚本。搜索引擎（如百度等）就是利用网络爬虫来采集海量数据的。

网络爬虫的工作流程包括抓取网页源代码、解析网页内容、存储数据等步骤。要抓取网页源代码，通常有两个库，一个是 Python 内置的 urllib 库，另一个是 requests 第三方库。requests库在 urllib 库的基础上进行了高度的封装，操作更方便。下面利用 requests 库抓取指定的网页信息。

requests 库是一个第三方库，要先进行安装，然后在 Python 环境下导入库，再调用 get() 函数获取特定网页的信息。程序如下。

```
import requests
response=requests.get("http://www.baidu.com")
print(response.text)
```

get() 函数向 URL 发送获取网页的请求，返回一个 response 对象，可以通过访问该 response 对象的 text 属性来查看响应的结果，实际上就是该 URL 所对应的网页源代码。

2. 电子邮件

电子邮件是互联网最早的服务。1971 年 10 月，美国工程师雷•汤姆林森（Ray Tomlinson）首次利用与 ARPANet 连线的计算机传送信息至指定的另一台计算机，这便是电子邮件的起源。早期的电子邮件只能进行文本信息的通信，而现在电子邮件不仅可以传输文本信息，而且可以传输各种类型的文件，如图像、声音等。随着互联网的发展，电子邮件已成为现代社会中广泛使用的一种通信方式。

（1）电子邮件系统。

电子邮件系统是指传送、操作电子邮件的设备及软件，主要涉及三个部分，分别是邮件用户代理（mail user agent，MUA）、邮件传送代理（mail transfer agent，MTA）以及邮件发送和读取协议，其组成如图 6-26 所示。

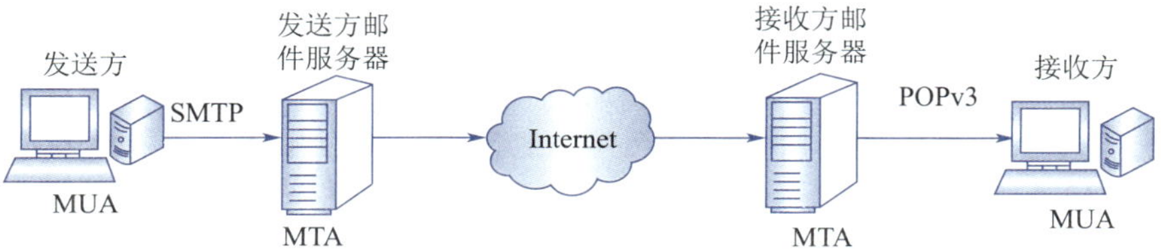

图 6-26　电子邮件系统的组成

邮件用户代理是指帮助用户操作邮件的客户端程序(如 Outlook、Foxmail 等),是用户与电子邮件系统的接口,具有邮件撰写、阅读、管理和通信等功能。

邮件传送代理是一个服务器程序,安装了邮件传送代理的主机称为电子邮件服务器。邮件传送代理的主要作用是在不同的邮件服务器之间传输电子邮件。邮件用户代理和邮件传送代理是两个相对独立的系统,它们可以存在于同一台主机上,也可以分别处在不同的主机上。

邮件发送和读取协议包括 SMTP 和邮局协议第 3 版(post office protocol version 3,POPv3)。

SMTP 是 TCP/IP 的一部分,它描述了电子邮件的信息格式和传输处理方法。在互联网上能够接收电子邮件的服务器都安装有 SMTP,邮件用户代理向邮件传送代理发送邮件、邮件传送代理之间传递邮件都使用 SMTP。SMTP 是基于存储转发方式工作的。当用户发送一封电子邮件时,并不能直接将邮件发送到对方邮箱地址指定的服务器,而是先寻找一个邮件传送代理,把邮件提交给该代理。邮件传送代理在得到邮件后,首先将它保存在自己的队列中,然后根据邮件的目标地址,查询到应对这个目标地址负责的邮件传送代理服务器,并且通过网络将邮件传送给它。接收方的邮件服务器在接收到邮件之后,将其暂时存储在本地,直到电子邮件的接收者查看自己的电子邮箱为止。显然,邮件传输是从服务器到服务器的,而且每个用户必须拥有服务器存储信息的空间(称为邮箱)才能接收邮件。

邮件用户代理到邮件传送代理检索邮件信息和读取电子邮件通过 POP 协议实现,目前常用的是第 3 版,简称 POPv3。POPv3 是互联网电子邮件的第一个离线协议标准,它允许用户的邮箱位于某台邮件服务器上,并允许用户从个人计算机对邮箱的内容进行存取,同时根据客户端的操作,将邮件保存在邮件服务器,或删除邮件服务器中的邮件。

(2)电子邮箱地址。

每一个申请电子邮箱账号的用户都会有一个电子邮箱地址,邮件服务器就是根据这些地址,将每封电子邮件传送到相应用户的电子邮箱中的。电子邮箱地址的格式如下。

用户名@主机名

其中,用户名由用户在申请电子邮箱时自己命名,可以是字符组合或代码;主机名是提供电子邮件服务的服务器域名。例如,电子邮箱地址 jszx@mail.csu.edu.cn 中的 jszx 为用户名,mail.csu.edu.cn 为电子邮件服务器的域名。

(3)电子邮件的发送与接收。

收发电子邮件时,可以采用 Web 方式,即在浏览器中直接登录自己的电子邮箱。也可以采用客户端的方式,即在计算机上安装客户端软件(如 Outlook、Foxmail 等),通过客户端软件收发电子邮件。另外,还可以通过编写 Python 程序来发送和接收电子邮件。

Python 的 smtplib 库对 SMTP 涉及的各种复杂操作进行了封装,导入 smtplib 库后就可以利用 smtplib 库来实现邮件发送,主要包括以下 5 个步骤。

①创建 SMTP 对象。利用 smtplib 库中的 SMTP()函数创建一个 SMTP 对象,需要提供 SMTP 服务器地址和端口。SMTP 服务器的 IP 地址和端口由邮件服务提供商提供。例如,QQ 邮箱的 SMTP 服务器地址为 smtp.qq.com,默认端口是 25。

②登录邮箱。利用 SMTP 对象的 login()方法登录 SMTP 服务器,需要提供邮箱账号和登录密码。

③撰写邮件。利用 email 模块的 MIMEText()函数创建 MIME 格式的邮件内容。多用

途互联网邮件扩展(multipurpose internet mail extensions,MIME)是当前广泛应用的一种电子邮件技术规范。MIME 邮件由邮件头和邮件体构成,邮件头包含发件人、收件人、主题、时间、MIME 版本、邮件内容的类型等重要信息,而邮件体包含邮件的内容。

④发送邮件。利用 SMTP 对象的 sendmail()方法发送邮件,需要发送方的邮箱地址、接收方的邮箱地址和邮件正文。

⑤退出登录。利用 SMTP 对象的 quit()方法退出 SMTP 服务器的登录。

例 6-2 用 QQ 邮件服务器发送邮件。

分析:先在 QQ 邮箱首页依次选择"设置"→"账号"命令,再选择开启"POPv3/IMAP/SMTP/Exchange/CardDAV/CalDAV 服务"命令,然后进行手机短信验证,并返回一个授权码,程序中要用作邮箱密码。

程序如下。

```
import smtplib
from email.mime.text import MIMEText
host_server='smtp.qq.com'                    #QQ 邮箱 SMTP 服务器地址
my_sender='××@ qq.com'                       #发件人邮箱,可以填写自己的 QQ 邮箱
my_pass='××'                                 #发件人邮箱授权码
my_user='××@ qq.com'                         #收件人邮箱,可以发送给自己
server=smtplib.SMTP(host_server, 25)         #创建 SMTP 对象(25 为默认端口)
server.login(my_sender, my_pass)             #使用发件人邮箱账号和密码登录邮箱
#使用 email 库(可以直接使用)中的 MIMEText 对象撰写邮件
msg=MIMEText('这是一封测试邮件! ')            #创建 MIMEText 对象,撰写邮件内容
msg['From']=my_sender                        #发件人邮箱账号
msg['To']=my_user                            #收件人邮箱账号
msg['Subject']="Python 发送邮件测试"          #邮件的主题
#发送邮件 (利用 as_string()函数将邮件转化为字符串以后进行发送)
server.sendmail(my_sender, my_user, msg.as_string())
server.quit()                                #退出邮箱
```

运行程序后,在 QQ 邮箱中可以查看发送的邮件信息。

6.4 云计算服务

2022 年 2 月,第 24 届冬季奥林匹克运动会通过阿里云支持的"奥运转播云"进行冬奥会全球转播,为全球观众带来 6 000 h 以上的精彩内容,并以 4K 超高清格式转播。"奥运转播云"是阿里云为全球媒体机构提供的一种云服务平台,能够满足奥运转播期间对于计算、存储、网络、安全等多方面的需求。通过这种云服务平台,媒体机构可以更加高效、灵活地处理和分发大量的音视频数据,为全球观众提供高质量的转播服务。

6.4.1 云计算的概念

随着互联网的普及和发展，人们对于计算和存储的要求越来越高，利用互联网高速的传输能力，将数据的存储和处理过程从个人计算机或专有服务器转移到互联网上的计算机集群成为一种必然的趋势，云计算(cloud computing)技术应运而生。

云计算是一个虚拟的计算资源池，通过互联网为用户提供资源池内的计算资源，它代表了信息技术及其基础架构的发展方向，展示出强大的生命力，并从多方面影响企业的发展。

"云"实质上就是一个网络。从狭义上讲，云计算就是一种提供资源的网络，用户按需和可扩展的方式获得资源。"云"中的资源在用户看来是可以无限扩展的，并且可以随时获取，按需使用、按使用付费。就像使用水、电一样使用信息技术基础设施和软件服务。从广义上讲，云计算是与信息技术、软件、互联网相关的一种服务，这种服务可以理解为网络资源，众多资源形成所谓"资源池"，即"云"。也就是说，云计算可以提供按需的网络访问，用户可以按需配置计算资源共享池，资源包括网络、服务器、存储、应用软件和服务等。

云计算具有如下特点。

(1)超大规模。"云"具有相当的规模，企业私有云一般能给用户带来前所未有的计算能力。例如，Google(谷歌)云计算已经拥有 100 多万台服务器，Amazon(亚马逊)、微软、Yahoo(雅虎)、阿里等"云"均拥有几十万台服务器。

(2)虚拟化。云计算支持用户在任意位置、使用各种终端获取应用服务。虚拟化技术包括应用虚拟和资源虚拟。用户只需要一台笔记本计算机或一个手机，就可以通过网络服务来实现所需服务，甚至包括超级计算级别的任务。

(3)高可靠性。"云"使用了数据多副本容错、计算节点同构可互换等措施来保障服务的高可靠性，使用云计算比使用本地计算机更可靠。

(4)通用性。云计算不针对特定的应用，在"云"的支撑下可以构造出千变万化的应用，同一个"云"可以同时支撑不同的应用运行。

(5)高可扩展性。云计算具有高效的运算能力，"云"的规模可以动态伸缩，用户可以利用应用软件的快速部署条件，更简单、快捷地将自身所需的已有业务以及新业务进行扩展。

(6)按需服务。"云"是一个庞大的资源池，用户可以根据自己的需求快速配备计算能力及资源，并且可以按需购买或者租用云。

综上所述，云计算是一种资源交付和使用模式。用户只要到云服务平台注册一个账号，就可以通过互联网方便、快捷地获取所需的资源和技术服务，既降低成本，又满足灵活部署、高效率的业务需求。随着数字化、智能化转型的深入推进，云计算正扮演着越来越重要的角色。

6.4.2 云计算服务模式

云计算平台是一个功能强大的"云"网络，利用虚拟化技术可以扩展服务能力，提高计算能力和存储能力。

1. 云计算架构

在云计算平台中，根据其服务集合所提供的服务类型，整个云计算架构可划分为如下三个层次。

(1)基础设施层。

基础设施层是云计算架构的底层，提供计算、存储和网络等基础设施资源，为上层服务(平台层和应用层)提供所需的硬件支持。

基础设施层的主要职责是管理和维护服务器、存储设备、网络设备等实际的物理硬件资源。通过虚拟化技术，这些物理资源被抽象和整合成虚拟资源，形成一个动态可伸缩、灵活配置的资源池，以便上层应用能够按需使用，从而提高了资源利用率。基础设施层还提供了一系列的管理工具，用于统一管理和调度虚拟化的资源，根据上层服务的需求自动分配和调整，确保资源的有效利用和服务的稳定运行。

在云计算架构中，基础设施层是上层服务的基础，为平台层和应用层提供稳定、高效的基础设施资源。用户可以在基础设施层的基础上构建自己的应用，而无须关心底层硬件资源的细节和管理维护工作。

(2)平台层。

平台层是云计算架构中的重要组成部分，位于基础设施层之上，为应用层提供支撑。平台层提供一系列开发工具和环境，如编程语言、开发框架、库和工具集等，帮助开发者更高效地构建应用程序。平台层也提供应用程序的运行环境，包括操作系统、数据库、应用程序部署和管理等，确保应用程序能够在云端稳定运行。平台层还提供多种服务和技术支持，如资源的部署与分配、监控管理、安全管理、分布式并发控制、负载均衡等，帮助开发者快速构建和扩展应用程序。

平台层主要为应用程序开发者设计，开发者无须担心应用运行时所需要的资源，因为平台层会提供应用程序运行及维护所需要的一切平台资源。这意味着开发者可以从复杂、低效的环境搭建、配置和维护工作中解放出来，将精力集中于应用程序的开发和创新，从而大大提高软件开发的效率。

(3)应用层。

应用层是云计算架构的顶层，直接面向最终用户，提供软件应用服务。应用层提供了各种基于云计算的软件应用，如在线办公套件、客户关系管理系统、企业资源规划系统等。这一层包括直观的图形用户界面、移动应用界面以及应用程序接口，以便用户能够轻松地与云服务进行交互。应用层通常包含强大的数据分析和可视化工具，帮助用户从海量数据中提取有价值的信息，并以直观的方式呈现。

应用层是云计算架构中直接面向用户的一层，它提供了各种软件应用服务，优化了用户体验，为用户提供了数据支持，有利于推动业务的创新和发展。

2. 云计算服务的三种模式

在云计算架构中，每层的功能都通过服务的形式提供。对应云计算的三层次架构，云服务提供商所能提供的云服务也就是云计算服务的三种模式，如图 6-27 所示。

(1)基础设施即服务。

基础设施即服务(infrastructure as a service，IaaS)提供一种基础设施服务，包括计算、存储和网络资源，使用户可以在云端创建和管理自己的虚拟机、存储、网络等基础设施，并通过互联网进行访问和使用。IaaS 使用户无须购买和维护昂贵的硬件设备，只需要按需使用 IaaS 提供商的基础设施服务即可。

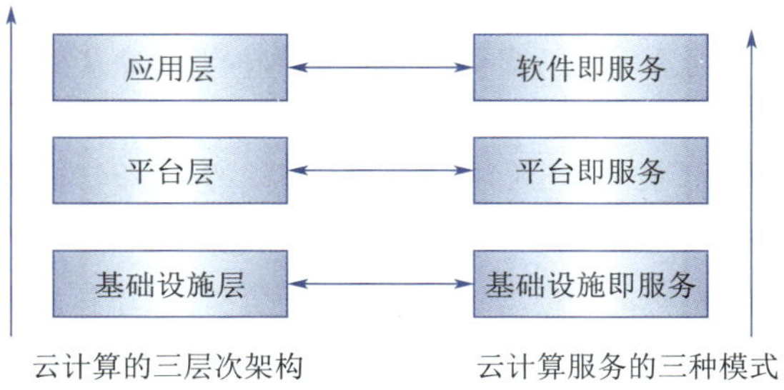

图 6-27　云计算服务的三种模式

(2)平台即服务。

平台即服务(platform as a service,PaaS)提供开发、运行和管理应用程序的平台。PaaS 提供商提供操作系统、数据库、开发工具等资源,用户只需通过云服务提供商的在线工具,就能开发、管理、运行自己的应用。PaaS 使开发人员可以在云端创建、测试和部署应用程序,而无须关心底层的基础设施和操作系统的细节。

(3)软件即服务。

软件即服务(software as a service,SaaS)提供运行在云计算基础设施上的应用程序,用户可以在各种设备上通过客户端界面访问这些应用程序。通过 SaaS,用户可以更加便捷、高效地使用各种应用程序,无须关注底层的技术和设施细节,也避免了软件购买和维护的成本和风险。目前,SaaS 已广泛应用于各个领域,如电子邮件、在线办公套件、客户关系管理等。

总之,IaaS、PaaS 和 SaaS 三种服务模式日益普及,它们都在减少对本地部署的需求。IaaS 可以为用户提供最大程度的灵活性,并提供通用的计算基础设施环境;PaaS 通常建立在 IaaS 平台之上,以减少系统管理的需求,使用户可以专注于应用程序开发;SaaS 提供满足特定业务需求的即用型解决方案,大多都建立在 IaaS 或 PaaS 平台上。IaaS、PaaS 和 SaaS 三种服务模式的区别在于用户对基础设施和软件应用的控制程度不一样,需要用户承担的工作量也不一样。图 6-28 展示了本地部署和 IaaS、PaaS 以及 SaaS 服务模式的区别。

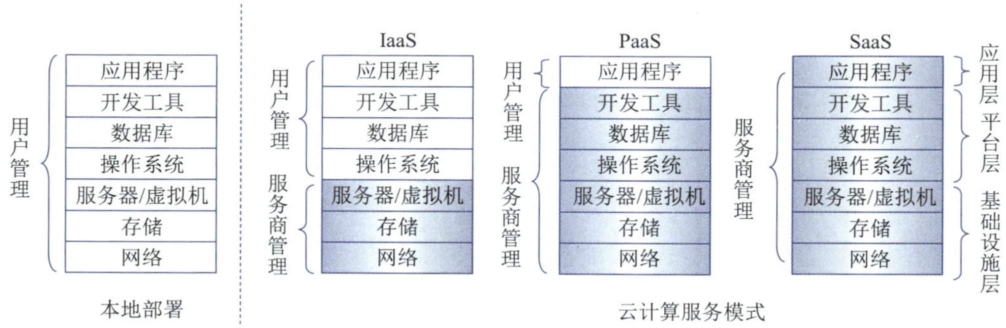

图 6-28　本地部署和 IaaS、PaaS 以及 SaaS 服务模式的区别

6.4.3 典型的云计算平台

1. Google 的云计算平台

Google 的云计算平台能实现大规模分布式计算和应用服务程序，平台包括 MapReduce 分布式处理技术、Hadoop 框架、分布式的文件系统 GFS、Bigtable 分布式的结构化数据存储系统以及 Google 其他的云计算支撑要素。

MapReduce 用于大规模数据集的并行运算，也是云计算的核心技术。MapReduce 是一种分布式运算技术，也是简化的分布式编程模式，适合用来处理大量数据的分布式运算，用于解决问题的程序开发模型，也是开发人员拆解问题的方法。

MapReduce 的思想是将要执行的问题拆解成 Map(映射)和 Reduce(化简)的方式，先通过 Map 程序将数据切割成不相关的区块，分配(调度)给大量计算机处理，达到分布运算的效果，再通过 Reduce 程序将结果汇总，输出开发者需要的结果。

2004 年，开源社区搭建了 Hadoop 大数据框架，用于实现 MapReduce 算法，能够把应用程序分割成许多很小的工作单元，每个单元可以在任何集群节点上执行或重复执行。在 Hadoop 框架中，Hadoop 采用分布式文件系统 GFS，它支持大型、分布式大数据量的读写操作，其容错性较强。

Bigtable 是 Google 为其内部海量的结构化数据开发的数据存储系统，它是一个有序、稀疏、多维度的映射表，有良好的伸缩性和高可用性，用来将数据存储或部署到各个计算节点上。

2. 微软的云计算平台

微软的云计算平台主要是 Windows Azure，其目的是帮助开发者开发可运行在云服务器、数据中心、Web 和 PC 上的应用程序。Windows Azure 是继 Windows 操作系统取代 DOS 之后，微软的又一次重要转型。微软希望“云平台”最终能像 PC 平台一样，让成千上万的第三方开发人员开发出丰富的应用和新的服务。这个平台基于不同的语言开发应用程序，这些应用程序可以在平台上运行，并通过标准协议相互通信和协作。

该平台的核心是其底层结构，它是基于数量庞大的 Windows 64 位服务器的数据中心。这些服务器通过底层的结构控制器有效地组织起来，为前端应用提供计算和存储能力，并保证其可靠性。

Windows Azure 还包括其他服务，如 Microsoft SQL 数据库服务，Microsoft. Net 服务，用于分享、存储和同步文件的 Live 服务，以及针对商业的 Microsoft SharePoint 和 Microsoft Dynamics CRM 服务。这些服务共同构成了 Azure Services Platform，它是微软“软件和服务”技术的核心组成部分。

3. 阿里云

阿里云(Alibaba cloud)是中国第一个可用、可靠、可信的云计算平台，创立于 2009 年。阿里云的核心是自主研发的飞天(Apsara)操作系统。飞天操作系统的核心服务包括计算、存储、数据库、网络。此外，飞天操作系统提供了丰富的连接和编排服务，将这些核心服务方便地连接和组织起来，包括通知、队列、资源编排、分布式事务管理等。飞天操作系统为阿里云打造了软件交易与交付的云市场，用户可在阿里云按需开通“软件＋云计算资源”。阿里云支持镜像、容器、编排、API、SaaS 等类型的软件与服务接入。

阿里云平台为杭州等城市提供了云计算数据中心,助力创建城市数据大脑,为智慧城市的发展提供新引擎。同时,阿里云还为许多大型企业和政府机构提供了云服务支持。

6.5 物联网技术

物联网技术应用广泛,遍及人们生活、工作的各个领域。从智能家居的温馨便捷到智能交通的流畅高效,从智慧医疗的精准诊断到智慧农业的精细管理,物联网技术都在发挥着重要的作用,它使各种设备和系统能够相互通信、协同工作,为人们创造了一个更加智能、安全和可持续的世界。

6.5.1 物联网的概念

随着通信技术和计算机技术的不断发展,通信技术正在从人与人向人与物以及物与物通信的方向发展,万物互联成为未来通信的必然趋势。物联网(internet of things,IoT)正是在此背景下产生的,它被认为是继计算机、互联网之后,世界信息产业的第三次浪潮,是将信息化技术的应用更加全面地为人类生活和生产服务的信息化大升级,其开发应用前景广阔,产业带动性强。

物联网是指通过射频识别(radio frequency identification,RFID)、传感器等信息传感与执行设备,按约定的协议,把物品与互联网相连,进行信息交换和通信,以实现智能化识别、定位、跟踪、监控和管理的一种网络。

从定义可以看出,物联网是对互联网的延伸和扩展,其用户端延伸到世界上的任何物品。在物联网中,一辆车、一棵树、一座房屋,甚至是一张纸巾,都可以作为网络的终端,即世界上的任何物品都能连入网络。物与物之间的信息交互不再需要人工干预,物与物之间可实现无缝、自主、智能的交互。换句话说,物联网以互联网为基础,主要解决人与人、人与物和物与物之间的互联和通信。

因此,物联网时代正在走入万物互联的时代,所有东西将会获得语境感知、增强的处理能力和更好的感应能力。如果留心观察,就会发现生活中已有很多常用且成功的物联网应用。

例如,大学普遍使用的校园一卡通,学生上课签到、上机预约、实验考勤、图书借阅、进出宿舍等,只需刷卡就可完成。校园一卡通的核心技术就是利用物联网技术在校园卡中植入了智能芯片,即射频电子标签。射频电子标签内存储了学生的全部信息,射频读写器能够读取到区域内的射频电子标签信息,并上传到计算机系统中,实现身份认证、校园服务和校园管理等各种功能,为校园生活带来了极大的便利。

再如,人们已经习惯使用的手机微信或支付宝"扫一扫"功能,快速扫描二维码即可完成支付,从而方便地进行购物。二维码在物联网中的应用非常广泛,涵盖了产品追溯、品牌防伪、数字化营销、仓储物流等多个方面,为物联网的实现和推广提供了重要的支持。

6.5.2 物联网体系架构

物联网具有很强的异构性,为实现异构设备之间的互联、互通与互操作,物联网需要一个开放、分层、可扩展的体系架构。目前,被广泛认可的是物联网三层体系架构,分别是感知层、网络层和应用层,如图 6-29 所示。

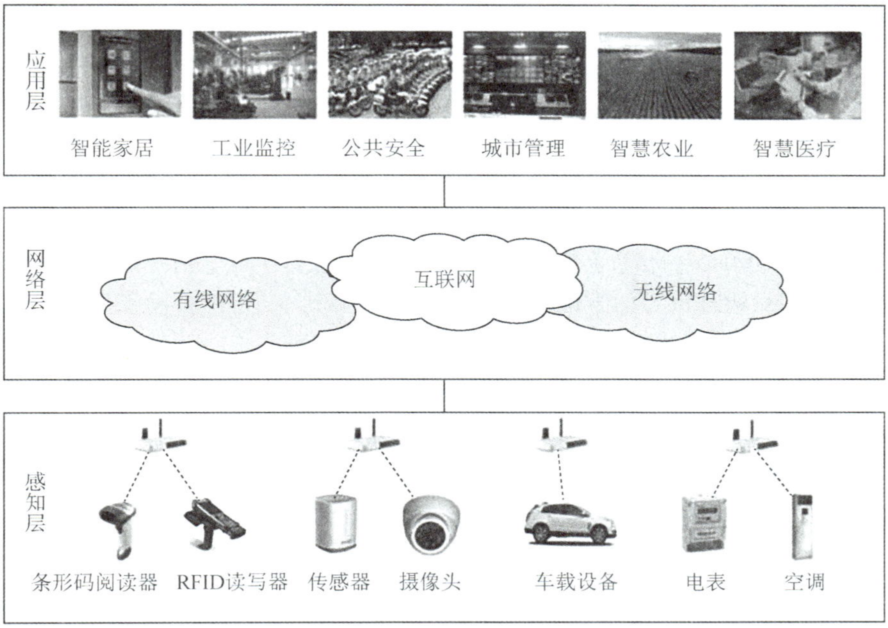

图 6-29 物联网三层体系架构

感知层主要负责采集物理数据,包括各类物理量、身份标识、位置信息、音频数据、视频数据等。物联网的数据采集主要通过条形码、RFID、传感器、多媒体信息采集、车载设备、各种智能装置的数据采集等技术实现。

网络层主要负责大范围的数据传递,它把感知层获取的数据快速、准确、安全地传送到目的地址,使物品能够进行远距离通信。物联网中的各种智能设备需要借助各种接入设备及通信网实现与互联网的连接。这些接入设备包括光纤接入、无线接入、以太网接入、卫星接入等,它们能够实现底层传感器网络、RFID 网络等最后 1 km 的接入。通过这些接入方式,网络层可以综合已有的全部网络形式,构建更加广泛的“互联”,以实现更大范围的信息传输。而互联网作为目前应用广泛的通信网,承担着物联网中远距离、大范围信息传输的主要任务。通过互联网的连接,物联网设备可以跨越地理空间的限制,实现信息的实时共享和交互。

应用层是物联网和用户的接口,它与行业需求结合,实现物联网的智能应用。网络层传输的数据在应用层中进入各类信息系统进行处理,并通过各种设备与人进行交互。应用层由业务支撑平台、网络管理平台、信息处理平台、信息安全平台、服务支撑平台等组成,完成协同、管理、计算、存储、分析、挖掘,以及提供面向行业和大众用户的服务等功能。

在物联网的体系结构中,各层之间的信息并不是单向传递的,而是具有交互性和控制性的。这意味着信息不仅可以从感知层传递到网络层和应用层,还可以从应用层通过网络层反馈到感知层,实现双向通信和控制。同时,物联网所传递的信息种类多样,包括能唯一标识物品的识别码、物品的静态信息和动态信息等,通过这些信息,物联网能够实现对物品的精准识别、定位、追踪和监控。

尽管物联网在不同领域的应用特点各异，但每个应用基本都是基于感知层、网络层和应用层三层体系架构。这种统一的架构为物联网应用提供了稳定性和可扩展性，使得各种应用能够在相同的框架下进行开发和部署。感知层负责收集和处理物理世界的信息，网络层负责信息的传递和通信，而应用层则负责根据具体需求对信息进行处理和应用。这种层次化的结构使物联网能够灵活应对不同领域的需求，实现各种智能化应用。

6.5.3 物联网关键技术

1. 感知层的关键技术

感知层的关键技术是一个综合性的技术体系，它涵盖了自动识别技术、传感器技术等，这些技术共同实现了对物理世界的智能感知和信息采集。其中，利用自动识别技术可以获取设备的身份及其他信息，并将这些信息送入后台的计算机处理系统。传感器技术负责收集物理世界的数据，从最初的简单数据发展到现在的能够获取图像、视频和音频等复杂数据的无线传感器网络。下面主要介绍三种常用的自动识别技术：条形码技术、二维码技术和射频识别技术。

(1)条形码技术。

条形码(bar code)是将宽度不等的多个黑条和白条，按照一定的编码规则排列，用以表达一组信息的图形标识符。常见的条形码是由反射率相差很大的黑条(简称条)和白条(简称空)排列的平行线图案，用来标识物品的生产地、制造厂家、商品名称、生产日期、类别等许多信息，在商品流通、图书管理、邮政管理、银行系统等许多领域都得到了广泛应用。

条形码因条形组成规则不同而形成多种码制，EAN(European article number)是目前使用最为广泛的一种国际性的条形码系统，我国也使用此码。EAN-13 码由 13 位数字构成，分别为前缀码(3 位)、制造商代码(4 位)、商品代码(5 位)和校验码(1 位)，如图 6-30 所示。其中，前缀码标识所属的国家或地区，由国际物品编码协会负责分配，如 690～695 代表中国；制造商代码由各个国家或地区的物品编码组织负责分配。图书和期刊作为特殊的商品也采用 EAN-13 码来表示国际标准书号(International Standard Book Number，ISBN)和国际标准连续出版物号(International Standard Serial Number，ISSN)，前缀 978 用于 ISBN，977 用于 ISSN。

图 6-30 EAN-13 码

任何一个完整的条形码都是由两侧空白区、起始字符、数据字符、校验字符(可选)、终止符和供人识别字符组成。要将按照一定规则编译出来的条形码转换成有意义的信息，需要有条形码阅读器、计算机系统组成的一套条形码识别系统。其中，条形码阅读器完成扫描、译码任务。

条形码的最右边一位是校验位，它是保证条形码识读时不会出现差错的重要措施。条形码具有自校验特性，这使得一个条形码符号即使出现一个印刷缺陷也不会导致出现替代错误。

条形码校验码的计算方法如下。

①把条形码从右往左依次编号为 1,2,3,4,…,把所有偶数序号位上的数求和,然后乘以 3。

②从序号 3 开始把所有奇数序号上的数求和。

③将上述两数求和,再进行 mod 10 运算,得到余数(即取其个位数)。

④如果余数为 0,则校验码为 0,否则用 10 减去余数得到的差即为校验码。

假设某商品条形码是 690123456789X,求校验码 X。首先将条形码偶数序号位上的数求和再乘以 3,即 $(9+1+3+5+7+9)\times3=102$;然后将条形码奇数序号上的数求和,即 $6+0+2+4+6+8=26$;最后将以上两数之和对 10 求余,即 $(102+26) \bmod 10=8$,得到校验码为 $10-8=2$。所以,校验码 X=2,此条形码为 6901234567892。

例 6-3 编写 Python 程序,用于生成 EAN-13 条形码的校验码。

程序如下。

```
def ean13_check(digits):              #digits 是包含条形码前 12 位数字的字符串
    if len(digits)!=12:
        print("输入必须包含 12 位数字")
    digits_lst=[int(digit) for digit in digits]    #将字符串转换成数值列表
    weights=[1,3] *6                  #生成列表 [1, 3, 1, 3, 1, 3, 1, 3, 1, 3, 1, 3]
    result=[digits_lst[i] *weights[i] for i in range(12)]    #对应元素相乘
    msum=sum(result)
    check=10-msum %10
    return check                      #返回校验码
ean13_prefix="690123456789"
check=ean13_check(ean13_prefix)
print("校验码为:", check)
print("EAN-13 条形码为:", ean13_prefix+str(check))
```

程序运行结果如下。

```
校验码为: 2
EAN-13 条形码为: 6901234567892
```

条形码的制作可以使用 WPS Office 的各个组件完成。在 WPS 组件主界面单击“插入”选项卡中的“稻壳资源”下拉按钮,在下拉菜单中选择“条形码”命令,接着在“插入条形码”对话框中选择 EAN 条形码类型,并输入条形码数字即生成条形码,单击“插入”按钮将条形码插入文档。

Label mx 是专业的条形码生成软件,集条码生成、画图设计、标签制作、批量打印于一体,可以将条形码导出为矢量图片(. emf 和. wmf),以便与专业的图形图像处理软件 CorelDRAW、Photoshop、Illustrator 交互使用。

(2)二维码技术。

二维码是对条形码的改进。条形码只在水平方向上表达信息,二维码则是在水平和竖直两个方向上的二维空间存储信息,它使用某种特定的黑白相间的几何图形按一定规律在平面分布，以此来记录数据符号信息。通过扫描设备，如智能手机或专用阅读器，可以识别并读取二维码中存储的信息。二维码弥补了条形码信息量不足的问题，在产品追溯、信息自动采集、移动互联服务接入方面具有广泛的应用。

与条形码一样，二维码也有许多不同的编码方法，通常可以分为线性堆叠式二维码和矩阵式二维码等。

线性堆叠式二维码也称为行排列二维码，是在一维条形码编码原理的基础上，将多个一维码纵向堆叠而产生的，是一种多层可变长度、具有高容量和纠错能力的二维码。典型的线性堆叠式，二维码有 PDF417、Code 16K、Code 49 等。PDF417 二维码主要应用于医院、驾驶证等信息的查询。

矩阵式二维码也称为棋盘式二维码，它在一个矩形空间通过黑、白像素对矩阵中的不同分布进行编码。在矩阵相应元素位置上，用点(方点、圆点或其他形状)的出现表示 1，点的不出现表示 0，点的排列组合确定了矩阵式二维码所代表的含义。典型的矩阵式二维码有 QR Code、Maxi Code、Data Matrix 等。

目前最流行的是 QR Code 二维码(简称 QR 码)。QR(quick response)码是由日本 DENSO WAVE 公司研制的一种矩阵式二维码，呈正方形，只有黑白两色。在三个角落印有较小的、像“回”字的正方形图案，这是用于帮助解码软件定位的图案，使用者不需要对准二维码，无论以任何角度扫描，信息都可被正确读取。

二维码的制作与一维条形码相似，可以通过 WPS Office 组件来完成，也可以使用专门的二维码生成软件或在线二维码生成器生成二维码，还可以利用 Python 的第三方库生成二维码。

例 6-4 利用 qrcode 模块生成二维码。

分析：qrcode 是模块 Python 的第三方模块，专门用于生成各类数据的二维码。

程序如下。

```
import qrcode                                   #需要先安装 qrcode 模块
img=qrcode.make("https://www.baidu.com")        #创建包含所需信息的二维码对象
img.save('qr.png')                              #保存二维码图像
img.show()                                      #显示二维码图像
```

程序运行后，生成如图 6-31 所示的二维码。

图 6-31　生成的二维码

程序中，make()函数用于创建二维码对象，将字符串参数设置为二维码所包含的文字信息或网页链接;二维码对象的 save()方法将二维码以文件名 qr.png 保存到本地文件夹中,show()方法显示二维码图像。

(3)射频识别技术。

射频识别(RFID)技术是一种非接触式的自动识别技术,它通过射频信号自动识别目标对象并获取相关数据。一个典型的 RFID 系统一般由标签(tag)、读写器和计算机系统三个主要部分组成,如图 6-32 所示。

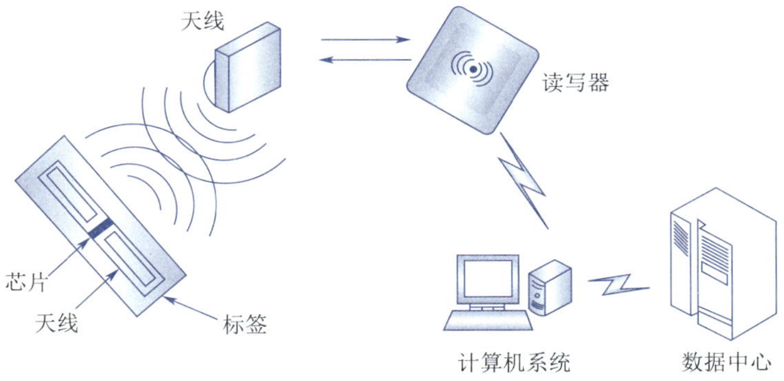

图 6-32　RFID 系统的组成

标签是一个微型无线收发装置,主要由天线和芯片组成。读写器是一个捕捉和处理标签数据的设备,它可以是单独的个体,也可以嵌入其他系统之中。读写器也是构成 RFID 系统的重要部件之一,由于它能够将数据写到标签中,因此称为读写器。

RFID 技术的基本工作原理是读写器通过天线发射特定频率的射频信号(即电磁脉冲);标签进入磁场后,接收读写器发出的射频信号,凭借感应电流所获得的能量发送存储在芯片中的信息;读写器读取信息并解码后,送至计算机系统进行有关数据处理。

RFID 技术无须直接接触,无须光学可视,无须人工干预,操作快捷方便,可工作于各种应用环境。随着物联网技术的快速发展,RFID 技术已成为物联网感知层的重要组成部分,被广泛应用于物流、交通、电子支付、安全鉴别等领域。其中很多应用需要在高速运动中对标签进行读写,如 ETC 电子收费系统、电子车牌、列车电子标签等。

2. 网络层的关键技术

物联网的网络层是连接感知层和应用层的纽带,它由互联网、各种有线和无线网络组成,负责将感知层获取的信息安全可靠地传输到应用层,然后根据不同的应用需求进行信息处理。

物联网中的无线通信技术按照传输距离可以分为短距离无线通信和长距离无线通信。

短距离无线通信包括无线局域网、蓝牙技术、ZigBee 技术、超宽带(ultra-wideband,UWB)技术等。无线局域网是一种允许电子设备连接到一个无线局域网的技术。蓝牙技术是一种低功率、小范围、低速率的无线通信技术,用于移动电话、无线耳机、笔记本计算机之间的短距离无线通信,数据传输速率约为 720 kb/s,通信范围在 10 m 左右。ZigBee 技术具有低成本、低功耗、低速率和短距离通信的特点,主要用于各种电子设备之间的无线通信技术,数据传输速率约为 250 kb/s,通信距离一般为 10～80 m,广泛应用于智能家居、工业控制、环境监测等领域。超宽带技术以其高速的数据传输、大空间容量、强抗干扰能力、高精度定位和低功耗等特点,在无线通信和定位领域具有广泛的应用。超宽带技术支持 100～400 Mb/s 的数据传输速率，可用于小范围内高速传送图像或 DVD 质量的多媒体视频文件。超宽带技术的典型应用是在智能仓储系统中，实现物体和人之间厘米级精度的定位和导航功能。

长距离无线通信技术常用于偏远地区、海岛以及船舶等场景，这些区域由于种种原因难以铺设有线通信设施。常用的长距离无线通信技术有微波通信技术、卫星通信技术等。

现有的通信网络种类繁多，它们都是针对不同客户群体的需求而精心设计的。这种设计思路使通信网络呈现出泛在化和异构化的特点，形成了目前多种异构网络共存的局面。物联网需要整合不同的通信技术，实现一个多元化和交互式的网络环境。因此物联网必须是异构、泛在的网络，它要实现不同网络的无缝融合和透明操作。在未来的物联网中，网络层将不再局限于传统的单一网络结构，最终将实现互联网、移动通信网、卫星网等不同类型网络的无缝融合，其中需要解决异构网络之间地址的统一与转换，以及分组格式和路由方式的选择等关键问题。

3. 应用层的关键技术

应用层关键技术包括数据分析、云计算等。

物联网和云计算的结合存在多种模式，IaaS、PaaS、SaaS 模式可以与物联网很好地结合起来。从智能分布的角度出发，“边缘计算”也是物联网应用智能处理模式的一种典型特征。物联网应用中的智能处理逻辑可以分布于从终端到后端集中平台之间的多个单元上，如何分布取决于物联网的应用类型，如边缘节点可以演变为智能节点，智能处理逻辑主要分布在这些智能节点上，这些智能节点提供的信息或服务供不同应用或用户进行访问。

数据分析是决策支持和过程控制的重要技术手段，它是物联网中的重要一环。物联网中的数据分析已经从传统意义上的数据统计分析、潜在模式的发现与挖掘，转向依赖云计算对采集到的各行各业、数据格式各不相同的海量数据进行整合、管理、存储，并在物联网中提供数据分析服务，实现预测、决策，进而反向控制传感网络，为用户提供丰富多彩的物联网应用。

6.5.4 物联网的应用

物联网技术作为新一代信息技术的重要组成部分，已经深入人们生活、工作的方方面面，为各行各业带来了深刻的变革和很大的便利。以下是物联网的几个典型应用。

1. 智能家居

智能家居是物联网在家庭领域的重要应用，它通过智能设备、传感器、网络通信技术等手段，将家庭中的各种设备连接起来，实现智能化控制和管理。智能家居的典型应用包括以下方面。

(1)智能灯光。通过物联网技术，用户可以实现灯光的远程控制、智能调光和场景模式设置，如会客模式、观影模式等，提高了家居生活的舒适性和便利性。

(2)智能空调。用户可以通过手机 APP 远程控制空调的温度、风速和模式，还可以设置回家模式和离家模式，根据实际需求自动调节室内温度。

(3)智能电视。将智能电视与物联网技术相结合，用户可以通过手机 APP 远程控制电视的播放、暂停和进度调节，还可以设置影院模式、游戏模式等，提升观影和娱乐体验。

(4)智能门锁。智能门锁通过物联网技术实现远程控制、指纹解锁、密码解锁等多种开锁方式，提高了家庭安全性。

(5)智能安防系统。包括智能摄像头、烟雾报警器、门窗传感器等设备，通过物联网技术实现远程监控和实时报警，确保家庭安全。

2. 智慧城市

智慧城市是物联网技术在城市管理和服务领域的综合应用，旨在提升城市管理效率和服务水平。智慧城市的典型应用包括以下方面。

（1）智能交通。通过物联网技术实现交通信息的实时采集和处理，优化交通信号控制，提高道路通行效率，减少交通拥堵和交通事故。

（2）智慧环保。利用物联网技术对城市环境进行实时监测和分析，如空气质量监测、水质监测等，为环境保护提供科学依据。

（3）智慧能源。通过物联网技术实现能源的智能分配和管理，如智能电网、智能电表等，提高能源的利用效率，降低能耗和减少污染物排放。

（4）智慧安防。在城市公共区域部署物联网设备，实现视频监控、人脸识别、入侵报警等功能，提高城市安全防范能力。

3. 智慧物流

智慧物流是物联网技术在物流领域的深入应用，通过物联网技术可以实现物流信息的实时采集和处理，提高物流运输的效率和安全性。智慧物流的典型应用包括以下方面。

（1）货物追踪。通过物联网技术为货物配备标签或传感器，实时追踪货物的位置和状态信息，确保货物安全送达。

（2）智能仓储。利用物联网技术实现仓库的自动化管理和智能化调度，提高仓储效率和空间利用率。

（3）智能配送。通过物联网技术优化配送路线和规划配送时间，提高配送效率和准确性，降低配送成本。

4. 智能医疗

智能医疗是物联网技术在医疗领域的重要应用，通过物联网技术实现医疗设备的远程监控和管理、患者生理状态的实时监测等功能。智能医疗的典型应用包括以下方面。

（1）远程医疗。利用物联网技术实现医生和患者之间的远程诊疗和咨询，解决医疗资源短缺和分配不均的问题。

（2）可穿戴医疗设备。通过智能可穿戴设备实时监测患者的生理指标，如心率、血压等，并将数据传输给医生进行诊断和给出治疗建议。

（3）医疗设备定位与盘点。利用物联网技术实现医疗设备的实时定位和自动盘点，提高医院资产管理的效率和准确性。

5. 智能制造

智能制造是物联网技术在制造业领域的深入应用，通过物联网技术实现生产过程的智能化管理和优化。智能制造的典型应用包括以下方面。

（1）设备监控。利用物联网技术实时监测生产设备的运行状态和性能参数，预测潜在的故障并采取预防性措施。

（2）远程维护。通过物联网技术实现生产设备的远程故障诊断和维修指导，提高设备维护的效率和准确性。

（3）供应链优化。利用物联网技术实现供应链的实时跟踪和管理，优化库存和物流资源配置，提高供应链的整体效率。

6.6 区块链技术

近些年，大数据技术的应用引起了业界的广泛关注，大数据在促进社会进步的同时，也带来了很多的问题和挑战，尤其是大数据治理和隐私保护问题。区块链技术具备去中心化、不可篡改、透明化等特征，在改善大数据安全服务方面具有巨大的潜力。例如，在版权保护方面，利用分布式账本和时间戳技术使全网对知识产权达成共识，实现版权及时确权；利用非对称加密技术保证版权的唯一性，时间戳技术保证版权归属方，从而解决传统的版权保护难题。

6.6.1 区块链的概念

互联网技术的发展极大地加快了信息传输的速度，深刻地改变了人类的生产生活方式。但是它并不关心互联网中人与人之间的信任机制。而区块链技术在互联网的基础上构建了一种新的信任机制，以极低的成本解决了互联网信任与价值的可靠传递问题，被认为是互联网的二次革命。

区块链(blockchain)本质上是一个共享数据库，它通过去中心化和信任的方式集体维护一个可靠的数据库，具有“不可伪造”“可以溯源”“公开透明”和“全程留痕”等特征。基于这些特征，区块链技术奠定了互联网的信任机制，大幅提高了网络沟通协作的效率，具有广阔的应用前景。

1. 区块链和比特币

区块链这一概念最早是由中本聪(Satoshi Nakamoto)提出的。2008 年，中本聪在论文《比特币：一种点对点电子现金系统》中阐述了基于 P2P 网络技术、加密技术、时间戳技术、区块链技术等的电子现金系统的构建理念，这标志着比特币的诞生。和法定货币相比，比特币没有一个特定的发行机构，而是由网络节点根据特定的算法生成，即通过“挖矿”生产新的比特币。所谓“挖矿”，实质上就是用计算机解决一个复杂的数学问题，随后网络节点根据特定的算法生成一定量的比特币作为奖励，奖励给参与解决问题的人。

比特币基于 P2P 网络技术，利用网络众多节点构建分布式数据库来确认并记录所有交易行为，同时利用密码学的技术来确保货币流通的各个环节的安全性。P2P 网络技术的去中心化特性与算法本身可以确保无法通过大量制造比特币来人为操控币值。基于密码学的设计可以使比特币只能被真实的拥有者转移或支付，这同样确保了货币所有权与流通交易的匿名性。比特币与其他虚拟货币最大的不同就是其总数非常有限，因此具有极强的稀缺性。

为比特币而发明的区块链技术解决了重复消费问题的数字货币问题，利用 P2P 网络技术和分布式时间戳服务器，区块链数据库能够进行自主管理。

区块链技术作为比特币的底层技术，是指一串使用密码学方法相关联产生的数据块，每一个数据块中包含了一批次比特币网络交易的信息，用于验证其信息的有效性(防伪)和生成下一个区块。

从狭义上来讲，区块链技术是一种按照时间顺序将数据区块以顺序相连的方式组合成的一种链式数据结构，并以密码学方式保证不可篡改和不可伪造的分布式账本。

从广义上来讲，区块链技术是利用块链式数据结构来验证与存储数据，利用分布式节点共识算法来生成和更新数据，利用密码学的方式保证数据传输和访问的安全，利用自动化脚本代码组成的智能合约来编程和操作数据的一种全新的分布式基础架构与计算方式。

2. 区块链的特点

区块链技术本质是解决网络中人与人之间的信任问题，利用分布式存储技术解决数据安全问题，利用数据加密技术解决信息真伪问题。因此，区块链技术的特点如下。

(1)去中心化。由于使用分布式核算和存储，系统中不存在中心化的硬件或管理机构，任意节点的权利和义务都是均等的，系统中的数据块由整个系统中具有维护功能的节点来共同维护。

(2)开放性。在区块链中，除了交易各方的私有信息被加密外，区块链的数据对所有人公开，任何人都可以通过公开的接口查询区块链数据和开发相关应用，因此整个系统信息高度透明。

(3)自治性。区块链采用基于协商一致的规范和协议(如一套公开透明的算法)，使整个系统中的所有节点能够在信任的环境中自由、安全地交换数据，使对人的信任改成了对机器的信任，任何人为的干预都不起作用。

(4)信息不可篡改。一旦信息经过验证并添加至区块链，就会永久地存储起来，除非能够同时控制系统中超过 51%的节点，否则单个节点上对数据库的修改是无效的，因此区块链的数据稳定性和可靠性极高。

(5)匿名性。由于节点之间的交换遵循固定的算法，其数据交互是无需信任的(区块链中的程序规则会自行判断活动是否有效)，因此交易对手无须通过公开身份的方式让对方对自己产生信任，对信用的累积非常有帮助。

6.6.2　区块链架构模型

区块链在架构上通常被分为 6 层，即数据层、网络层、共识层、激励层、合约层和应用层，如图 6-33 所示。

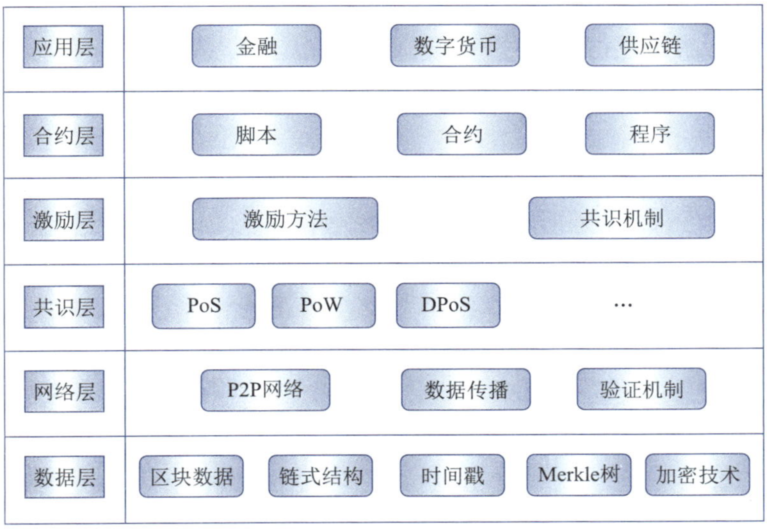

图 6-33　区块链的架构模型

1. 数据层

数据层通过块存储数据，并且所有数据都包含在每个数据节点之间。数据层主要解决这些数据如何组合形成有意义的块的问题。每个块包括大小、块头、块中包含的交易数，以及最近的一些交易或所有的新交易。

2. 网络层

区块链技术是去中心化的，依靠点对点交换信息，这需要网络层来实现。因此，网络层的功能是实现区块链网络中节点与节点之间的信息交换，主要包括 P2P 网络、数据传播和验证机制。正是由于块的 P2P 特性，数据传输分散在各个节点之间进行，因此即使某些节点或网络被破坏，也不会对其他部分的传输产生影响。

3. 共识层

区块链中每个节点都可以生成新的区块来完成记账，因此，共识层的功能是让高度分散的节点对区块数据的有效性达成共识，并能够确定谁可以向主链中添加新的区块。目前，共识机制算法有十多种，其中最著名的是工作量证明机制（PoW）、权益证明机制（PoS）和股份授权证明机制（DPoS）等。

4. 激励层

激励层提供了一些激励方法，鼓励节点参与记账并确保整个网络的安全运行。通过共识机制，赢得记账权的节点可以获得一定的奖励。目前，最熟悉的比特币有两个主要的激励因素：一是产生新区块的系统奖励；二是每次的交易手续费。

5. 合约层

区块链具有可编程的特性，该层封装了各种脚本、程序和合约。例如，智能合约是区块链的一些脚本，区块链上的各种交易会触发对应的脚本。触发后，该脚本就可以从区块链中读取数据或向区块链中写入数据，甚至触发其他脚本协同工作。通过这种方式，就可以使用程序算法来替换人员进行仲裁和执行合同，为用户节省巨大的信任成本。

6. 应用层

应用层封装了区块链的各种应用和场景，包括金融、数字货币、供应链、物联网、医疗、版权等领域。

6.6.3 区块链关键技术

1. 分布式账本

分布式账本指的是交易记账由分布在不同地方的多个节点共同完成，而且每一个节点记录的是完整的账目，因此它们都可以参与监督交易合法性，同时也可以共同为其作证。与传统的分布式存储有所不同，区块链的分布式存储的独特性主要体现在两个方面：一是区块链每个节点都按照块链式结构存储完整的数据，传统分布式存储一般是将数据按照一定的规则分成多份进行存储；二是区块链每个节点存储都是独立的、地位等同的，依靠共识机制保证存储的一致性，而传统分布式存储一般是通过中心节点往其他备份节点同步数据。没有任何一个节点可以单独记录账本数据，从而避免了单一记账人被控制或者被贿赂而导致记假账的可能。

记账节点足够多，理论上讲，除非所有节点被破坏，否则账目就不会丢失，从而保证了账目数据的安全。

2. 非对称加密技术

非对称加密技术需要密钥对，即公钥和私钥成对出现。公钥公开，私钥保密，私钥加密的信息只有对应的公钥才能解开，公钥加密的信息只有对应的私钥才能解密，即公钥加密，私钥解密；私钥签名，公钥验证。存储在区块链上的交易信息是公开的，但是账户身份信息是高度加密的，只有在数据拥有者授权的情况下才能访问，从而保证了数据的安全，保护了个人的隐私。

3. 共识机制

共识机制就是所有记账节点之间怎么达成共识，去认定一个记录的有效性，这既是认定的手段，也是防止篡改的手段。区块链提出了 4 种不同的共识机制，适用于不同的应用场景，在效率和安全性之间取得平衡。

区块链的共识机制具备“少数服从多数”以及“人人平等”的特点，其中“少数服从多数”并不完全指节点个数，也可以是计算能力、股权数或者其他的计算机可以比较的特征量。“人人平等”是指当节点满足条件时，所有节点都有权优先提出共识结果、直接被其他节点认同后并最后有可能成为最终共识结果。以比特币为例，采用的是工作量证明机制，只有在控制了全网超过 51%的记账节点的情况下，才有可能伪造出一条不存在的记录。当加入区块链中的节点足够多时，这基本上是不可能的，从而杜绝了造假的可能。

4. 智能合约

智能合约是基于可信的不可篡改的数据，自动化地执行一些预先定义好的规则和条款。以保险为例，如果说每个人的信息（包括医疗信息和风险发生的信息）都是真实可信的，那就很容易在一些标准化的保险产品中进行自动理赔。在保险公司的日常业务中，虽然交易不像银行和证券行业那样频繁，但是对可信数据的依赖性有增无减。

区别于其他技术，区块链技术发展过程中最显著的特点是与产业界紧密结合，伴随着加密货币和分布式应用的兴起，区块链技术在金融、物流、数字出版等领域得到了广泛应用。

6.6.4　区块链的应用

本节以课堂行为管理系统为例来说明区块链的应用。课堂行为管理系统是学生管理系统的一部分。为了记录学生的课堂行为，教师提出由班长负责记录所有学生课堂行为的中心化管理系统。在这个系统中，班长作为中心节点拥有绝对权威，由他管理并记录所有学生的课堂行为和学生获得的平时分数。但是，如果管理系统崩溃，那么所有人的行为记录将全部丢失，而且系统无法阻挡其他学生利用一些特殊手段让班长帮忙修改记录或者添加造假数据。于是，教师提出去掉以班长为中心的中心化管理系统。

1. 去中心化管理系统

去中心化管理系统是一个要求全班学生参与管理的学生课堂行为管理系统，当教师对某位学生的课堂表现给予加分时，全班学生都在系统里面记下该学生的行为和获得的平时分数。这就是区块链技术中的“分布式记账”。这种情况下，如果某位学生想修改自己的课堂行为和平时分数，就必须通过特殊手段登录系统，修改每位学生对他的记录信息，这大大增加了修改的难度。

2. 简单的默克尔树算法

为了进一步提高系统的安全可信度，教师要求学生在系统中记录每天的学生课堂行为信息后，提交如表 6-1 所示的认证信息表。

表 6-1　认证信息表

认证信息			
时间戳		2024 年 9 月 2 日	
平时表现值		1008	
上一条认证信息		2024 年 8 月 27 日　1152	
课堂行为记录			
序号	学生姓名	课堂行为	平时分数
1	学生 A	回答问题	3
2	学生 B	提出问题	4
3	学生 C	讨论问题	4
4	学生 D	回答问题	2

如表 6-1 所示，认证信息表的认证信息就是区块的头部(header)，其中时间戳就是认证信息记录的时间；平时表现值是依据区块链技术中经典的默克尔树(Merkle tree)算法计算得到的默克尔值来记录的，这种方法可以理解为将当天的行为数据整合到一条信息中的算法；上一条认证信息就是前一节课的认证信息。课堂行为记录是当天的行为数据，也就是区块链中的交易(transactions)数据。

下面给出一个简单的默克尔树算法。首先，每位学生的记录都需要被不可逆非对称算法加密，这里简单使用序号＋平时分数表示；然后，每两条记录再进行不可逆的非对称算法加密，这里简单使用两数相乘表示；最后，得到的这个数就可以简单理解为默克尔值，具体的计算过程如图 6-34 所示。

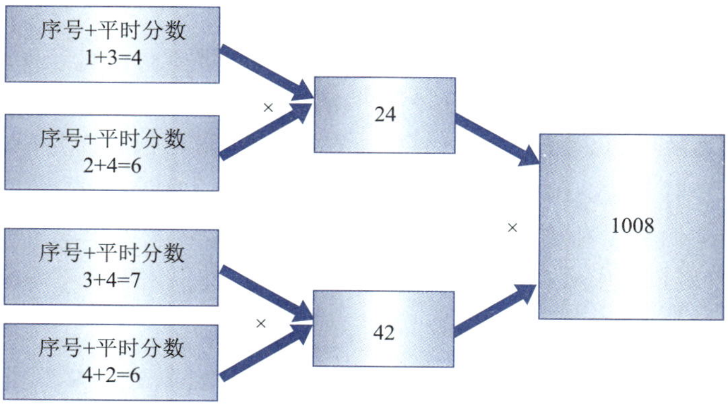

图 6-34　默克尔值的计算过程

在基于认证信息表的去中心化管理系统中，如果某位学生想要篡改认证信息的记录，他需要重新计算所有平时表现值，并且每条认证信息的平时表现值还会被带到下一次课堂的认证信息中。也就是说，需要找到所有学生的所有认证信息进行修改，这几乎是不可能的。实际上，平时表现值就是利用区块链中的加密技术保证了数据的安全，增加了用户篡改的难度。

3. 区块链中的“挖矿”

课堂行为管理系统中每天会产生大量的认证信息，同时系统又是去中心化管理系统，认证信息收集的一种方案是教师每天出一道题，谁先解答出这道题，谁就负责收集所有学生的认证信息，并把认证信息封存后转发给其他学生，而这位学生也会因此被奖励一定的平时分数，如 5 分。

通过优先解答问题并获得奖励就是俗称的“挖矿”。“挖矿”可以产生新的认证信息，解答的人则获得相应的奖励。每条认证信息都和上一条认证信息紧密关联，这就是区块链中的区块。查看每位学生的平时分数需要查阅所有的认证信息，这些认证信息连在一起就形成了区块链。因此，“挖矿”就是区块链网络上的节点互相竞争帮助封存区块，从而获取奖励的一种方式。

4. 区块链系统的形成过程

区块链系统的形成过程如图 6-35 所示。首先，系统建立去中心化的“分布式记账”方法，形成区块链系统中的账本；其次，将每位学生记录的账本形成“认证信息表”，即区块链系统中的区块；再次，将系统中的区块收集连在一起形成区块链系统中的区块链；最后，参与记账的每位学生形成了区块链网络中的节点。

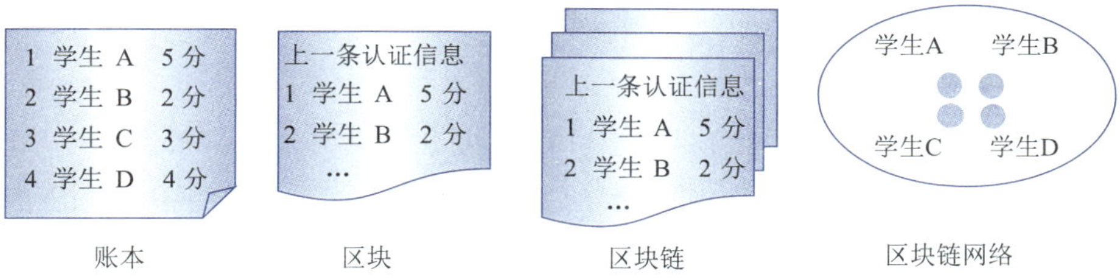

图 6-35 区块链系统的形成过程

综上所述，在课堂行为管理系统中，区块就是记录学生平时表现的认证信息；区块链网络中的节点就是所有学生；每条认证信息都和上一条认证信息紧密关联，形成了区块链。当然，真正的区块链系统会使用复杂的、不可逆非对称加密算法来加强系统的数据安全性和保护个人隐私。

6.7 网络安全技术

网络安全技术是指通过采用各种技术和管理措施，保护网络系统、网络数据和网络服务免受破坏、篡改或泄露，从而确保网络系统的正常运行、网络数据的完整性和保密性。目前，网络系统的安全隐患主要有来自计算机病毒的破坏以及黑客的攻击，相应的网络安全技术有病毒的防范技术、网络攻击防范技术及数据加密技术等。

6.7.1 计算机病毒及其防范

计算机病毒(computer virus)本质上是人为设计的、可执行的破坏性程序。通常计算机程序总要完成一定的功能,病毒程序的目标任务就是破坏计算机系统程序、毁坏数据,强占系统资源、影响计算机的正常运行。病毒程序一般来说是一段设计精巧、严谨的代码,按照严格的逻辑组织起来。在大多数的情况下,这种程序不是独立存储于计算机中的,一般依附(寄生)于其他的计算机程序,对计算机系统产生破坏。

1. 计算机病毒的特点

计算机病毒之所以称为病毒,是因为它与生物病毒有许多相似的特点。

(1)传染性。

传染性是病毒的基本特征。计算机病毒具有很强的自我复制能力,能在运行过程中不断再生、迅速搜索并感染其他程序,进而扩散到整个计算机系统。

(2)破坏性。

计算机病毒感染了计算机系统后,轻则占用系统资源,降低系统性能,重则破坏数据、删除文件、格式化磁盘,造成系统瘫痪,从而产生严重后果。

(3)寄生性。

计算机病毒一般都不是独立存在的,而是寄生于其他程序,当执行这个程序时,病毒代码就会被执行。一般在正常程序未启动之前,用户是不易发觉病毒的存在的。

(4)隐蔽性。

计算机病毒通常附加在正常的程序之中或藏匿于磁盘的隐蔽处,有的病毒在感染了系统之后,系统仍能正常工作,用户难以直接发现。

(5)潜伏性。

计算机病毒侵入计算机后不会立即发作,而是会潜伏在系统中,等待条件成熟后才进行破坏活动。这种潜伏性可能会影响计算机性能,因为病毒在潜伏期间可能会占用系统资源。

2. 计算机病毒的传播途径

计算机病毒具有自我复制和传播的特点,能够进行数据交换的介质都可能会成为计算机病毒的传播途径。计算机病毒的主要传播途径有硬盘、移动存储设备、计算机网络等。

随着互联网技术的迅速发展,现在的计算机用户几乎每天都会从网络上下载一些有用的资料信息。互联网在给人们的工作与生活带来极大方便的同时,也成为病毒滋生与传播的温床。当人们从互联网上下载或浏览各种资料时,病毒也就可能伴随着这些有用的资料侵入用户的计算机。电子邮件无疑也是病毒传播的主要方式,常出现的危害性比较大的病毒几乎全是通过电子邮件进行传播的。

3. 计算机病毒的分类

计算机病毒的分类方法有多种。根据传播途径划分,计算机病毒可分为单机病毒和网络病毒。单机病毒主要在交换文件时传播,传染媒介一般是移动存储设备;网络病毒主要通过网络传播,如通过电子邮件或网页传播。根据破坏能力划分,计算机病毒可分为良性病毒和恶性病毒。良性病毒往往只和用户开玩笑,而不会破坏用户的文件和系统等;而恶性病毒会给用户造成很大损失。计算机病毒较为流行的分类方法是按病毒所采用的技术方式进行分类。根据病毒所采用的技术方式划分，计算机病毒可分为以下 7 类。

(1)系统引导型病毒。

系统引导型病毒是利用计算机系统的启动机制而设计的，一般藏匿在磁盘主引导区，通过改变引导区的内容来达到破坏的目的。引导型病毒通常用病毒信息来取代正常的引导记录，而把正常的引导记录存储到磁盘的其他空间中。由于安全的磁盘引导区是磁盘正常工作的先决条件，系统引导型病毒在操作系统启动时就获得了控制权，因此具有很大的传染性和危害性。

(2)文件型病毒。

文件型病毒主要攻击可执行文件(以.com 和.exe 文件为主)，然后将自身置于其中，通常寄生在可执行文件中。当这些文件被执行时，病毒程序就立即获得控制权。

(3)宏病毒。

宏病毒从本质上讲是一种文件型病毒。宏病毒是利用一些数据处理系统内置宏命令编程语言的特性而形成的。宏病毒可以把特定的宏命令代码附加在指定文件上，通过文件的打开或关闭来获取控制权。从技术上可以说，凡是具有“宏”能力的软件都有宏病毒存在的可能性。

(4)网络型病毒。

网络型病毒可分为通过互联网传播的单机病毒和直接的网络病毒。单机病毒实际包括了各种类型的病毒，只不过它们是通过网络传播而已。直接的网络病毒是专门使用网络协议(如TCP、HTTP、电子邮件协议等)来进行感染。网络病毒感染计算机内存，强制计算机向网络发送大量数据包、非法使用网络资源，可能导致网络速度下降，甚至使网络系统完全瘫痪。

(5)邮件病毒。

邮件病毒主要是利用电子邮件软件的漏洞进行传播的，常见的方法是将病毒代码依附于邮件的附件中，当用户接收邮件并打开附件时就会激活病毒。

(6)变体病毒。

变体病毒的特征是每当病毒感染计算机之后，会自动生成多个特征不固定、破坏形式各异的新病毒，这种新病毒不但会复制、传播，还会在被感染的计算机体内生成完全不一样的“下一代”病毒。

(7)复合型病毒。

复合型病毒能够合并传统的病毒行为，以不同的方式感染计算机，破坏程度非常大。

4. 计算机病毒的防范

通过采取技术上、管理上的措施，计算机病毒也是可以防范的。目前主要的病毒防范技术有病毒预防、病毒检测和使用杀毒软件。

(1)病毒预防。

病毒预防是指在病毒尚未入侵时就建立一道屏障或在病毒刚刚入侵时就拦截、阻击病毒的入侵或立即报警，这是病毒防治工作的关键。主要的预防措施包括使用正版软件、不随便打开或下载来历不明的邮件附件或其他软件工具、采用可靠的杀毒软件、建立程序的特征值档案、对重要文件和数据采取加密方式传输等。

(2)病毒检测。

病毒检测主要有两种方式，即异常情况诊断和病毒检查。

异常情况诊断依据系统的现状诊断出是否感染了病毒，在发现病毒的情况下再采取相应的措施。如果计算机工作过程中出现硬件、软件和网络运行的异常现象，则有可能感染了病毒。病毒检查则是通过检查计算机系统的相应特征来确定是否感染病毒，如磁盘主引导扇区记录、文件分配表、可用内存空间等。

(3)使用杀毒软件。

为了对抗计算机病毒，许多公司推出了各种杀毒软件，能够有效地查出和消除计算机病毒。有些软件还可以进行网络预防与杀毒、实时监测，能随时监测系统中是否存在病毒并能及时向用户进行警示。

6.7.2 网络攻击及其防范

网络攻击是指以未经授权的方式访问计算机系统和网络，非法获取、篡改或破坏数据、系统资源的行为。随着网络技术的发展，网络攻击问题越来越严重，用户必须了解常见的网络攻击和威胁，掌握必要的防范措施。

1. 网络攻击类型

常见的网络攻击类型包括以下 4 种。

(1)恶意软件。

恶意软件是指在未经用户许可的情况下，在用户计算机上安装运行，侵犯用户合法权益的软件。恶意软件可以分为多种类型，包括病毒、蠕虫、木马、间谍软件、勒索软件等。这些软件各有其特点，病毒通过感染其他文件或程序来传播并破坏系统；蠕虫能够自我复制并通过网络传播；木马会伪装成合法程序并企图获取系统访问权限；间谍软件用于窃取用户信息或监视用户活动；勒索软件使用加密手段劫持数据或系统并勒索赎金。

(2)网络钓鱼。

网络钓鱼(phishing)即网络诈骗，是指利用虚假邮件或短信诱导用户打开恶意链接或附件，窃取用户凭证，泄露敏感数据或传播恶意软件的一种攻击方式。

(3)拒绝服务。

拒绝服务(denial of service，DoS)是使用超出被攻击目标处理能力的大量数据包消耗系统可用资源(包括内存、磁盘空间、进程和网络带宽等)，最终导致系统过载、处理能力下降、无法响应合法请求，甚至导致网络服务瘫痪的一种攻击手段。

(4)网络监听。

网络监听是一种监视网络状态、数据流以及信息传输的管理工具，它可以将网络接口设置成监听模式，并且可以截获网上所传输的信息。这种技术通常用于协助网络管理员监测网络传输数据，排除网络故障。然而，黑客也经常利用这种技术截获网络传输的数据，如用户口令等。

2. 网络攻击手段

常见的网络攻击手段包括冒充合法程序的木马程序以及非法入侵计算机网络的黑客等。

(1)木马。

木马(Trojan horse)是指那些冒充合法程序却以危害计算机安全为目的的非法后门程序。一旦计算机感染木马，木马程序就会在用户系统中开启一个“后门”，黑客们就会从这个被打开的特定“后门”进入计算机，随心所欲地进行各种操作，如窃取账号、密码、银行信息等。

木马传播的途径一般有不安全的链接、即时通信软件、非正规的网站、系统漏洞、移动设备等。木马通常在不经意间入侵用户的计算机，新的变种层出不穷。因此，在检测、清除它的同时，更要注意采取措施来防范它，下面列举几种防范木马的方法。

①不要下载、接收、执行任何来历不明的软件或文件。

②不要随意打开来历不明的邮件，打开附件前必须杀毒。

③不要浏览不健康、不正规的网站，访问这些网站是非常危险的。

④安装专门的木马防治软件，并及时升级代码库。

⑤及时为操作系统打上补丁，并经常升级常用的应用软件。不但操作系统存在漏洞，应用软件也是存在漏洞的，很多木马就是通过这些漏洞来进行攻击的，很多时候打过补丁之后的系统本身就是一种最好的木马防范方法。

(2)黑客。

黑客(hacker)一般是指计算机网络的非法入侵者。他们利用现有的一些程序进入他人的计算机系统后，探测系统的安全弱点，并利用这些弱点破坏目标系统，从而盗取用户的机密信息，毁坏系统资源。

黑客攻击手段可分为非破坏性攻击和破坏性攻击两类。非破坏性攻击一般是为了扰乱系统的运行，并不盗窃系统资料，通常采用拒绝服务攻击。破坏性攻击是以入侵他人计算机系统、窃取系统保密信息、破坏目标系统的数据为目的的。

由于黑客拥有各种各样的入侵手段和攻击方式，所以系统必然要采取一系列的防范措施来保护用户的信息和隐私。

①身份认证。身份认证技术是在计算机网络中为了确认操作者身份而产生的有效解决方法。计算机网络世界中，用户的身份信息都是用一组特定的数据来表示的，计算机只能识别用户的数字身份，所有对用户的授权也是针对用户数字身份的授权。保证操作者的物理身份与数字身份一致，是身份认证技术要解决的问题。作为防护网络系统的第一道关口，身份认证有着举足轻重的作用。

②屏蔽 IP 地址。屏蔽 IP 地址这种方式见效最快，一旦网络管理员发现了可疑的 IP 地址申请，就可以通过防火墙屏蔽相对应的 IP 地址，这样黑客就无法再连接到服务器上了。但是这种方法也有很多缺点，因为很多黑客都使用动态 IP 地址，他们的 IP 地址会变化，一个 IP 地址被屏蔽，只要更换其他 IP 地址仍然可以进攻服务器，而且高级黑客有可能会伪造 IP 地址，这样屏蔽的也许就是正常用户的 IP 地址。

③过滤信息包。通过编写防火墙规则，可以让系统知道什么样的信息包可以进入、什么样的应该丢弃。如此一来，当黑客发送攻击性信息包，在经过防火墙时，信息就会被丢弃，从而防止黑客的进攻。但是这种做法仍然有不足的地方，例如，黑客可以通过改变攻击性代码的形态，让防火墙分辨不出信息包的真假；或者黑客干脆无休止地发送大量信息包，直到服务器不堪重负而造成系统崩溃。

④修改系统协议。为了应对黑客对系统漏洞的扫描，系统管理员可以修改服务器的相应协议，例如，漏洞扫描是根据文件的返回值对文件的存在进行判断的，这个数值如果是 200 则表示文件存在于服务器上，如果是 404 则表示在服务器上没有找到相应的文件，但是管理员如果修改或屏蔽了返回数值，那么漏洞扫描就毫无用处。

⑤访问控制。系统设置入网访问权限、网络共享资源的访问权限、目录安全等级控制、防

火墙安全控制等，各种安全控制机制互相配合，最大限度地保护系统免受黑客攻击。

3. 网络攻击防范

网络攻击造成的影响和损失是巨大的，小到个人信息，大到国家安全。因此，做好网络攻击防范变得越来越重要，其中构建防火墙系统是一种非常有效的防范措施。

防火墙原理

防火墙（firewall）是指隔离在本地网络与外界网络之间的一道防御系统，是一个由硬件设备和软件组合而成的，在内部网和外部网之间、专用网和公共网之间的界面上构造的保护屏障。通过防火墙，可以使企业内部网络与外部网络之间互相隔离，限制网络互访，达到保护内部网络的目的，其逻辑位置如图 6-36 所示。

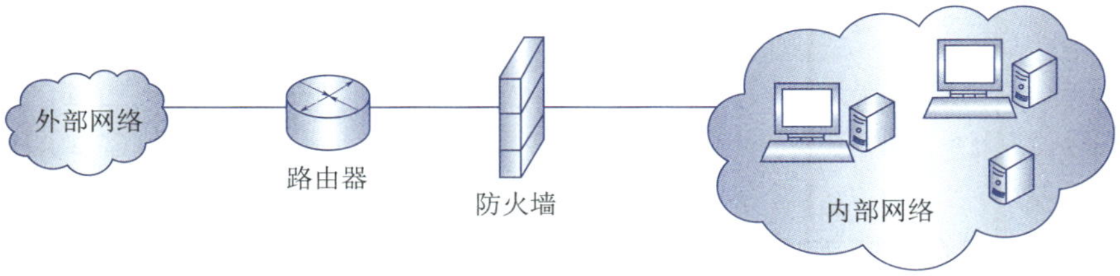

图 6-36　防火墙的逻辑位置

防火墙主要由服务访问规则、验证工具、包过滤和应用网关 4 个部分组成。防火墙实际上是一种隔离技术，是在两个网络通信时执行的一种访问控制手段，计算机流入流出的所有网络通信和数据包均要经过防火墙。防火墙能允许用户“认可”的人和数据进入网络，同时将用户“不认可”的人和数据拒之门外，最大限度地阻止网络中的黑客来访问自己的网络，从而防止他们更改、复制和毁坏自己的重要信息。

此外，养成良好的上网习惯是预防网络攻击的基本手段之一。一方面，作为网民，我们应自觉遵守国家有关互联网的法律法规和政策，坚持依法上网、文明上网，不在微信、微博等社交平台发布和传播违反国家法律、损害国家安全、破坏社会稳定的信息，共建清朗网络空间。另一方面，要掌握网络攻击防范技能，丰富网络安全知识，不随意打开不明网站，不轻易在网络上透露个人隐私和重要身份信息，谨防因信息泄露造成不必要的损失。

6.7.3　数据加密技术

网络安全与信息加密

数据加密技术是保护信息安全的重要手段，它通过特定的算法和密钥将明文数据转换为密文数据，确保数据在传输或存储过程中的安全性和完整性，防止数据被窃取、篡改和滥用。因此，数据加密技术已经被广泛应用于各种网络应用和信息系统中。

1. 数据加密的工作过程

数据加密（data encryption）是指通过特定的加密算法和密钥将原始的明文数据转换成无法直接阅读的密文数据的过程。这种转换过程是可逆的，即通过使用相应的解密算法和密钥，可以将密文还原成明文，从而实现对数据的保护。

如果用 p 表示明文，用 c 表示密文，用 E 表示加密算法，则加密过程可以表示为如下形式。

$$c=E(p)$$

如果解密函数用 D 表示，则解密过程可以表示为如下形式。

$$p=D(c)$$

其中，加密和解密算法中输入的参数称为密钥。如果加密方和解密方使用同一个密钥去加密和解密数据，则称为对称加密，否则称为非对称加密。

对称加密算法的加密密钥和解密密钥相同，由于运算量小、速度快、安全强度高，因而被广泛采用。对称加密的工作过程如图 6-37 所示。图中用户 Bob 作为发送方根据加密算法和密钥将原始文档处理为加密文档，用户 Alice 作为接收方通过解密算法和密钥将收到的加密文档转化为原始文档。

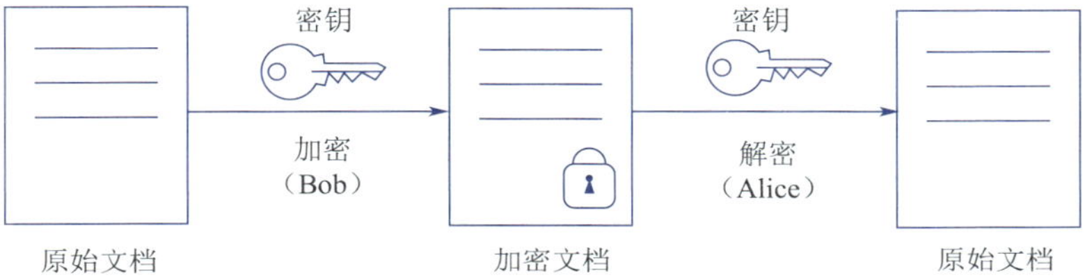

图 6-37　对称加密的工作过程

一般对称加密的算法是公开的，所以一旦密钥被泄露，那么密文就很容易被破解，所以对称加密的核心问题就是密钥的安全管理。

非对称加密算法的加密密钥和解密密钥不同，加密密钥称为公钥（public key），解密密钥称为私钥（private key）。公钥和私钥是一对，且二者成对出现。私钥由用户自己保存，不能对外泄露。公钥指的是公共的密钥，任何人都可以获得该密钥。用公钥或私钥中的任何一个进行加密，用另一个进行解密。加密和解密使用了两个不同的密钥，这就是非对称加密“非对称”的原因。非对称加密的特点是加密和解密花费的时间较长、速度较慢，其工作过程如图 6-38 所示。首先接收方 Alice 产生一对用于加密和解密的公钥和私钥，接收方 Alice 将私钥保密，将公钥告诉发送方 Bob，然后 Bob 利用 Alice 的公钥加密文档，并且将加密文档发给 Alice。Alice 收到加密文档后，用自己的私钥解密加密文档。其他所有收到加密文档的人都无法解密，因为只有 Alice 拥有私钥。

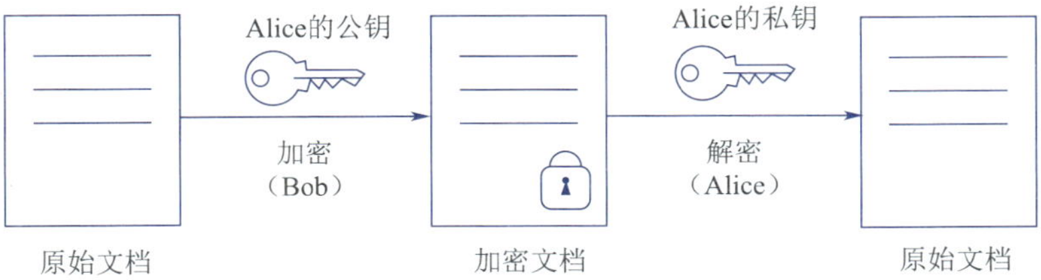

图 6-38　非对称加密的工作过程

如果 Bob 和 Alice 需要互相传输加密文档，也就是说，Bob 和 Alice 同时既是发送方也是接收方，在加密时，Bob 和 Alice 各自产生一对公钥和私钥，将公钥告诉对方用于加密文档，私钥保密用于解密接收的文档。

2. 移位加密算法

移位加密也称为凯撒加密，是古典密码学中最简单的一种对称加密算法，其基本思路是通过将明文中的字母向后（或向前）按照一个固定数目进行偏移后被替换成密文，移位的位数就是加密和解密的密钥。如图 6-39 所示，当向后偏移 3 位时，字母 A 被替换成 D，B 被替换成 E，以此类推。

明文字母表	A	B	C	D	E	F	G	H	I	J	K	L	M	N	O	P	Q	R	S	T	U	V	W	X	Y	Z
密文字母表	D	E	F	G	H	I	J	K	L	M	N	O	P	Q	R	S	T	U	V	W	X	Y	Z	A	B	C

图 6-39 向后偏移 3 位时的移位加密算法

移位加密算法可以用以下公式表示。

加密：$c=(m+k)\bmod 26$

解密：$m=(c-k)\bmod 26$

其中，m 是明文中的字母在字母表中的位置，c 是密文中的字母在字母表中的位置，k 是密钥，mod 26 表示取 26 的模运算。

这里假设明文和密文都是大写字母，字母 A～Z 的编号分别为 0，1，…，25，密钥 k 是一个介于 0 和 25 之间的整数。加密过程如下。

①对于明文中的每个字母，计算其在字母表中的位置（0～25）。用各个字母的 ASCII 码值减去字母 A 的 ASCII 码值，就是各个字母在字母表中的位置。

②将这个位置加上密钥 k，并对 26 取模，得到密文中对应字母在字母表中的位置。

③根据这个位置找到对应的字母。位置值加 A 的 ASCII 码值，就是该位置字母所对应的 ASCII 码值。

以字母 D 和 Y 为例，分析以下命令的执行结果。

```
>>>m=ord('D')-ord('A')          #D 在字母表中的位置，m=3
>>>k=3                          #密钥为 3
>>>c=(m+k)%26                   #对 26 取模（余数），c=6
>>>chr(c+ord('A'))              #该位置所对应的字母
'G'
>>>m=ord('Y')-ord('A')          #Y 在字母表中的位置，m=24
>>>c=(m+k)%26                   #对 26 取模（余数），c=1
>>>chr(c+ord('A'))              #该位置所对应的字母
'B'
```

解密是加密的逆过程，只是移位的方向相反。

程序如下。

```
def MyEncrypt(text, shift):
    encryptedText=""
    for char in text:              #遍历文本中的每个字符
        if char.isalpha():         #如果字符是字母
```

```
            if char.isupper():      #如果是大写字母
                #计算加密后的字符
                encryptedChar=chr((ord(char)-ord('A')+shift)%26+ord('A'))
            else:                   #如果是小写字母
                #计算加密后的字符
                encryptedChar=chr((ord(char)-ord('a')+shift)%26+ord('a'))
            #将加密后的字符添加到结果字符串中
            encryptedText+=encryptedChar
        else:                       #如果字符不是字母,则直接添加到结果字符串中
            encryptedText+=char
    return encryptedText            #加密后的密文
def MyDecrypt(text, shift):
    #解密过程与加密过程类似,只是移位的方向相反
    decryptedText=""
    for char in text:
        if char.isalpha():
            if char.isupper():
                decryptedChar=chr((ord(char)-ord('A')-shift)%26+ord('A'))
            else:
                decryptedChar=chr((ord(char)-ord('a')-shift)%26+ord('a'))
            decryptedText+=decryptedChar
        else:
            decryptedText+=char
    return decryptedText
#用法示例
plaintext=input("请输入明文:")
shiftNum=int(input("请输入偏移数:"))
cryptedText=MyEncrypt(plaintext, shiftNum)          #加密
print("加密后的文本", cryptedText)
decryptedText=MyDecrypt(cryptedText, shiftNum)    #解密
print("解密后的文本:", decryptedText)
```

程序运行结果如下。

```
请输入明文:Hello, World! ↙
请输入偏移数:3↙
加密后的文本 Khoor, Zruog!
解密后的文本: Hello, World!
```

从上面的程序可以看出,移位加密算法的加密密钥和解密密钥相同。加密过程根据输入的字符,右移指定位数获得密文;解密过程将密文左移对应位数即获得原文。

习题

一、选择题

1. 计算机网络的最大优点是(　　)。

A. 共享资源　　B. 增大容量　　C. 加快计算　　D. 节省人力

2. 局域网的英文名缩写是(　　)。

A. LAN　　B. WAN　　C. MAN　　D. Internet

3. 下列(　　)不属于计算机网络的拓扑结构。

A. 星形　　B. 总线形　　C. 分支型　　D. 环形

4. IP 地址 192.98.0.112 属于(　　)地址。

A. A 类　　B. B 类　　C. C 类　　D. 广播

5. 互联网上的 Web 服务采用的协议是(　　)。

A. FTP　　B. Telnet　　C. SMTP　　D. HTTP

6. 网络的传输速率是 10 Mb/s,其含义是(　　)。

A. 每秒传输 10 M 字节　　B. 每秒传输 10 M 二进制位

C. 每秒可以传输 10 M 个字符　　D. 每秒传输 10 000 000 二进制位

7. 网络协议主要由下列三个要素组成(　　)。

A. 语义、语法与体系结构　　B. 硬件、软件与数据

C. 语义、语法与同步　　D. 体系结构、层次与语法

8. 电话拨号连接互联网的方式中,“非对称数字用户线”接入技术的英文名缩写是(　　)。

A. ADSL　　B. ISDN　　C. ISP　　D. TCP

9. 浏览网页,应当使用(　　)软件。

A. 资源管理器　　B. 浏览器　　C. QQ　　D. WPS Office

10. 物联网的体系结构包括(　　)、网络层和应用层。

A. 链路层　　B. 感知层　　C. 物理层　　D. 传输层

11. 非对称加密技术需要(　　)和私钥成对出现。

A. 公钥　　B. 密码　　C. 解密密码　　D. 加密密钥

12. 计算机病毒的特点是(　　)。

A. 传染性、潜伏性、易读性与隐蔽性　　B. 破坏性、传染性、潜伏性与安全性

C. 传染性、潜伏性、破坏性与隐蔽性　　D. 传染性、潜伏性、破坏性与易读性

二、填空题

1. 计算机网络的网络层可以将 IP 地址翻译成对应的________地址。

2. 局域网的硬件系统一般由________、工作站和网络通信设备组成。

3. 常用的网络有线传输介质有双绞线、同轴电缆和________,无线传输介质有微波、________等。

4. IPv4 的 IP 地址由________位二进制数组成,IPv6 的 IP 地址由________位二进制数组成。

5. OSI 参考模型分为 7 层，分别是物理层、数据链路层、________、传输层、会话层、表示层和应用层。

6. 提供 IP 地址和域名之间转换服务的服务器称为________。

7. RFID 系统由________、________和________组成。

8. 区块链的关键技术包括________、________、________和________。

三、问答题

1. 计算机网络的基本功能是什么？

2. 什么是 IP 地址？试简述 IP 地址的分类以及取值范围。

3. 常用的互联网接入方式有哪些？

4. 阐述身边的物联网应用案例。

5. 分析区块链和比特币的关系。

6. 简述数据加密的工作过程。

第7章 数据管理与数据分析

本章导读

在当今数字化时代，数据已经渗透各个行业，成为不可或缺的生产要素。大数据时代的到来，不仅重塑了人类的生活与发展模式，还深刻改变了人类认识世界和价值判断的方式。借助先进的数据库技术和各种数据分析工具，可以对数据进行高效的收集、精细的加工、深入的分析与科学的处理，从而释放数据的巨大潜能，实现其最大价值。

随着数据获取和处理技术的日新月异，开放的数据采集与分析工具变得更加便捷易用，这使得人们能够更加专注于数据采集和数据分析的核心过程，进而更好地利用数据来揭示问题、解决问题，并以直观的方式呈现问题。数据不再只是数字的组合，而是推动社会进步和创新的强大动力。

学习目标

◇理解数据库系统相关概念及数据模型。
◇理解关系数据库的概念。
◇掌握 SQL 操作方法。
◇掌握数据分析与处理的方法。
◇了解大数据处理关键技术及框架。

7.1 数据管理概述

在信息时代，数据是人们日常生活中必不可少的，人们做的每一个决定都是基于这样或那样的数据。但数据本身并不能直接拿来使用，而要经过合理的组织和处理，才能从大量的、杂乱无章的、难以理解的数据中整理出对人们有价值、有意义的数据。数据管理是指数据的收集、组织、存储、检索和维护等操作，这些操作是数据处理的中心环节，是任何数据处理业务中不可或缺的部分。

7.1.1 数据格式的分类

1. 数据和信息的区别

数据(data)和信息(information)是数据管理中的两个基本概念。一般认为,数据是人们用于记录事物客观状态的物理符号。所有能输入计算机并能被计算机处理的符号都可以看成数据。信息是数据中所包含的意义。通俗地讲,信息是经过加工处理并对人类社会实践和生产活动产生决策影响的数据。不经过加工处理的数据只是一种原始材料,它的价值只是记录了客观世界的事实。只有经过提炼和加工,原始数据才能发生质的变化,给人们以新的知识和智慧。

数据与信息既有区别,又有联系。一方面,数据是信息的载体,但并非任何数据都能成为信息,只有经过加工处理之后具有新的内容的数据才能成为信息。另一方面,信息不随表示它的数据形式的改变而改变,它是反映客观现实世界的知识,而数据则具有任意性,用不同的数据形式可以表示同样的信息。例如,一个城市的天气预报情况是一条信息,而描述该信息的数据形式可以是文字、图像或声音等。

2. 结构化数据和非结构化数据

按照数据格式进行分类,数据有结构化、非结构化和半结构化三类。结构化数据(structured data)是指有固定格式、排列具有规律性的数据,如平时用到的表格就是结构化数据。所以,结构化数据通常是指可以用二维表格表示和实现的数据,它严格遵循统一的数据格式,主要通过关系数据库进行存储和管理。非结构化数据(unstructured data)是指没有固定结构模式,不方便用二维表格表示的数据,如各类文档、报表、图像、声音、视频等。还有一类半结构化数据(semi-structured data),它是非关系模型,但具有固定结构模式的数据,如 HTML 文档、XML 文档等。

因为结构化数据与半结构化数据都是具有基本固定结构模式的数据,所以半结构化数据是结构化数据的一种形式。区分结构化与非结构化的意义在于,对两类数据的处理方法是不同的,基于关系数据库的结构化数据管理是本节关注的重点。

7.1.2 数据管理方式的演变

计算机技术的发展和数据处理的现实需要,促使数据管理技术得到了很大发展,从而有效地提高了数据处理的应用水平。计算机数据管理技术经历了人工管理、文件管理和数据库管理三个发展阶段。数据库技术与分布式计算技术、面向对象技术、多媒体技术等相互渗透、有机结合,使得数据管理技术有了新的发展。

1. 人工管理

20 世纪 50 年代中期以前,计算机主要应用于科学计算,虽然当时也有数据管理的问题,但当时的数据管理是以人工管理方式进行的。在硬件方面,外存储器只有磁带、卡片和纸带等,没有磁盘等直接存取的外存储器;在软件方面,只有汇编语言,没有操作系统以及对数据进行管理的软件。在人工管理阶段,数据管理有以下特点。

(1)数据不保存。

人工管理阶段处理的数据量较少,一般不需要将数据长期保存,只是在计算时将数据随应用程序一起输入,计算完成后将结果输出,数据和应用程序一起从内存中被释放。若要再次进行计算,则需重新输入数据和应用程序。

(2)由应用程序管理数据。

系统没有专用的软件对数据进行管理,数据需要由应用程序自行管理。每个应用程序不仅要规定数据的逻辑结构,而且要设计数据的存储结构及输入输出方法等,程序设计任务繁重。

(3)数据有冗余且无法实现共享。

应用程序与数据是一个整体,一个应用程序中的数据无法被其他应用程序使用,因此,应用程序与应用程序之间存在大量的重复数据,且数据无法实现共享。

(4)数据对应用程序不具有独立性。

由于应用程序对数据的依赖性,数据的逻辑结构或存储结构一旦发生改变,就必须修改相应的应用程序,进一步加重了程序设计的负担。

以一所学校的信息管理为例,在人工管理阶段,应用程序和数据之间的关系如图 7-1 所示。图中各类数据对应于相应的应用程序,而且不同种类的数据之间会有许多重复的数据,如教务数据可能包含教师和学生的部分数据。

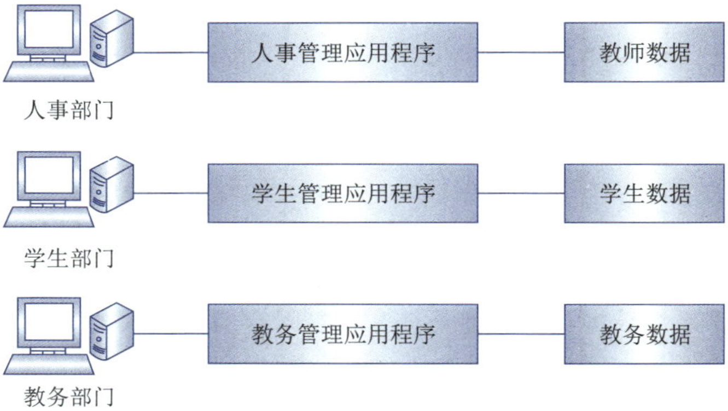

图 7-1 人工管理阶段学校信息管理中应用程序和数据之间的关系

2. 文件管理

20 世纪 50 年代后期至 20 世纪 60 年代后期,计算机开始大量用于数据管理。在硬件方面,出现了直接存取的大容量外存储器,如磁盘、磁鼓等,这为计算机数据管理提供了物质基础;在软件方面,出现了高级语言和操作系统。操作系统的出现为数据管理提供了技术支持。

应用程序利用操作系统的文件管理功能(由文件系统实现),将相关数据按一定的规则构成文件,通过文件系统对其进行存取和管理。其特点有以下两个方面。

(1)数据可以长期保存。

文件系统为应用程序和数据之间提供了一个公共接口,使应用程序采用统一的存取方法来存取和操作数据。数据可以组织成文件,能够长期保存、反复使用。

(2)数据对应用程序有一定的独立性。

应用程序和数据不再是一个整体,而是通过文件系统把数据组织成一个独立的数据文件,由文件系统对数据的存取进行管理。程序员只需通过文件名来访问数据文件,不必过多考虑数据的物理存储细节,因此可集中精力进行算法设计,并极大减少了应用程序维护的工作量。

文件管理使计算机在数据管理方面有了长足的进步,时至今日,文件系统仍是高级语言普遍采用的数据管理方式。然而,当数据量增加,使用数据的用户越来越多时,文件管理便不能满足更有效的使用数据的需要,其症结表现在以下三个方面。

(1)数据的共享性差、冗余度大,容易造成数据不一致。由于数据文件是根据应用程序的需要而建立的,当不同的应用程序所使用的数据有相同部分时,必须建立各自的数据文件,即不同应用程序的数据不能共享,造成大量重复数据。这样不仅浪费存储空间,而且使数据修改变得非常困难,容易产生数据不一致等问题,即由于同样的数据在不同的文件中所存储的数值不同,因此造成矛盾的数据。

(2)数据独立性差。在文件系统中,尽管数据和应用程序有一定的独立性,但这种独立性主要是针对某一特定应用而言的,就整个应用程序而言,文件系统还未能彻底体现数据逻辑结构独立于数据存储的物理结构的要求。在文件系统中,数据和应用程序是互相依赖的,即应用程序的编写与数据组织方式有关,如果改变数据的组织方式,就必须修改应用程序;而应用程序发生变化,如改用另一种程序设计语言来编写应用程序,也必须修改文件的数据结构。

(3)数据之间缺乏有机的联系,缺乏对数据的统一控制和管理。由于文件系统中各数据文件之间是相互独立的,没有从整体上反映现实世界事物之间的内在联系,因此很难对数据进行合理的组织,以适应不同应用的需要。同一个应用程序中的各个数据文件没有统一的管理机构,数据完整性和安全性很难得到保证。

在文件管理阶段,学校信息管理中应用程序和数据文件之间的关系如图 7-2 所示。显然,教务数据文件中有教师、学生和课程等数据文件,数据冗余是难免的。各应用程序通过文件系统对相应的数据文件进行存取和处理,但各个数据文件基本上对应于相关的应用程序,而且各数据文件之间是孤立的,数据文件之间的联系无法体现。例如,因某位学生转学而在学生数据文件中删除了其数据,此时无法在教务数据文件中实现联动操作,因此仍然存在缺陷。

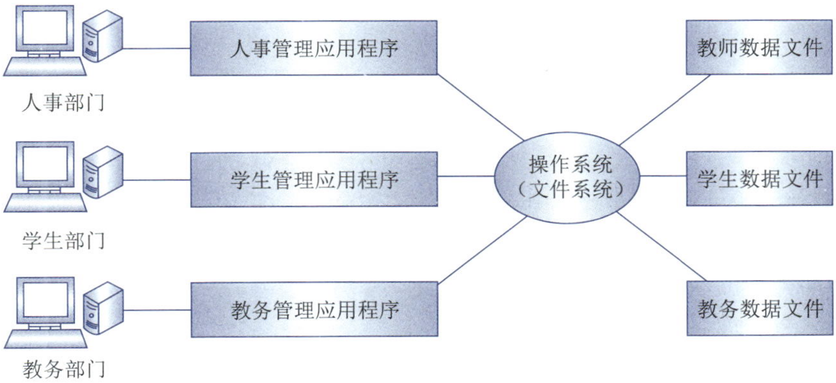

图 7-2　文件管理阶段学校信息管理中应用程序和数据文件之间的关系

3. 数据库管理

20 世纪 60 年代后期,计算机用于数据管理的规模更加庞大,数据量急剧增加,数据共享要求更加强烈。同时,计算机硬件价格下降,而软件价格上升,编制和维护软件所需的成本相对增加,其中维护成本更高。这些成为计算机数据管理技术发展的原动力。

数据库(database,DB)是按一定的组织方式存储起来的、相互关联的数据集合。在数据库管理阶段,由一种称为数据库管理系统(database management system,DBMS)的系统软件对数据进行统一的控制和管理。数据库管理系统把所有应用程序中使用的相关数据汇集起来,按统一的数据模型存储在数据库中,为各个应用程序所使用。在应用程序和数据库之间保持较高的独立性,数据具有完整性、一致性和高安全性等特点,并且具有充分的共享性,有效地减少了数据冗余。

在数据库管理阶段,学校信息管理中应用程序和数据库之间的关系如图 7-3 所示。有关学校信息管理的数据都存放在一个统一的数据库中,数据库不再面向某个部门的应用,而是面向整个应用系统,实现了数据共享,并且数据库和应用程序之间保持较高的独立性。

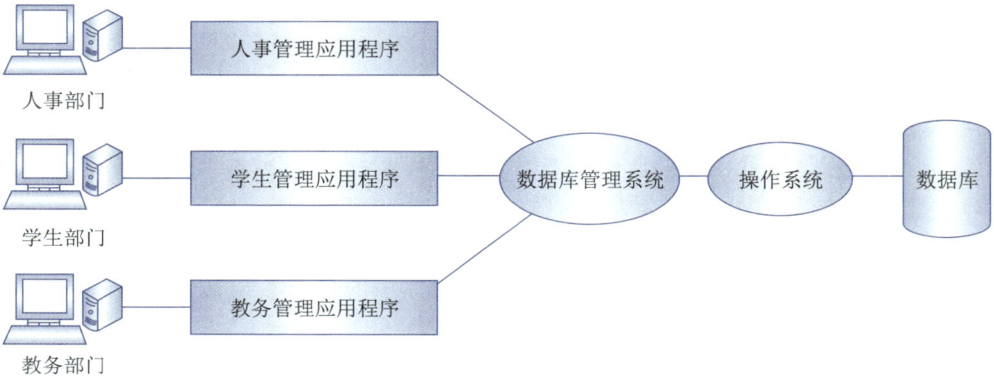

图 7-3　数据库管理阶段学校信息管理中应用程序和数据库之间的关系

4. 数据管理技术的新发展

在数据库技术的发展过程中,先后出现了层次数据库、网状数据库和关系数据库。层次数据库和网状数据库是第一代数据库系统,关系数据库是第二代数据库系统。自 20 世纪 70 年代提出关系数据模型和关系数据库后,数据库技术得到了蓬勃发展,应用也越来越广泛。但随着应用的不断深入,占主导地位的关系数据库系统已不能满足新的应用领域的需求。例如,在实际应用中,除了需要处理数字、字符数据的简单应用,还需要存储并检索复杂的复合数据(如集合、数组、结构体)、多媒体数据、计算机辅助设计绘制的工程图纸和地理信息系统(geographical information system,GIS)提供的空间数据等;除了需要处理结构化数据,还需要处理半结构化、非结构化的数据。正是实际应用中出现的许多问题,促使数据库技术不断向前发展,许多不同类型的新型数据库系统应运而生。

(1)分布式数据库系统。

分布式数据库系统(distributed database system,DDBS)是数据库技术与计算机网络技术、分布式处理技术相结合的产物。分布式数据库系统是系统中的数据在地理上分布于计算机网络的不同节点,但逻辑上属于一个整体的数据库系统。分布式数据库系统不同于将数据存储在服务器上供用户共享存取的网络数据库系统,它不仅能支持局部应用(访问本地数据库),而且能支持全局应用(访问异地数据库)。

分布式数据库系统的主要特点如下。

①数据是分布的。分布式数据库系统中的数据分布在计算机网络的不同节点,而不是集

中在一个节点，分布式数据库系统区别于数据存放在服务器上由各用户共享的网络数据库系统。

②数据是逻辑相关的。分布在不同节点的数据逻辑上属于同一数据库系统，数据间存在相互关联，分布式数据库系统区别于由计算机网络连接的多个独立的数据库系统。

③节点具有自治性。每个节点都有自己的计算机软硬件资源，包括数据库、数据库管理系统等，因而能够独立地管理局部数据库。局部数据库中的数据可以仅供本节点用户存取使用，也可以供其他节点上的用户存取使用，即可以提供全局应用。

(2)面向对象数据库系统。

面向对象数据库系统(object-oriented database system，OODBS)是将面向对象的模型、方法和机制，与先进的数据库技术有机地结合而形成的新型数据库系统。它一方面把面向对象程序设计语言向数据库方向扩展，使数据库应用程序能够存取并处理对象；另一方面扩展数据库系统，使其具有面向对象的特征，能用面向对象的观点对现实世界中的实体和联系进行建模。因此，面向对象数据库系统首先是一个数据库系统，具备数据库系统的基本功能，其次是一个面向对象的系统，充分支持面向对象的概念和机制。

(3)多媒体数据库系统。

多媒体数据库系统(multimedia database system，MDBS)是数据库技术与多媒体技术相结合的产物。随着信息技术的发展，数据库应用从传统的企业信息管理扩展到计算机辅助设计(computer-aided design，CAD)、计算机辅助制造(computer-aided manufacturing，CAM)、办公自动化(office automation，OA)、人工智能(artificial intelligence，AI)等多种应用领域。这些领域中要求处理的数据不仅包括传统的数字、字符等格式化数据，还包括大量多种媒体形式的非格式化数据，如图形、图像、声音等。这种能存储和管理多种媒体的数据库称为多媒体数据库。

多媒体数据库的结构和操作与传统格式化数据库的结构和操作有很大差别。现有数据库管理系统无论从模型的语义描述能力、系统功能、数据操作上，还是从存储管理、存储方法上，都不能适应非格式化数据的处理要求。综合程序设计语言、人工智能和数据库领域的研究成果，设计支持多媒体数据库系统已成为数据库领域中一个重要的研究方向。

在多媒体信息管理环境中，不仅数据本身的结构和存储形式各不相同，而且不同领域对数据处理的要求也比一般事务管理复杂得多，因而对数据库管理系统提出了更高的功能要求。

(4)数据仓库技术。

随着信息技术的高速发展，数据库应用的规模、范围和深度不断扩大，一般的事务处理已不能满足应用的需要，企业需要在大量数据基础上的决策支持，数据仓库(data warehouse，DW)技术的兴起满足了这一需求。数据仓库技术作为决策支持系统(decision support system，DSS)的有效解决方案，涉及三方面的数据处理技术内容：数据仓库、联机分析处理(online analytical processing，OLAP)和数据挖掘(data mining，DM)。

数据仓库、联机分析处理和数据挖掘是三种独立的数据处理技术。数据仓库用于数据的存储和组织，联机分析处理集中于数据的分析，数据挖掘则致力于知识的自动发现。它们都可以分别应用到信息系统的设计和实现中，以提高相应部分的处理能力。由于这三种技术内在的联系性和互补性，因此可以将它们结合起来形成一种新的决策支持系统架构。这一架构以数据库的大量数据为基础，系统由数据驱动。

(5)嵌入式移动数据库。

随着笔记本计算机、无线网络、移动计算设备、射频识别技术的应用和发展,移动计算变得越来越重要。例如,用户可以在旅途中工作和访问数据、邮递服务对邮件进行跟踪、医疗紧急救护等。移动数据库是指能够支持移动式计算环境的数据库,其数据在物理上分散而在逻辑上集中。它涉及数据库技术、分布式计算技术、移动通信技术等多个学科,与传统的数据库相比,移动数据库具有移动性、位置相关性、频繁断接性、网络通信的非对称性等特征。由于移动数据库的应用大都嵌入诸如掌上电脑、车载设备等移动通信设备中,因此移动数据库也称为嵌入式移动数据库。

7.1.3 数据库系统相关概念

由于数据库中的数据具有结构化、最小冗余度、较高的数据独立性的优点,尤其是关系数据库概念简单、使用方便,并建立在数学理论基础上,因此数据库产品从 20 世纪 70 年代初进入市场就受到广大用户的欢迎。下面介绍数据库系统中的几个基本概念。

1. 数据库

数据库是存储在计算机内的、有组织的、可共享的数据集合。数据库中的数据按一定的数据模型进行组织、描述和存储,具有较小的冗余度、较高的数据独立性和易扩展性,并为各种用户所共享。整个数据库在建立、运用和维护时由数据库管理系统统一管理和控制。用户能方便地定义数据和操纵数据,并保证数据的安全性、完整性,以及多用户对数据的并发使用和发生故障后的数据库恢复。

2. 数据库管理系统

数据库管理系统是对数据库进行管理的软件,它以统一的方式管理和维护数据库,并提供数据库接口软件访问数据库。

数据库管理系统一般都具有如下功能。

(1)定义功能:可以定义数据库的结构、数据完整性和其他约束条件。

(2)操纵功能:实现对数据库中的数据的插入、修改、删除和查询等操作。

(3)控制功能:保证数据的安全性、完整性以及多用户环境下的并发控制。

(4)维护功能:提供对数据的装载、转储和恢复,以及对数据库的性能分析和监测等功能。

(5)数据字典:用来存放数据库各级模式结构的描述。

数据库管理系统是数据库系统中最重要的软件系统,是用户和数据库的接口,应用程序通过数据库管理系统访问数据库。在数据库管理系统中,用户不必关心数据的结构。

3. 数据库系统

数据库系统(database system,DBS)是存储、管理、处理和维护数据的软件系统,它由数据库、操作系统、数据库管理系统、开发工具、应用程序和数据库管理员组成,如图 7-4 所示。其中,数据库是一个存储大量有组织、可共享的数据的集合;数据库管理系统用于建立、使用、维护数据库;开发工具是指各种数据库应用程序的编程工具;应用程序是系统开发人员利用数据库系统资源开发的、应用于某一个实际问题的应用软件;数据库管理员(database administrator,DBA)负责创建、监控和维护数据库。

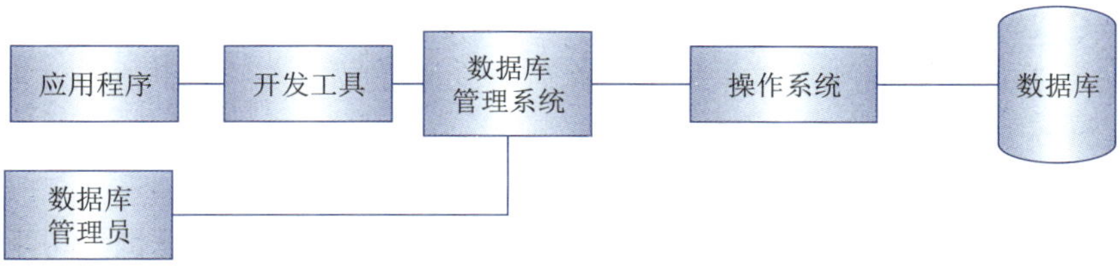

图 7-4　数据库系统的组成

7.1.4　数据模型

数据库是某个企业、组织或部门所涉及的数据的集合，它不仅要反映数据本身的内容，而且要反映数据之间的联系。由于计算机不可能直接处理现实世界的具体事物，所以人们必须事先把具体事物转换成计算机能够处理的数据。

数据是描述事物的符号记录，模型(model)是现实世界的抽象。数据模型(data model)是现实世界数据特征的一种抽象，是对现实世界的模拟。

理想的数据模型应满足三方面的要求。首先，能比较真实地模拟现实世界；其次，容易被人们理解；最后，便于在计算机上实现。但是，目前还没有一种数据模型能很好地同时满足这三方面的要求。因此，人们采取多步抽象的方法，针对不同的使用对象和应用目的，采用不同的数据模型。目前数据模型按不同的应用层次分为概念模型、逻辑模型和物理模型。

为了把现实世界中的具体事物抽象、组织为数据库管理系统支持的数据模型，人们通常先将现实世界抽象为信息世界，建立概念模型，然后再将信息世界转换为机器世界，建立逻辑模型，最后由数据库管理系统将逻辑模型转换为物理模型。也就是说，首先把现实世界中的客观对象抽象为某一种信息结构，这种信息结构并不依赖于具体的计算机系统，不是某一个具体的数据库管理系统支持的数据模型，而是概念级的模型；在具体系统的实现中，再把概念级的模型转换为计算机中数据库管理系统所支持的逻辑模型和物理模型。

物理模型是描述数据在存储介质上组织结构的数据模型，它不但与具体的数据库管理系统有关，而且还与操作系统和硬件有关，是物理层次的模型。每一种逻辑模型在实现时都有其对应的物理模型。数据库管理系统为了保证其独立性与可移植性，大部分物理模型的实现工作由系统自动完成，而设计者只需设计索引、聚集等特殊结构。

1. 概念模型

概念模型也称为信息模型，它是按用户的观点对数据和信息进行建模，主要用于数据库设计，是现实世界到信息世界的第一层抽象。概念模型强调其语义表达能力，它能较方便、直观地表达应用中各种语义知识，如被描述对象的意义和相互关系等。该模型是用户和数据库设计人员之间进行交流与沟通的工具。

(1)实体的描述。

①实体。客观存在并可相互区别的事物称为实体。实体可以是具体的人、物、事，也可以是抽象的概念或联系。例如，一名教师、一位学生、一个单位、一辆汽车、一本书、学生的一次选课、一场演出、某人与所在单位的联系(即某人在某单位工作)等都是实体。

②属性。实体所具有的某一特性称为实体的属性，一个实体可以有多个属性。例如，职工实体可以用职工编号、姓名、性别、出生年月、职称、基本工资、简历等属性描述；考试实体可以

用考试科目、考试时间、考试地点、考生班级等属性描述。

③实体集。具有相同属性的实体的集合称为实体集，例如，若干个职工实体构成的职工实体集，若干本图书实体构成的图书实体集。

(2)实体集间的联系。

在现实世界中，事物内部以及事物之间是有联系的，这些联系在信息世界中反映为实体内部的联系和实体之间的联系。实体内部的联系通常是指组成实体的各属性之间的联系，实体之间的联系通常是指不同实体集之间的联系。根据一个实体集中的每个实体与另一个实体集中的实体可能出现的数目对应关系，两个实体集之间的关系可以分为以下三种类型。

①一对一联系。如果对于实体集 A 中的每一个实体，实体集 B 中有且只有一个实体与之联系，反之亦然，则称实体集 A 与实体集 B 具有一对一联系，记为 $1:1$。例如，一个乘客只能坐一个座位，而一个座位只能被一个乘客占有，乘客与座位之间的联系是一对一联系。

②一对多联系。如果对于实体集 A 中的每一个实体，实体集 B 中有多个实体与之联系，反之，对于实体集 B 中的每一个实体，实体集 A 中至多只有一个实体与之联系，则称实体集 A 与实体集 B 具有一对多联系，记为 $1:n$，其中 A 称为一方，B 称为多方。例如，一个公司有许多员工，而一个员工只能在一个公司就职，所以公司和员工之间的联系是一对多联系，一方是实体集“公司”，多方是实体集“员工”。

③多对多联系。如果对于实体集 A 中的每一个实体，实体集 B 中有多个实体与之联系，而对于实体集 B 中的每一个实体，实体集 A 中也有多个实体与之联系，则称实体集 A、B 之间具有多对多联系，记为 $m:n$。例如，一位学生可以选修多门课程，而一门课程也可以由多位学生选修，所以学生与课程之间的联系是多对多联系。

(3)E-R 模型。

概念模型的表示方法有很多种，目前较常用的是实体联系方法(entity-relationship approach)，该方法用 E-R 图来描述现实世界的概念模型，E-R 方法也称为 E-R 模型。

E-R 图提供了表示实体、属性和联系的方法。实体用矩形框表示，矩形框内写入实体名；属性用椭圆形框表示，属性的名称记入椭圆形框内，并用无向边(线段)将属性与其相应的实体连接起来；联系用菱形框表示，菱形框内注明联系的名称，并用无向边分别将联系与相关实体、属性连接起来，同时在联系与相关实体的无向边旁标上联系的类型，即 $1:1$、$1:n$、$m:n$。

乘客和座位的 E-R 图如图 7-5 所示，其中，“身份证号”属性作为乘客实体的标识符(不同乘客的身份证号不同)，“座位号”属性作为座位实体的标识符。联系也可以有自己的属性，如乘客实体和座位实体之间的“乘坐”联系具有“乘坐日期”属性。

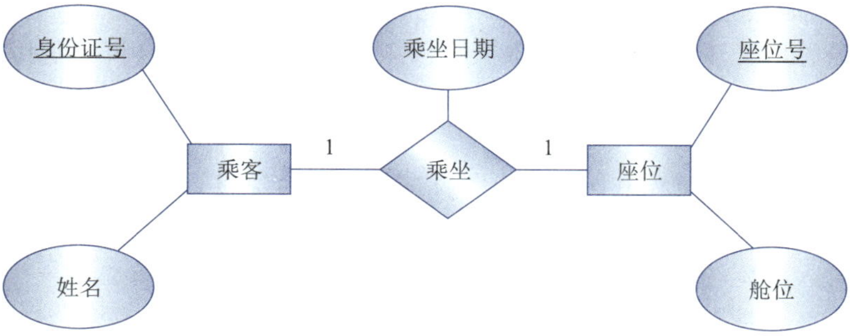

图 7-5 乘客和座位的 E-R 图

公司和员工的 E-R 图如图 7-6 所示，其中，“公司名称”属性作为公司实体的标识符，“员工编号”属性作为员工实体的标识符。公司实体和员工实体之间的“拥有”联系具有“数量”属性。

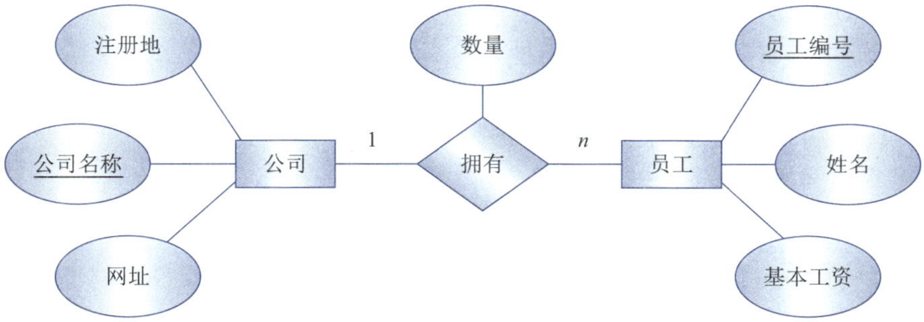

图 7-6　公司和员工的 E-R 图

学生和课程的 E-R 图如图 7-7 所示，其中，“学号”属性作为学生实体的标识符，“课程编号”属性作为课程实体的标识符。学生实体和课程实体之间的“选课”联系可以有“成绩”属性。

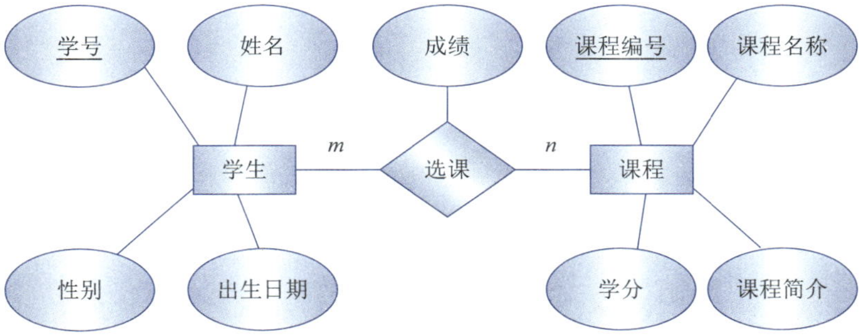

图 7-7　学生和课程的 E-R 图

实体联系方法是抽象地描述现实世界的有力工具。用 E-R 图表示的概念模型独立于具体的数据库管理系统所支持的逻辑模型，它是各种逻辑模型的共同基础，因而比逻辑模型更一般、更抽象、更接近现实世界。

2. 逻辑模型

概念模型是客观世界到机器世界的一个中间表示方法，只有把概念模型映射到计算机上某一数据库管理系统支持的逻辑模型，才能真正达到用数据库进行数据管理的目的。逻辑模型是一种面向数据库系统的模型。实体及其之间的联系在数据库中的表示形式称为逻辑模型。逻辑模型由三部分组成，分别是数据结构（实体及实体之间的联系）、数据操作和数据的完整性约束条件。其中，数据结构用于描述系统的静态特性，是所研究对象类型的集合，这些对象类型是数据库的组成成分。数据操作用于描述系统的动态特性，是对数据库中各种对象所允许执行的操作的集合。数据的约束条件是指一组完整性规则的集合。完整性规则是给定的逻辑模型中数据及其联系所具有的制约条件和存储规则，用以限定符合数据模型的数据库状态以及状态的变化，以保证数据的正确、有效和相容。在数据库领域，常用的逻辑模型有三种，即层次模型、网状模型和关系模型。

（1）层次模型。

层次模型（hierarchical model）用树形结构来表示实体及其之间的联系。在这种模型中，数据被组织成由“根”开始的“树”，每个实体由“根”开始沿着不同的分支放在不同的层次上。树中的每一个节点代表一个实体类型，连线表示它们之间的联系。根据树形结构的特点，建立数据的层次模型需要满足如下两个条件。

①有一个节点没有父节点，这个节点即根节点。

②其他节点有且仅有一个父节点。

图 7-8 所示的层次模型就像一棵倒置的树，根节点在最上面，其他节点在下，逐层排列。事实上，许多实体间的联系本身就是自然的层次关系，如一个单位的行政机构、一个家庭的世代关系等。

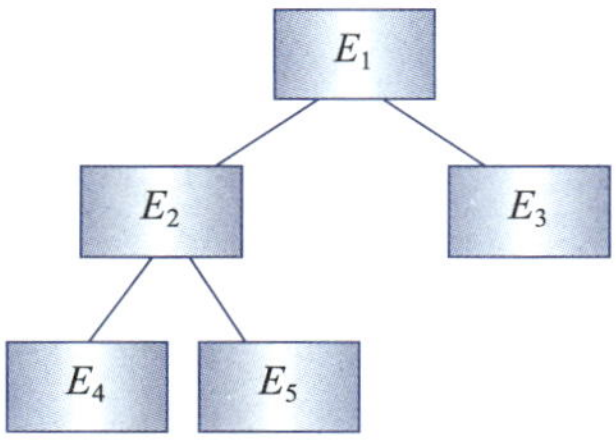

图 7-8　层次模型示例

层次模型的特点是各实体之间的联系通过指针实现，查询效率较高。但由于受到建立层次模型的两个条件的限制，层次模型可以比较方便地表示出一对一和一对多的实体联系，而不能直接表示出多对多的实体联系。对于多对多实体联系，必须先将其分解为几个一对多实体联系，才能间接地表示出来。因此，对于复杂的数据关系，实现起来较为麻烦，这是层次模型的局限性。

采用层次模型来设计的数据库称为层次数据库。层次模型的数据库管理系统出现得最早，它的典型代表是 IBM 公司在 1968 年推出的信息管理系统（information management system，IMS），这是世界上最早出现的大型数据库管理系统。

（2）网状模型。

网状模型（network model）用以实体类型为节点的有向图表示各实体及其之间的联系，其特点如下。

①可以有一个以上的节点无父节点。

②至少有一个节点有多于一个的父节点。

在网状模型中，子节点与父节点的联系可以不唯一，因此要为每个联系命名，并指出与该联系有关的父节点和子节点。在图 7-9 中，E_3 有 E_1 和 E_2 两个父节点，把 E_1 和 E_3 之间的联系命名为 R_1，E_2 和 E_3 之间的联系命名为 R_2。

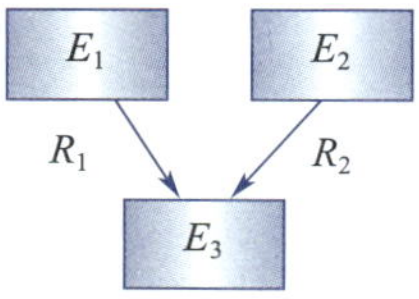

图 7-9　网状模型示例

网状模型要比层次模型复杂，但它可以直接用来表示多对多联系。然而由于技术上的困难，一些已实现的网状数据库管理系统［如数据库任务组（database task group）系统］中仍然只允许处理一对多联系。

网状模型的特点是各实体之间的联系通过指针实现,查询效率较高,多对多联系也容易实现。但是当实体集和实体集中实体的数目都较多时(这对数据库系统来说是理所当然的),众多的指针使得管理工作相当复杂,对用户来说使用也比较麻烦。

(3)关系模型。

关系模型(relational model)用二维表格表示实体及其相互之间的联系。在关系模型中,把实体集看成一个二维表格,每一个二维表格称为一个关系,每个关系均有一个名字,称为关系名。表 7-1 是一个学生关系,它的每一行代表一位学生实体,每一列代表学生实体的一个属性。

表 7-1 学生关系

学号	姓名	性别	出生日期
1104211601	张甲	男	2005/10/17
1104211602	李乙	男	2004/3/17
1104211603	王丙	女	2005/8/10
1104211604	罗丁	女	2005/12/25

①元组。二维表格的每一行在关系中称为元组(tuple),相当于表的一条记录(record)。二维表格的一行描述了现实世界中的一个实体。例如,表 7-1 的每一行描述了一位学生的基本信息,共 4 行,则包含 4 位学生的信息,即有 4 个元组。

②属性。二维表格的每一列在关系中称为属性(attribute),相当于记录中的一个字段(field)或数据项。每个属性有一个属性名,一个属性在其每个元组上的值称为属性值,因此,一个属性包括多个属性值,只有在指定元组的情况下,属性值才是确定的。同时,每个属性有一定的取值范围,称为该属性的值域,表 7-1 中的“性别”属性,取值是“男”或“女”,不是“男”或“女”的数据拒绝存入该表,这就是数据约束条件。同样,在关系数据库中,列是不能重复的,即关系的属性名不允许相同。属性必须是不可再分的,即属性是一个基本的数据项,不能是几个数据项的组合。

③关系模式。关系用关系模式(relational schema)来描述。关系模式相当于实体类型,它是指对关系结构的描述,即二维表格的框架(表头)。它的一般表示为

关系名(属性 1,属性 2,属性 3,…,属性 n)

例如,表 7-1 的关系模式可描述为

学生(<u>学号</u>,姓名,性别,出生日期)

④关键字。关系中能唯一区分、确定不同元组的单个属性或属性组合,称为该关系的一个关键字。关键字又称为键或码(key)。单个属性组成的关键字称为单关键字,多个属性组合的关键字称为组合关键字。需要强调的是,关键字的属性值不能取空值,因为空值无法唯一地区分、确定元组。所谓空值,就是不知道或不确定的值,通常记为 Null。

在表 7-1 中,“性别”属性无疑不能充当关键字,“出生日期”属性也不能充当关键字。从该关系现有的数据分析,“学号”和“姓名”属性均可作为关键字,但用“学号”作为关键字会更好一些,因为一个班级中可能会有重名学生,而学号是不会相同的。这也说明,一个属性能否作为关键字,不能仅凭现有数据进行归纳,还应该根据该属性的取值范围进行分析。

关系中能够作为关键字的属性或属性组合可能不是唯一的。凡在关系中能够唯一区分、确定不同元组的属性或属性组合，都称为候选关键字或候选键(candidate key)。例如，如果在表 7-1 中还有一个“身份证号”属性，则“学号”和“身份证号”都是候选关键字。

在候选关键字中选定一个作为关键字，称为该关系的主关键字或主键(primary key)。关系中主关键字是唯一的。

⑤外部关键字。如果关系中某个属性或属性组合是另一个关系的主关键字，则称这样的属性或属性组合为本关系的外部关键字或外键(foreign key)。在关系数据库中，用外部关键字表示两个表之间的联系。例如，在表 7-2 中，任何一个属性都不能唯一地标识每个元组，只有“学号”和“课程编号”组合起来才能区分每个元组，因此该关系中的主关键字是属性组合(学号和课程编号)。选课关系中的学号是学生关系的主关键字，所以选课关系中的学号称为外部关键字，该外部关键字描述了学生和选课两个关系之间的联系。

表 7-2　选课关系

学号	课程编号	成绩
1104211601	9710021	85
1104211602	9120021	90
1104211603	9120021	78

虽然关系模型比层次模型和网状模型发展得晚，但它的数据结构简单、容易理解，而且它建立在严格的数学理论基础上，所以是目前比较流行的一种数据模型。

7.2 关系数据库

关系数据库就是采用关系模型描述的数据库。直观地讲，这里的“关系”是一个二维表格，而从关系数据库原理角度来讲，“关系”是一个严格的集合论术语，由此形成了关系数据库的理论基础。正因为关系数据库有严格的理论作为指导，且为用户提供了较为全面的操作支持，所以关系数据库才成为当今数据库应用的主流。

7.2.1　关系的数学定义

在关系模型中，数据是以二维表格的形式存在的，这是一种非形式化的定义。关系模型是以集合代数理论为基础的，因此，可以从集合论角度给出关系的形式化定义。

1. 关系的性质

通常将一个没有重复行、重复列，并且每个行列的交叉点只有一个基本数据的二维表格看成一个关系。满足一定条件的规范化关系的集合，就构成了关系模型。

尽管用二维表格表示关系，但二维表格与关系之间有着重要的区别。严格地说，关系是一种规范化了的二维表格。在关系模型中，对关系做了规范性限制，关系具有以下 6 条性质。

(1)关系必须规范化，每一个属性都必须是不可再分的数据项。规范化是指关系模型中每个关系模式都必须满足一定的要求，最基本的要求是关系必须是一个二维表格，且每个属性必须是不可分割的最小数据项，即表中不能再包含表。例如，表 7-3 不能直接作为一个关系，因为该表的“成绩”列有两个子列，这与每个属性不可再分割的要求不符。只要去掉“成绩”数据项，而将“操作测试”和“理论测试”直接作为基本的数据项即可。

表 7-3　不能直接作为关系的表格示例

学号	姓名	成绩	
		操作测试	理论测试
S1	刘一	85	90
S2	王二	80	85
S3	张三	90	80
S4	陈四	75	70

（2）列是同质的，即每一列中的数据项是同一类型的数据，来自同一个域。

（3）在同一关系中不允许出现相同的属性名。

（4）关系中不允许有完全相同的元组，但在大多数实际关系数据库产品中，如果用户没有定义有关的约束条件，它们都允许关系中存在两个完全相同的元组。

（5）在同一关系中元组的次序无关紧要。也就是说，任意交换两行的位置并不影响数据的实际含义。

（6）在同一关系中属性的次序无关紧要。也就是说，任意交换两列的位置并不影响数据的实际含义，不会改变关系的结构。

以上是关系的基本性质，也是衡量一个二维表格是否构成关系的基本条件。在这些基本条件中，属性不可再分割是关键，这是构成关系的基本规范。

2. 关系的集合表示

利用集合论的观点，关系是元组的集合，每个元组包含的属性数目相同，其中属性的个数称为元组的维数。通常，元组用圆括号括起来的属性值表示，属性值间用逗号隔开，如（E1，李东，女）是 3 元组。

设 $A_1, A_2, \cdots, A_n$ 是关系 R 的属性，通常用 $R(A_1, A_2, \cdots, A_n)$ 来表示这个关系的框架，也称为 R 的关系模式。属性的名字唯一，属性 A_i 的取值范围 $D_i(i=1,2,\cdots,n)$ 称为值域。

将关系与二维表格进行比较，可以看出两者存在简单的对应关系，关系模式对应一个二维表的表头，而关系的一个元组就是二维表格的一行，所有元组组成的集合就是二维表格的内容。在很多时候，甚至会不加区别地使用这两个概念。例如，职工关系（编号，姓名，性别）=｛（E1，李东，女），（E2，黄南，男），（E3，刘西，男），（E4，严北，女）｝，相应的二维表格表示形式如表 7-4 所示。

表 7-4　职工关系

编号	姓名	性别
E1	李东	女
E2	黄南	男
E3	刘西	男
E4	严北	女

3. 关系的完整性

为了防止不符合规则的数据进入数据库，数据库管理系统一般提供了一种对数据的监测控制机制，这种机制允许用户按照具体的应用环境定义自己的数据有效性和相容性条件。在对数据进行插入、删除、修改等操作时，数据库管理系统自动按照用户定义的条件对数据实施监测，不符合条件的数据不能进入数据库，以确保数据库中存储的数据正确、有效、相容。这种监测控制机制称为数据完整性保护，用户定义的条件称为完整性约束条件。在关系模型中，数据完整性包括实体完整性（entity integrity）、参照完整性（referential integrity）及用户自定义完整性（user defined integrity）三种。

(1)实体完整性。

现实世界中的实体是可区分的，即它们具有某种唯一性标识。相应地，关系模型中以主关键字作为唯一性标识。主关键字中的属性即主属性不能取空值。如果主属性取空值，就说明存在某个不可标识的实体，即存在不可区分的实体，这与现实世界的应用环境相矛盾，因此，这个实体一定不是一个完整的实体。

实体完整性就是指关系的主关键字不能取空值，并且不允许两个元组的关键字值相同，即一个二维表格中没有两个完全相同的行，因此，实体完整性也称为行完整性。

(2)参照完整性。

现实世界中的实体之间存在某种联系，在关系模型中，实体及实体间的联系都是用关系来描述的，这样就自然存在着关系与关系间的引用。

设 F 是关系 R 的一个或一组属性，它是关系 S 的主关键字，则称 F 是关系 R 的外部关键字，并称关系 R 为参照关系（referencing relation），关系 S 为被参照关系（referenced relation）。参照完整性规则就是定义外部关键字与主关键字之间的引用规则，即 R 中每个元组 F 值必须取非空值或等于 S 中某个元组的主关键字值。

在教学管理系统中，选课关系作为参照关系，学生关系作为被参照关系，以“学号”作为两个关系进行关联的属性，则“学号”是学生关系的主关键字，是选课关系的外部关键字。选课关系通过外部关键字“学号”参照学生关系，如图 7-10 所示。

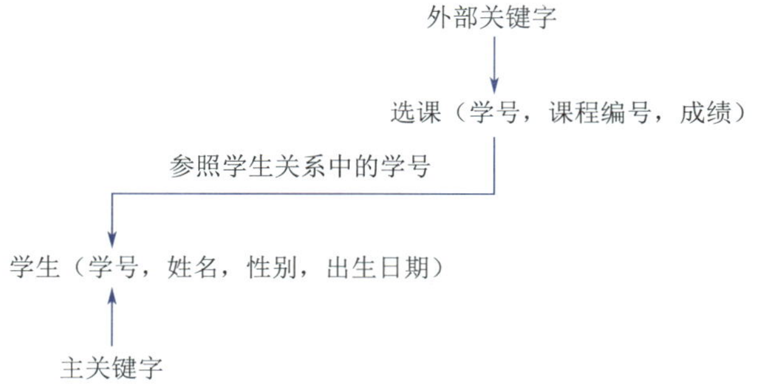

图 7-10　参照关系与被参照关系

(3)用户自定义完整性。

实体完整性和参照完整性适用于任何关系数据库系统。除此之外，不同的关系数据库系统根据其应用环境的不同，往往还需要一些特殊的约束条件，用户自定义完整性就是针对某一具体关系数据库的约束条件，它反映某一具体应用所涉及的数据必须满足的语义要求，如规定关系中某一属性的取值范围等。

7.2.2　关系的运算

由于关系是属性个数相同的元组的集合，因此可以从集合论的角度对关系进行集合运算。在关系运算中，并、交、差运算是从元组(二维表格中的一行)的角度来进行的，沿用了传统的集合运算规则，也称为传统的关系运算；而选择、投影、连接运算是关系数据库中专门建立的运算规则，不仅涉及行，而且涉及列，因此称为专门的关系运算。

1. 传统的关系运算

(1)并(union)。

设 R 和 S 同为 n 元关系，且相应的属性取自同一个域，则 R 和 S 的并也是一个 n 元关系，记作 $R\cup S$。$R\cup S$ 包含了所有分属于 R 和 S 或同属于 R 和 S 的元组。因为集合中不允许有重复元素，所以同时属于 R 和 S 的元组在 $R\cup S$ 中只出现一次。

(2)差(difference)。

设 R 和 S 同为 n 元关系，且相应的属性取自同一个域，则 R 和 S 的差也是一个 n 元关系，记作 $R-S$。$R-S$ 包含了所有属于 R 但不属于 S 的元组。

(3)交(intersection)。

设 R 和 S 同为 n 元关系，且相应的属性取自同一个域，则 R 和 S 的交也是一个 n 元关系，记作 $R\cap S$。$R\cap S$ 包含了所有同属于 R 和 S 的元组。

实际上，交运算可以通过差运算的组合来实现，如 $A\cap B=A-(A-B)$ 或 $B-(B-A)$。

(4)广义笛卡儿积。

设 R 是一个包含 m 个元组的 j 元关系，S 是一个包含 n 个元组的 k 元关系，则 R 和 S 的广义笛卡儿积是一个包含 $m\times n$ 个元组的 $j+k$ 元关系，记作 $R\times S$，并定义

$$R\times S=\{(r_1,r_2,\cdots,r_j,s_1,s_2,\cdots,s_k)\mid(r_1,r_2,\cdots,r_j)\in R \text{ 且 } (s_1,s_2,\cdots,s_k)\in S\}$$

即 $R\times S$ 的每个元组的前 j 个分量是 R 中的一个元组，而后 k 个分量是 S 中的一个元组。

例 7-1　设 $R=\{(a_1,b_1,c_1),(a_1,b_2,c_2),(a_2,b_2,c_1)\}$，$S=\{(a_1,b_2,c_2),(a_1,b_3,c_2),(a_2,b_2,c_1)\}$，求 $R\cup S$、$R-S$、$R\cap S$、$R\times S$。

根据运算规则，有如下结果：

$R\cup S=\{(a_1,b_1,c_1),(a_1,b_2,c_2),(a_2,b_2,c_1),(a_1,b_3,c_2)\}$

$R-S=\{(a_1,b_1,c_1)\}$

$R\cap S=\{(a_1,b_2,c_2),(a_2,b_2,c_1)\}$

$R\times S=\{(a_1,b_1,c_1,a_1,b_2,c_2),(a_1,b_1,c_1,a_1,b_3,c_2),(a_1,b_1,c_1,a_2,b_2,c_1),(a_1,b_2,c_2,a_1,b_2,c_2),(a_1,b_2,c_2,a_1,b_3,c_2),(a_1,b_2,c_2,a_2,b_2,c_1),(a_2,b_2,c_1,a_1,b_2,c_2),(a_2,b_2,c_1,a_1,b_3,c_2),(a_2,b_2,c_1,a_2,b_2,c_1)\}$

$R\times S$ 是一个包含 9 个元组的 6 元关系。

2. 专门的关系运算

(1)选择(selection)。

设 $R=\{(a_1,a_2,\cdots,a_n)\}$ 是一个 n 元关系，F 是关于 $(a_1,a_2,\cdots,a_n)$ 的一个条件，R 中所有满足 F 条件的元组组成的子关系称为 R 的一个选择，记作 $\sigma_F(R)$，并定义

$$\sigma_F(R)=\{(a_1,a_2,\cdots,a_n)\mid(a_1,a_2,\cdots,a_n)\in R \text{ 且 } (a_1,a_2,\cdots,a_n) \text{满足条件 } F\}$$

简言之，对关系 R 按一定规则筛选一个子集的过程就是对 R 施加了一次选择运算。

(2)投影(projection)。

设 $R=R(A_1,A_2,\cdots,A_n)$ 是一个 n 元关系，$\{i_1,i_2,\cdots,i_m\}$ 是 $\{1,2,\cdots,n\}$ 的一个子集，并且 $i_1<i_2<\cdots<i_m$，定义

$$\pi(R)=R(A_{i_1},A_{i_2},\cdots,A_{i_m})$$

即 $\pi(R)$ 是 R 中只保留属性 $A_{i_1},A_{i_2},\cdots,A_{i_m}$ 的新的关系，称 $\pi(R)$ 是 R 在 $A_{i_1},A_{i_2},\cdots,A_{i_m}$ 属性上的一个投影，通常记作 $\pi_{(A_{i_1},A_{i_2},\cdots,A_{i_m})}(R)$。

通俗地讲，关系 R 上的投影是从 R 中选择出若干属性列组成新的关系。

(3)连接(join)。

连接是从两个关系的笛卡儿积中选取属性间满足一定条件的元组，记作 $R\underset{A\theta B}{\bowtie}S$，其中，$A$ 和 B 分别为关系 R 和关系 S 上维数相等且可比的属性组，θ 是比较运算符。连接运算从关系 R 和关系 S 的笛卡儿积 $R\times S$ 中选取(关系 R)在 A 属性组上的值与(关系 S)在 B 属性组上的值满足比较关系 θ 的元组。

连接运算中有两种最为重要也最为常用的连接：一种是等值连接，另一种是自然连接。θ 为“$=$”的连接运算称为等值连接，它从关系 R 与关系 S 的笛卡儿积中选取 A 和 B 属性值相等的那些元组。自然连接是一种特殊的等值连接，它要求在结果中把重复的属性去掉。一般的连接操作是从行的角度进行运算，但自然连接还需要取消重复列，所以自然连接是同时从行和列的角度进行运算。

例 7-2 一个关系数据库由职工关系 E 和工资关系 W 组成，关系模式如下。

E(编号，姓名，性别)

W(编号，基本工资，标准津贴，业绩津贴)

写出实现以下功能的关系运算表达式。

(1)查询全体男职工的信息。

(2)查询全体男职工的编号和姓名。

(3)查询全体职工的基本工资、标准津贴和业绩津贴。

根据运算规则，写出关系运算表达式如下。

(1)对职工关系 E 进行选择运算，条件是“性别='男'”，关系运算表达式为

$$\sigma_{\text{性别}='\text{男}'}(E)$$

(2)先对职工关系 E 进行选择运算，条件是“性别='男'”，这时得到一个男职工关系，再在男职工关系的属性“编号”和“姓名”上做投影计算，关系运算表达式为

$$\pi_{(\text{编号},\text{姓名})}(\sigma_{\text{性别}='\text{男}'}(E))$$

(3)先对职工关系 E 和工资关系 W 进行连接运算，连接条件是“$E.$编号$=W.$编号”，这时得到一个职工工资关系，再对职工工资关系做投影计算，关系运算表达式为

$$\pi_{(\text{编号},\text{姓名},\text{基本工资},\text{标准津贴},\text{业绩津贴})}(E\underset{E.\text{编号}=W.\text{编号}}{\bowtie}W)$$

7.2.3 常用的数据库管理系统

目前，常用的数据库管理系统有许多种，如 Access、MySQL、SQL Server、Oracle、GaussDB 等。它们以各自的功能和特点，在数据库市场上占有一席之地。

1. Access

Access 是 Microsoft Office 办公软件中的重要组成部分，是目前比较流行的小型桌面数据库管理系统，适合初学者学习使用。Access 具有关系数据库管理系统的基本功能，使用它可以方便地利用各种数据源，生成窗体（表单）、查询、报表和应用程序等。

Access 采用了与 Windows 操作系统和 Microsoft Office 套装软件完全一致的风格，用户可以通过许多可视化的操作工具和向导，不必编写任何命令便能有效地实现各种功能的操作，完成数据管理任务。Microsoft Office 有一个集成化的程序设计语言（Visual Basic for Applications，VBA），使用 VBA 可以为 Access 创建非常实用的数据库应用系统。

Access 支持大部分 SQL 标准，通过开放式数据库互连（ODBC）与其他数据库相连，提供了灵活、可靠、安全的客户-服务器解决方案。

2. MySQL

MySQL 是开源的关系数据库管理系统，具有跨平台特性，能满足一般中小型企业系统的功能需求。由于它体积小、速度快、成本低，再加上开放源码和跨平台等特点，所以备受用户的青睐，已经成为最流行的数据库管理系统之一。MySQL 可应用于多种开发语言，包括 Perl、C、C++、Java 和 PHP 等，其中在 PHP 的 Web 开发应用最为广泛。一般中小型网站的开发都首选 MySQL。

3. SQL Server

SQL Server 作为微软在 Windows 平台上开发的数据库，是一个大型分布式客户-服务器结构的关系数据库管理信息系统。

SQL Server 支持传统的关系数据库组件，如数据库、表，还支持存储过程、视图等现代数据库组件，也完全兼容 SQL。SQL Server 通常也称为数据库引擎（database engine），因为它是一个数据库应用系统的核心，用来保存数据并且提供一套方法操纵、维护和管理这些数据，同时扮演着服务器的角色，响应来自客户端的连接和数据访问请求。因此，SQL Server 并不能单独构成一个完整应用，例如，SQL Server 并不提供图形用户界面、报表等设计工具，这些工作通常由数据库前端开发工具完成，开发好的数据库客户端程序接受用户数据输入和查询请求，通过网络传给 SQL Server，保存在数据库中或由 SQL Server 执行查询命令，前端程序等待接收数据并显示在终端界面上。

4. Oracle

Oracle 是一个最早商品化的关系数据库管理系统。Oracle 作为一个通用的数据库管理系统，不仅具有完整的数据管理功能，还是一个分布式数据库系统，支持各种分布式功能，特别是支持 Internet 应用。Oracle 提供了基于角色（role）分工的安全保密管理，在数据库完整性检查、安全性、一致性方面都有良好的表现。Oracle 支持大量多媒体数据，提供了与第三代高级语言的接口软件 Pro * 系列，能在 C/C++ 等主语言中嵌入 SQL 语句及过程化语句，对数据库中的数据进行操纵。加上它有许多优秀的前台开发工具，可以快速开发生成基于客户端 PC 平台的应用程序，并具有良好的移植性。

5. GaussDB

GaussDB 是华为公司自主研发的一个数据库产品系列，它是一个企业级云分布式数据库，也被称为全球首个人工智能原生(AI-Native)数据库。

GaussDB 具有两大优势。首先，将人工智能技术融入分布式数据库的全生命周期，实现自运维、自管理、故障自诊断和自愈，特别是在交易、分析和混合负载场景下，可以采用自调优算法进行优化计算，提升系统性能；其次，通过异构计算框架，充分发挥多种算力优势，提升了系统的综合算力。

2019 年 9 月，华为公司宣布对 GaussDB 进行开源，开源后的数据库命名为 openGauss。按照规划，openGauss 每年将更新一个大版本。2024 年 3 月 30 日，openGauss 6.0.0-RC1 正式发布。

7.2.4 结构化查询语言

结构化查询语言(structured query language，SQL)是通用的关系数据库操作语言，可以用来执行数据查询、数据定义、数据操纵和数据控制等操作。SQL 结构简洁，功能强大，因此，在关系数据库中得到了广泛应用，目前流行的关系数据库管理系统都支持 SQL。

SQL 最早是在 20 世纪 70 年代由 IBM 公司开发出来的，并应用在 DB2 关系数据库系统中，主要用于关系数据库中的信息检索。SQL 提出以后，由于它具有功能丰富、使用灵活、语言简洁易学等突出优点，在计算机工业界和计算机用户中备受欢迎。1986 年 10 月，美国国家标准研究所(ANSI)的数据库委员会批准了 SQL 作为关系数据库语言的美国标准。1987 年 6 月，国际标准化组织(ISO)将其采纳为国际标准，这个标准也称为 SQL86。SQL 标准的出台使 SQL 作为标准关系数据库语言的地位得到了加强。随后，SQL 标准几经修改和完善，其间经历了 SQL89、SQL92、SQL99、SQL2003 等多个版本，每个新版本都较前面的版本有重大改进。随着数据库技术的发展，还会有新的 SQL 标准。

尽管设计 SQL 的最初目的是查询，数据查询也是 SQL 最重要的功能之一，但 SQL 不仅是一个查询工具，它还可以独立完成数据库的全部操作。按照其实现的功能可以将 SQL 语句划分为 4 类。

(1)数据查询语言(data query language，DQL)：按一定的查询条件从数据库对象中检索符合条件的数据，如 SELECT 语句。

(2)数据定义语言(data definition language，DDL)：用于定义数据的逻辑结构及数据项之间的关系，如 CREATE、DROP、ALTER 语句等。

(3)数据操纵语言(data manipulation language，DML)：用于增加、删除、修改数据等，如 INSERT、UPDATE、DELETE 语句等。

(4)数据控制语言(data control language，DCL)：在数据库系统中，具有不同角色的用户执行不同的任务，并且应该给予不同的权限。数据控制语言用于设置或更改用户的数据库操作权限，如 GRANT、REVOKE 语句等。

下面以 Access 2016 作为操作环境，介绍 SQL 的具体应用。

例 7-3 使用 CREATE TABLE 语句建立学生表 Student，包括学号、姓名、性别、出生日期和专业名称等字段。

SQL 操作

语句如下。

```
CREATE TABLE Student (学号 Char(10) PRIMARY KEY,
                      姓名 Char(20),
                      性别 Char(2),
                      出生日期 Datetime,
                      专业名称 Char(20))
```

上述语句将创建一个 Student 表，属性名及其数据类型都由语句直接给出。例如，学号字段是短文本型(Char 型)，字段宽度为 10，并利用 PRIMARY KEY 参数指定该字段为主关键字，出生日期字段为日期/时间型(Datetime 型)。

在 Access 2016“查询工具/设计”上下文选项卡的“SQL 视图”中，可以完成 SQL 语句的输入和运行。

例 7-4 使用 INSERT 语句向建立的 Student 表中添加一条学生信息。

语句如下。

```
INSERT INTO Student VALUES("1104211601","张甲","男",#2005/11/17#,"计算机科学与技术")
```

其中，短文本常量要用英文单引号“'”或双引号“"”括起来，日期/时间常量要用英文符号“#”将一个日期或时间括起来。Access 还有一种“是/否”常量(也称为逻辑常量)，通常用 True、Yes 或非 0 表示“是”(逻辑真)，用 False、No 或 0 表示“否”(逻辑假)。

例 7-5 使用 UPDATE 语句将学号为“1104211601”的学生的出生日期改为 2005 年 10 月 17 日。

语句如下。

```
UPDATE Student SET 出生日期=#2005/10/17#WHERE 学号="1104211601"
```

其中，WHERE 子句用于指定条件，对满足条件的记录进行更新。

例 7-6 使用 SELECT 语句查询“计算机科学与技术”专业所有学生的信息，根据学号进行排序。

语句如下。

```
SELECT*FROM Student WHERE 专业名称="计算机科学与技术" ORDER BY 学号 ASC
```

SELECT 后面的选项表示输出的内容，可以是字段名或表达式。如果要输出全部字段，选项用“ * ”表示；FROM 子句用于指定要查询的表；WHERE 子句用于指定查询条件；ORDER BY 子句用于将查询结果排序，ASC 指定按升序排列，DESC 指定按降序排列。

7.3 数据分析与处理

应用数据库管理数据，解决了数据的组织和存储问题。为了发掘数据内部隐藏的规律及潜在的知识，充分发挥数据的价值，采用科学的方法对数据进行分析和处理是非常必要的。

7.3.1 数据分析的基本流程

在数据科学中,数据分析是核心工作,其基本流程如图 7-11 所示。

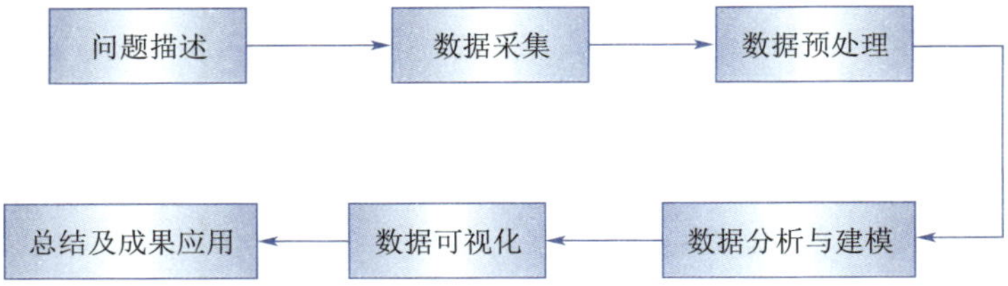

图 7-11 数据分析的基本流程

1. 问题描述

在数据处理过程中,并不是有了数据就必须进行数据分析,而是先存在需要解决的问题,然后对应地搜集数据、分析数据,最终得到结果。基于专业知识界定问题,明确数据分析的目标和需求是数据分析的关键。从数据理论的角度,可将分析问题的种类分为推理性问题、描述性问题、探索性问题、预测性问题、因果问题和相关性问题等。

2. 数据采集

数据采集是按照确定的数据分析框架,收集相关原始数据的过程,它为数据分析提供了素材和依据。这里的数据包括一手数据与二手数据。一手数据主要指可直接获取的数据,如公司内部的数据库、市场调查取得的数据等;二手数据主要指经过加工整理后得到的数据,如统计部门在互联网上发布的数据、公开出版物中的数据等。

3. 数据预处理

数据预处理是指对采集到的数据进行加工整理,保证数据的一致性、完整性和有效性,以形成适合数据分析的样式。它是数据分析前必不可少的阶段。

数据预处理包括数据存储、清洗、标准化等步骤。面向问题需求,首先可以从多种渠道采集相关数据,如系统生成、设备记录、网络爬取等,然后按照业务逻辑将这些形式各异的数据组织成格式化的数据,去掉其中的冗余数据、无效数据,填补缺失数据,以便于后续的分析和处理。

4. 数据分析与建模

根据数据分析目标,采用统计分析、回归分析、关联分析、文本分析等方法,对数据内容进行分析,考察数据的特性及数据成员之间的关联、模式等。还可以通过机器学习或统计方法,从数据中建立问题描述模型。数据分析和建模选择何种方法主要取决于问题的类型,例如,问题的类型是分类预测问题,还是描述性问题,或是关联性分析问题。建立模型可尝试多种算法,每种算法都有相对适用的数据集,需要根据数据采集和预处理阶段获得的数据集特性来进行选择。最后,对生成的模型进行评估,尝试使用多种算法及参数设置的方法,从而获得特定问题的相对最优解。

5. 数据可视化

通过数据分析与建模,隐藏在数据内部的关系和规律就会逐渐浮现出来。但是,选择什么方式展现这些关系和规律,仍然是一个非常重要的问题。一般情况下,通过表格和图形的方式来呈现数据，即“用图表说话”具有更佳的效果。特别是图形，表达直观、形式多样、色彩丰富、生动形象，可以快速有效地传递想要表达的观点，最容易被人接受。

常用的数据图表包括条形图、折线图、饼图、散点图、雷达图等，可以对这些图表进一步整理加工，使之变为所需要的图形，如金字塔图、矩阵图、瀑布图、漏斗图、帕累托图等。

6. 总结及成果应用

数据分析完成之后，应该对提出的问题进行分析总结，并得出结论。数据分析的成果包括分析模型、数据、信息图、报表等多种形式。分析模型可以被集成到 Web 应用系统、移动应用中形成数据产品，系统可以使用这些模型对未来数据进行分析预测。数据、信息图、报表等也可以直接放在报告中，形成各种商业、行业、政策的分析报告。

数据分析应用的成功不仅取决于数据分析的技术与方法，还在于对数据对象业务领域的理解。数据分析流程中的每个环节，都需要发挥专业知识的作用，保证分析过程正确有效。

7.3.2　常用数据分析方法

1. 统计分析

统计分析是指通过数学的方式，对大量数据样本进行数理统计和分析，研究数据对象的规模、范围、程度、分布特性等数量关系，认识数据内部的相互关联性、变化规律和发展趋势，并形成定量的结论，借此达到对数据的正确理解和预测。

借助 Python 的第三方库 NumPy，可以很方便地对数据进行统计分析。NumPy 库提供了各种可以对数据进行计算的通用函数，既方便又高效。通过导入 NumPy 库，只需要对函数进行简单的调用，便可以完成相关计算。NumPy 库常用的统计函数如表 7-5 所示。

表 7-5　NumPy 库常用的统计函数

函数	功能	函数	功能
amin()	沿指定轴的最小值	argmin()	最小值的索引
amax()	沿指定轴的最大值	argmax()	最大值的索引
ptp()	最大值与最小值的差	sum()	元素之和
prod()	元素之积	cumsum()	元素的累加和
cumprod()	元素的累乘积	percentile()	指定轴上的分位数
median()	元素的中位数(中值)	mean()	元素的算术平均值
average()	元素的加权平均值	std()	元素的标准差
var()	元素的方差	cov()	两个数组的协方差
coeff()	两个数组的相关系数	sort()	排序

在 NumPy 库中，基础的数据类型是同类型元素构成的数组，称为多维数组(ndarray)对象。因此，在使用 NumPy 库中的函数进行计算之前，往往先要调用 array()函数创建 NumPy 数组，然后再参与各种运算。

例 7-7 已知某组学生的成绩为[59,63,84,90,76,81,75,95,86,68],统计这组成绩中的各项统计指标。

统计分析

命令如下。

```
>>>import numpy as np                                  #导入第三方库并命名为 np
>>>a=np.array([59,63,84,90,76,81,75,95,86,68])        #创建数组并输入数据
>>>np.amax(a)                                          #获取最大值
95
>>>np.amin(a)                                          #获取最小值
59
>>>np.ptp(a)                                           #计算最大值与最小值之差
36
>>>np.percentile(a,50)                                 #获取 50% 位置上的分位数
78.5
>>>np.mean(a)                                          #计算算术平均值
77.7
>>>np.median(a)                                        #计算中位数
78.5
>>>np.std(a)                                           #计算标准差
11.13597772986279
>>>np.var(a)                                           #计算方差
124.00999999999999
>>>np.sort(a)                                          #对数据进行排序
array([59,63,68,75,76,81,84,86,90,95])
```

2. 回归分析

回归分析是一种预测性的建模分析技术,它通过样本数据确定目标变量和自变量之间的相互依赖关系,建立数学模型。通过该模型,可以对新的自变量所对应的目标变量进行预测。

常用的回归方法有线性回归(linear regression)、逻辑回归(logistic regression)和多项式回归(polynomial regression)等。在线性回归中,若只包括一个自变量和一个目标变量,则称为一元线性回归,此时自变量和目标变量之间存在的关系可以用一条直线来近似地表示,即 $y=kx+b$,就是要确定表达式中 k 和 b 的值,使得所有的样本数据点尽可能地靠近这条直线。

在具体实现中,可以通过第三方库 scikit-learn(sklearn)实现回归分析。sklearn 是基于 Python 的机器学习工具库,对常用的机器学习方法进行了封装,包括分类、回归、降维、聚类等,对象的接口简单,使用方便。下面通过 sklearn 的 LinearRegression 类,结合具体的应用案例,构建一元线性回归分析模型。

例 7-8　已知蛋糕直径与价格的关系如表 7-6 所示，对其进行线性回归分析，并估算直径为 30 cm 的蛋糕的价格。

回归分析

表 7-6　蛋糕直径与价格的关系

直径/cm	价格/元
15	99
20	110
25	173
35	224
45	245

分析：先用 pip install scikit-learn 命令安装 sklearn 库，然后用 sklearn 库的 linear_model 模块中的 LinearRegression() 函数来创建线性回归模型对象。

创建线性回归模型后，可以使用 fit(X,Y) 方法对模型进行训练，其中，X 是 $m \times n$ 二维数组，m 为样本数，n 为特征项个数；Y 是一维数组，包含 m 个元素。训练完成后，可以使用 predict(X1) 方法对新的数据进行预测，其中，X1 是 $m_1 \times n$ 二维数组。

在 sklearn 库中，线性回归模型对象有两个主要属性：coef_ 表示线性系数(即斜率)，intercept_ 表示截距。

程序如下。

```
import numpy as np
from sklearn import linear_model                    #导入 sklearn 库中的 linear_model 模块
X=np.array([15,20,25,35,45]).reshape(5,1)           #转换成 5 行 1 列的二维数组形式
Y=[99,110,173,224,245]
model =linear_model.LinearRegression()              #创建线性回归模型对象
model.fit(X,Y)                                      #使用训练数据来拟合模型
newp=model.predict([[30]])                          #预测直径为 30 厘米蛋糕的价格
print("直径为 30 厘米蛋糕的价格:",newp[0])
print("斜率:",model.coef_[0])
print("截距:",model.intercept_)
```

程序运行结果如下。

```
直径为 30 厘米蛋糕的价格:180.70689655172413
斜率:5.25344827586207
截距:23.103448275862036
```

即线性回归模型为 $y=5.253\,448\,275\,862\,07x+23.103\,448\,275\,862\,036$。将 $x=30$ 代入该模型，得 $y=180.706\,896\,551\,724\,13$，命令如下。

```
>>>x=30
>>>y=5.25344827586207*x+23.103448275862036
>>>y
180.70689655172413
```

以下程序将X、Y的数据以及拟合模型用图形显示出来，结果如图7-12所示。其中，散点表示训练的样本数据，直线表示拟合后的结果。

```
import matplotlib.pyplot as plt
plt.figure()                                    #建立图形对象
plt.scatter(X,Y,color='red')                    #绘制散点图，颜色为红色
plt.plot(X,model.predict(X),color='blue')       #对拟合结果绘图，颜色为蓝色
plt.show()                                      #显示图形
```

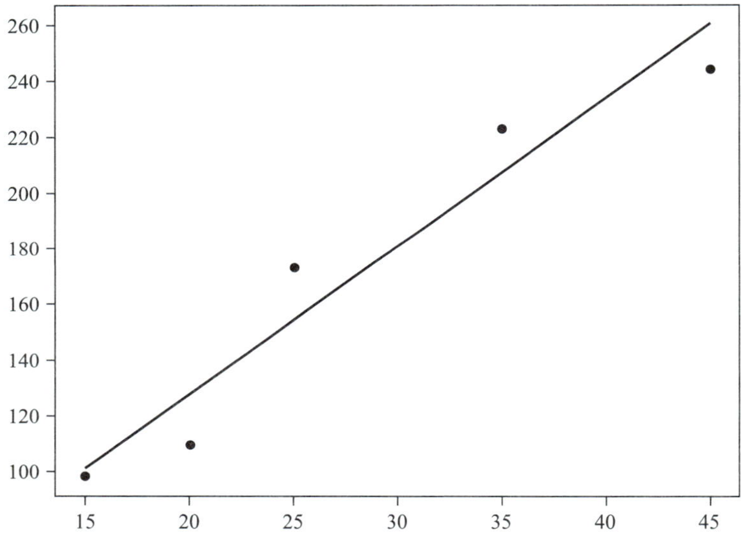

图 7-12　线性回归模型结果

另外，对于一元问题，通过NumPy提供的函数进行线性拟合，也能得到类似的结果。程序如下。

```
import numpy as np
X=[15,20,25,35,45]
Y=[99,110,173,224,245]
z1=np.polyfit(X,Y,1)          #一次多项式拟合，即线性拟合
p1=np.polyval(z1,30)          #估算新数据的值
print(z1[0],z1[1])
print(p1)
```

程序运行后，得到和图7-12线性回归模型近乎相同的结果。

3. 文本分析

文本(text)是指不能参与算术运算的字符，也称为字符数据。文本分析在许多领域都有应用，如自然语言处理、信息检索、情感分析等。通过文本分析，可以从海量文本中发现知识，更好地理解文本的语义和语境。

文本分析的主要过程包括分词、去除停用词、特征提取、建模分析等。

分词是指将文本分割成文本分析的最小单位——词语。但有些语言本身便以词语为基本单位，不需要分词，如英语。而有些语言文本中没有词语分割的标记，如中文、日文等，分析前就需要先进行词语切分。

对于文本特征没有任何贡献的词语，如中文文本中的一些助词、语气词、标点符号等，可以将其归入停用词。在进行文本分析时，应该先剔除这些停用词，以免对文本分析过程造成干扰。

完成了分词和去除停用词之后，可以对文本进行特征提取，使其转换为某些特征表示集合，如词频、词性、词上下文及词位置等，具体的特征通常会根据文本分析的任务来进行选择。这些特征将按照某种模型被转换为向量数据，以便进行建模分析。目前常用的分析模型有序列分类模型、序列标注模型、序列-序列学习模型等，它们分别用于文本分类和关系抽取、文本实体识别、机器翻译和自动摘要等。

(1)分词。

在 Python 中，可以利用中文文本处理的常用第三方库 jieba 来实现分词操作。例如：

```
>>>import jieba
>>>jieba.lcut("中南大学坐落在中国历史文化名城湖南省长沙市")
['中南大学','坐落','在','中国','历史','文化名城','湖南省','长沙市']
```

(2)词频统计。

词频统计是文本分析中常见的工作，它可以帮助人们了解文本中各个词汇出现的频率及其分布情况。可以使用 Python 内置库 collections 中的 Counter()函数进行词频统计。例如：

```
>>>import collections
>>>fruit=['苹果','菠萝','猕猴桃','葡萄','苹果','草莓','苹果','猕猴桃','香蕉','西瓜']
>>>word_count=collections.Counter(fruit)
>>>word_count
Counter({'苹果':3,'猕猴桃':2,'菠萝':1,'葡萄':1,'草莓':1,'香蕉':1,'西瓜':1})
```

Counter()函数统计列表中元素出现的次数，返回一个字典，其中关键字是元素，值是元素出现的次数。还可以输出词频最高的词语，如输出词频最高的两个词。

```
>>>print(word_count.most_common(2))
[('苹果',3),('猕猴桃',2)]
```

(3)利用字典实现词频统计。

在 Python 中经常用字典来实现词频统计。设有字典 counts,其关键字代表要统计的单词,其值是单词出现的次数。更新单词 word 的数量用以下语句实现。

```
counts[word]+=1     #counts[word]=counts[word]+1
```

但第一次遇到一个单词 word 时,它在字典 counts 中还没有元素,这时不能直接使用 counts[word]来访问字典元素,因此对每一个单词都需要做出判断:如果 word 在 counts 中存在,则 counts[word]在原来的基础上加 1,否则给 counts[word]赋 1。可以使用 in 运算符来实现判断,程序段如下。

```
if word in counts:
    counts[word]+=1
else:
    counts[word]=1
```

更优雅的方法是使用字典的 get()方法:

```
counts[word]=counts.get(word,0)+1
```

如果 word 在字典 counts 中,get()方法返回 counts[word]的值,相当于执行 counts[word]=counts(word) +1;如果 word 不在字典 counts 中,get()方法返回 0,相当于执行 counts[word] =1。

例 7-9 利用字典统计各个单词出现的次数。

程序如下。

```
fruit=['苹果','菠萝','猕猴桃','葡萄','苹果','草莓','苹果','猕猴桃','香蕉','西瓜']
counts={}
for word in fruit:
    counts[word]=counts.get(word,0)+1
for word in counts:
    print(word,counts[word])
```

程序运行结果如下。

```
苹果 3
菠萝 1
猕猴桃 2
葡萄 1
草莓 1
香蕉 1
西瓜 1
```

7.3.3 数据可视化

1. 数据可视化的概念

数据可视化是关于数据视觉表现形式的科学，它将数据以图形化的方式表示出来，揭示其中隐藏的数据特征，直观地传达关键信息，辅助建立数据分析模型，展示分析的结果，帮助人们发现规律和获取知识。通过这种方式，可以为数据分析提供一种更加直观的挖掘、分析与展示的手段，真正做到"让数据说话"，让数据更贴近大众、更有价值和意义。

数据可视化所涵盖的技术方法非常广泛，它涉及计算机视觉、图像处理、计算机辅助设计、计算机图形学等多个领域，并逐渐成为解决数据表示、数据处理、决策分析等问题的综合技术。

2. 常用可视化图表

常用的可视化图表有散点图、折线图、条形图、饼图、雷达图、词云图等。在 Python 中，常用图表都可以通过第三方库 Matplotlib 进行绘制。

例 7-10 已知 2021 年我国国内生产总值（GDP）超过 114 万亿元。若按季度分，4 个季度的 GDP 分别为 24.931 01 万亿元、28.285 74 万亿元、29.096 38 万亿元、32.423 74 万亿元。以子图形式分别绘制散点图、折线图、条形图和饼图，用于展示 4 个季度的 GDP 数据。

可视化图表

程序如下。

```
import matplotlib.pyplot as plt
X=[1,2,3,4]
Y=[24.93101,28.28574,29.09638,32.42374]                    #输入数据
p=plt.figure()                                             #设置画布
p.add_subplot(2,2,1)                                       #将画布分成 2×2 格式，绘制子图 1
plt.scatter(X,Y)                                           #绘制散点图
p.add_subplot(2,2,2)                                       #绘制子图 2
plt.plot(X,Y,marker='p')                                   #绘制折线图
p.add_subplot(2,2,3)                                       #绘制子图 3
plt.bar(X,Y)                                               #绘制条形图
p.add_subplot(2,2,4)                                       #绘制子图 4
labels=['第 1 季度','第 2 季度','第 3 季度','第 4 季度']   #设置每个扇区的说明文字
plt.rcParams['font.sans-serif']=['SimSun']                 #指定默认字体
explode=[0.05,0.05,0.05,0.05]                              #设置每个扇区离圆心的距离
plt.pie(Y,labels=labels,explode= explode)                  #根据设置绘制饼图
plt.show()                                                 #显示绘图结果
```

程序运行结果如图 7-13 所示，展示了 2021 年 4 个季度 GDP 数据的变化情况，比简单的数据更加直观、形象，令人印象深刻。

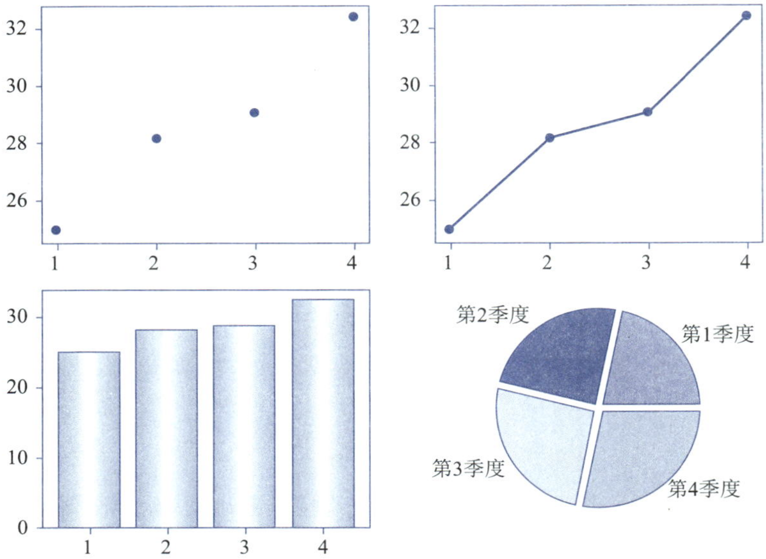

图 7-13　4 种常用图形

3. 词云图

在处理文本信息时，可能需要另一种图表——词云图。词云图是文本数据的一种可视化展现方式，它由文本数据中提取的高频关键词组成彩色图形，以可视化表达方式来传达文本数据背后所隐藏的信息，非常直观明了。

在 Python 中，可以通过第三方库 wordcloud 来制作词云图，基本步骤如下。

(1)安装并导入 wordcloud 库。

(2)使用 wordcloud 库中的 WordCloud()函数根据参数创建 WordCloud 对象。

(3)使用 WordCloud 对象的 generate(text)方法将文本数据(会根据空格分词)转换为词云图。

(4)使用 WordCloud 对象的 to_file()方法将词云图保存为图像文件(PNG 或 JPG 格式)。

(5)使用 matplotlib. pyplot 或其他图像处理库显示词云图。

例 7-11　创建英文词云图。

程序如下。

```
import wordcloud as wc                        #导入 wordcloud 库
import matplotlib.pyplot as plt
text='apple pineapple kiwi grape apple strawberry apple kiwi banana watermelon'
wcObj=wc.WordCloud()                          #创建 WordCloud 对象
wcObj.generate(text)                          #将文本数据转换为词云图
wcObj.to_file('fruit.png')                    #保存词云图
plt.imshow(wcObj)                             #绘制词云图
plt.axis('off')                               #不显示坐标尺寸
plt.show()                                    #显示图形窗口
```

程序运行后，得到如图 7-14 所示的英文词云图。apple 一词出现次数最多，所以字最大。

图 7-14　英文词云图

在默认情况下，WordCloud()函数根据默认参数创建 WordCloud 对象，还可以通过设置背景图片、字体样式、颜色、大小等，让词云图变得更加美观。WordCloud 对象常用配置参数如表 7-7 所示。

表 7-7　WordCloud 对象常用配置参数

参数	功能描述
width	指定词云对象生成图片的宽度，默认为 400 像素
height	指定词云对象生成图片的高度，默认为 200 像素
min_font_size	指定词云中字体的最小字号，默认为 4 号
max_font_size	指定词云中字体的最大字号，默认根据高度自动调节
font_step	指定词云中字体字号的步进间隔，默认为 1
font_path	指定字体文件，默认为 None。绘制中文词云图时必须指定字体
max_words	指定词云显示的最大单词数量，默认为 200
stopwords	指定词云的停用词列表，即不显示的单词列表
mask	指定词云形状的遮罩图像，默认为 None，即方形图。当 mask 不为 None 时，width 和 height 参数无效
background_color	指定词云图的背景颜色，默认为 black(黑色)
colormap	指定词云文字的配色集，默认为 viridis
collocations	默认为 True，为了去掉重复词，可设置为 False

例 7-12 创建中文词云图。

程序如下。

```
import wordcloud as wc
import matplotlib.pyplot as plt
text='苹果 菠萝 猕猴桃 葡萄 苹果 草莓 苹果 猕猴桃 香蕉 西瓜'
excludes=['香蕉']
wcObj=wc.WordCloud(width=350,height=250,    #设置图片宽度和高度
    background_color='skyblue',             #设置背景颜色为天蓝色
```

```
    font_path='msyh.ttc',                    #设置字体文件,中文词云必须指定字体
    max_words=300,                           #设置词汇最大数量为 300
    stopwords=excludes,                      #设置停用词
    colormap='magma'                         #设置配色集为 magma
)                                            #创建 WordCloud 对象
wcObj.generate(text)                         #将文本数据转换为词云图
wcObj.to_file('fruit1.png')                  #保存词云图
plt.imshow(wcObj)                            #绘制词云图
plt.axis('off')                              #不显示坐标尺寸
plt.show()                                   #显示图形窗口
```

程序运行后,会生成如图 7-15 所示的中文词云图。其中"香蕉"为停用词,在词云中不显示。

图 7-15 中文词云图

4. 综合应用

根据"三国演义.txt"文档,统计《三国演义》全文出现次数最多的 5 个词及其出现的次数,并对全文创建词云图。

首先读取"三国演义.txt"文档内容,然后对文本进行预处理,最后进行统计并创建词云图。

(1)文档的读取。

利用 5.2.3 小节中介绍的读取文本文件的方法,读取"三国演义.txt"文档的内容,并构成一个字符串。

(2)文本预处理。

文本预处理包括分词、去除停用词等操作。首先使用 jieba 库进行中文分词;然后去掉单字符的词,并对几个主要人物的称呼进行合并处理;最后创建一个停用词列表,其中包含一些常见的无意义词,如"二人""却说""不能""不可"等,过滤掉这些停用词。

(3)词频统计与提取高频词。

利用字典对预处理后的结果进行词频统计,统计每个词出现的次数;然后将统计结果按照词频从高到低排序,并提取前 5 个高频词。

为了提取高频词,通常使用的命令为

```
>>>counts={"张东":13,"李南":24,"刘西":73,"王北":53,"陈中":33}  #counts 是一个字典
>>>items=list(counts.items())     #将字典的键-值对转换为列表 items
>>>items
[('张东',13),('李南',24),('刘西',73),('王北',53),('陈中',33)]
>>>items.sort(key=lambda x:x[1],reverse=True)
```

命令中的"items.sort()"是对 items 列表进行原地排序,而不是创建一个新的列表。"key=lambda x:x[1]"使用了一个匿名函数(lambda 函数)来定义排序的关键字。在这里,列表 items 的每一个元素为元组,key 参数中的匿名函数返回该元素的第 2 个值,即索引为 1 的值,这意味着列表中的元素应该是一个包含至少两个元素的序列(这里是包含两个元素的元组),并且命令会根据第 2 个元素的值进行排序。"reverse=True"表示按降序排列,即按出现次数从大到小排序。继续看操作结果。

```
>>>items                      #排序后的列表 items
[('刘西',73),('王北',53),('陈中',33),('李南',24),('张东',13)]
>>>items[0]
('刘西',73)
>>>word,count=items[0]      #列表 items 的元素是元组
>>>print(word,count)
刘西 73
```

(4)词云图的创建。

利用 wordcloud 库创建词云图,首先创建一个 WordCloud 对象,并设置词云参数,如词云图背景颜色、宽度和高度、词云形状的遮罩图像、字体路径等;然后将分词得到的文本数据(用空格分隔的词组成的字符串)传递给 WordCloud 对象,生成词云;最后使用 WordCloud 对象的 to_file()方法将词云保存为图像文件,使用 Matplotlib 库显示词云图。

注意,为生成特定形状的词云,可以利用 PIL 图像处理库中的 Image.open()函数导入遮罩图像,再利用 NumPy 库中的 np.array()函数将遮罩图像转换为 ndarray 类型的数据(为了满足 WordCloud 对象的参数要求)。

下面给出完整的程序,其中各个步骤用函数实现,帮助读者提高解决复杂问题的能力。

```
import jieba
import PIL
import numpy as np
import wordcloud as wc
import matplotlib.pyplot as plt
#读取 txt 文档
def read_text(file_path):
    text=open(file_path,'r',encoding='utf-8').read()          #读取文本内容
    return text
#文本预处理
```

```
def preprocess_text(text):
    words=jieba.lcut(text)                                        #对文本进行分词
    newwords=[]
    for word in words:
        if len(word) ==1:                                         #去掉单字符的词
          continue
        elif '诸葛亮' ==word or '孔明曰' ==word:                   #合并同类含义的词
            newwords.append('孔明')
        elif '关公' ==word or '云长' ==word:
            newwords.append('关羽')
        elif '玄德' ==word or '玄德曰' ==word:
            newwords.append('刘备')
        elif '孟德' ==word:
            newwords.append('曹操')
        else:
            newwords.append( word)
        stopwords=['二人','却说','不能','不可','如此','左右','次日','大喜','忽然','此
人']  #停用词列表
    words=[word for word in newwords if word not in stopwords]      #去除停用词
    return words
#词频统计与提取高频词
def word_frequency(words,n):
    counts={}          #创建一个空字典,用于统计
    for word in words:
        counts[word]=counts.get(word,0) +1                            #词频统计
        items=list(counts.items())
        items.sort(key=lambda x:x[1],reverse=True)                    #根据词频按降序排列
        return items[:n]                                              #提取前 n 个元素
#创建词云图
def generate_wordcloud(words,output_file,mask_image):
    mask=PIL.Image.open(mask_image)                                   #导入遮罩图像
    mask=np.array(mask)            #将遮罩图像转换为 ndarray 多维数组
    #创建 WordCloud 对象
    wordcloud=wc.WordCloud(mask=mask,background_color='white', #设置遮罩图像和背景
                           collocations=False,                        #去掉重复词
                           font_path='msyh.ttc')                      #支持中文的字体文件
    words=" ".join(words)           #得到用空格分隔的词组成的字符串
    wordcloud.generate(words)                                         #生成词云图
    wordcloud.to_file(output_file)                                    #存储词云图
    plt.imshow(wordcloud)                                             #绘制词云图
    plt.axis('off')                                                   #不显示坐标尺寸
    plt.show()                                                        #显示图形窗口
```

```
#主程序
text=read_text('E:\\MyPython\\三国演义.txt')                    #读取文档内容
words=preprocess_text(text)                                     #文本预处理
top_words=word_frequency(words,5)                               #词频统计与提取
for word,count in top_words:
    print(word,count)
generate_wordcloud(words,'E:\\MyPython\\三国演义词云图.png',\
    'E:\\MyPython\\mask_image.png')                             #创建词云图
```

程序的输出结果如下,同时得到如图 7-16 所示的《三国演义》词云图。

```
孔明 1383
刘备 1252
曹操 960
关羽 784
将军 772
```

图 7-16　《三国演义》词云图

这个程序是示意性的,读者可以根据实际情况,对停用词列表、遮罩图像、中文字体以及其他参数进行调整。

5. 常用可视化工具

使用 Python 的第三方库可以较为方便地实现数据可视化,例如,前面已经介绍的 Matplotlib 库和 wordcloud 库,就是 Python 环境下的常用可视化工具。除此以外,还有一些其他的常用可视化工具,下面简要进行介绍。

(1)WPS 表格。

WPS 表格是 WPS Office 套件中的电子表格软件,也提供了数据可视化的功能。用户可以使用 WPS 表格内置的图表类型,如柱形图、折线图和饼图等,实现各种数据可视化。

(2)ECharts 库。

ECharts 是一个使用 JavaScript 实现的开源可视化库,可以在 Web 页面中创建交互式的

图表和数据可视化，还可以在 Node.js 环境中使用，并且支持对移动端的适配。ECharts 提供了非常丰富的数据可视化图表。

(3)Seaborn 库。

Seaborn 是一个基于 Matplotlib 的数据可视化库，提供了更高级的接口和定制化选项，方便用户做出各种有吸引力的统计图表。Seaborn 支持直接使用 Pandas 和 NumPy 数据结构进行绘图，支持交互式可视化和多种输出格式。

(4)Pyecharts 库。

Pyecharts 是一个基于 Echarts 图表库的开源数据可视化库，它提供了丰富的图表类型和交互功能，使得用户可以轻松地创建各种数据可视化效果。Pyecharts 不仅支持多种类型的图表，还支持数据动态展示、图表联动、事件交互等高级功能。

(5)Tableau 工具。

Tableau 是十分流行的商业智能工具，主要用于数据分析。Tableau 工具的操作十分简单，用户只需通过拖曳方式即可快速创建出各种数据可视化效果。Tableau 工具提供了强大的数据处理和分析功能，支持多种数据源的连接，用户可以将各种数据源整合在一起进行分析。

7.4 大数据处理

大数据是规模非常大且复杂的数据集，它具有 4 个基本特征：数据规模(volume)大、数据种类(variety)多、要求数据处理速度(velocity)快、数据价值(value)密度低，即所谓的 4V 特性。大数据的概念与海量数据不同，后者只强调数据的量，而大数据不仅指大量的数据，还强调数据的复杂形式、数据的快速时间特性以及对数据分析处理后最终获得有价值信息的能力，这些特点给数据处理技术带来了新的挑战。

什么是大数据

目前，围绕大数据，一批新兴的数据存储、数据挖掘、数据处理与分析技术不断涌现出来，使得人们能够将隐藏于海量数据中的信息和知识挖掘出来，从而为人类的社会经济活动提供决策依据。

7.4.1 大数据关键技术

大数据技术

1. 大数据采集技术

人类一天产生的数据高达数十亿字节，而且这个数字每天都在增长。2025 年，全球每天会有约 463 EB(1 EB=2^{60} B)的数据产生。这些数据产生于射频识别设备、传感器网络、Internet、社交网络软件、移动设备等软硬件和网络，数据类型各异，呈现结构化、半结构化及非结构化特征。

大数据采集一般分为大数据智能感知层和基础支撑层。其中，智能感知层主要包括数据传感体系、网络通信体系、传感适配体系、智能识别体系及软硬件资源接入系统，实现对结构化、半结构化、非结构化的海量数据的智能化识别、定位、跟踪、接入、传输、信号转换、监控、初步处理和管理等功能。智能感知层的关键技术包括分布式高速高可靠数据爬取或采集技术，高速数据全映像大数据收集技术，高速数据解析、转换与装载等大数据整合技术。基础支撑层提供大数据服务平台所需的虚拟服务器和结构化、半结构化及非结构化数据的数据库和物联网络资源等基础支撑环境，关键技术包括分布式虚拟存储技术，大数据获取、存储、组织、分析和决策操作的可视化接口技术，大数据的网络传输与压缩技术，大数据隐私保护技术等。

2. 大数据预处理技术

在预处理阶段，主要完成对已接收数据的抽取、清洗、集成、规约等操作。

(1)抽取。获取的数据可能具有多种结构和类型，数据抽取过程可以将这些复杂的数据转化为单一的或者便于处理的类型，以达到快速分析处理的目的。

(2)清洗。大数据并非全是有价值的，有些数据并不是用户所关心的内容，而另一些数据则可能是完全错误的干扰项，因此要对数据进行过滤、去噪，从而提取出有效数据。

(3)集成。集成是指将多个数据源中的数据整合并存储到一个一致的数据库中。这一过程中需要着重解决的问题包括模式匹配、数据冗余、数据值冲突检测与处理等。

(4)规约。规约主要包括数据立方的聚集、维规约、数据压缩、数值规约和概念分层等。使用规约技术可以实现数据集的规约表示，使得数据集变小的同时仍然近乎保持原数据的完整性，方便后续处理。

3. 大数据存储与管理技术

在大数据环境下，要将采集到的数据存储起来，建立相应的数据库，并进行有效的管理。但是，大数据所具有的复杂结构化、半结构化和非结构化的特征给存储和管理带来了难题，大数据的可存储、可表示、可处理、可靠性及有效传输等都是需要解决的关键问题。这方面的关键技术包括大数据存储技术、分布式非关系型大数据管理与处理技术、异构数据的数据融合技术、大数据建模技术、大数据索引技术、大数据可视化技术、大数据安全技术等。

其中，非关系型数据库主要指 NoSQL 数据库。由于它的非关系特性，NoSQL 数据库具有易扩展、大数据量、高性能、数据模型灵活、结构简单等优点。相比关系型数据库，NoSQL 数据库更能适应大数据环境。

4. 大数据分析及挖掘技术

数据分析和数据挖掘是一对紧密联系的概念，它们都是利用统计学、计算科学、机器学习、可视化技术等手段，从大量、不完全、有噪声、模糊、随机的实际应用数据中，提取隐含、未知、具有潜在价值的信息和知识。其中，数据分析侧重于提炼已有数据的深层次价值，并使该价值得到有效呈现，而数据挖掘侧重于从数据中发现知识或规则，并对未知数据进行预测。

数据挖掘涉及的技术方法很多，而且有多种分类方法。例如，根据数据挖掘方法，可分为机器学习方法、统计方法、神经网络方法和数据库方法等。

5. 大数据展现与应用技术

大数据技术能够将隐藏于海量数据中的信息和知识挖掘出来，为人类的社会经济活动提供依据，从而提高各个领域的运行效率，加强整个社会经济的集约化程度。在我国，大数据技术已经广泛应用于商业运营、政府决策、公共服务等领域，并衍生出许多专业应用技术。例如，商业智能、电信数据信息处理与挖掘、气象信息分析、环境监测、警务云应用系统、大规模基因序列分析比对、Web 信息挖掘、多媒体数据并行化处理等。

7.4.2 常用大数据框架

大数据框架是指为处理和管理大数据而设计的系统和工具的集合，旨在提供高性能、可扩展、可靠和安全的数据处理环境。

1. Hadoop 框架

Hadoop 是一个由 Apache 基金会所开发的分布式系统基础框架开源软件。用户可以在不了解分布式底层细节的情况下，在该框架内使用简单的编程模型，实现计算机集群对大规模数据集的分布式处理。它的目的是从单一的服务器扩展到成千上万的机器，将集群部署在多台机器中，每台机器提供本地计算和存储，同时将存储的数据备份在多个节点，由此提高集群的可靠性。

Hadoop 框架最核心的设计是 Hadoop 分布式文件系统(hadoop distributed file system, HDFS)和 MapReduce。HDFS 是可扩展、高容错的分布式文件系统，负责数据的分布式存储和备份，提供高吞吐量来访问应用程序的数据，适合那些有着超大数据集的应用程序。而 MapReduce 是分布式的计算框架，包含 Map(映射)和 Reduce(规约)两个过程，为海量数据提供处理功能。

2. Spark 框架

Spark 是一个围绕速度、易用性和复杂分析构建的大数据处理框架，最初在 2009 年由美国加州大学伯克利分校的 AMPLab 开发，并于 2010 年成为 Apache 的开源项目之一。Spark 提供了一个全面、统一的框架，用于管理各种有着不同性质的数据集和数据源的大数据处理需求。它本身并没有提供分布式文件系统，因此其分析大多依赖于 HDFS。但是，与 Hadoop 和 Storm 等其他大数据和 MapReduce 技术相比，Spark 处理速度更快，功能更加丰富，也更加易于使用。

3. Storm 框架

Storm 是 Twitter 开源的分布式实时大数据处理框架，最初在 github 上开源，从 0.9.1 版本之后，归于 Apache 社区，业界称为实时版 Hadoop。随着越来越多的场景对 Hadoop 的 MapReduce 高延迟无法容忍，如网站统计、推荐系统、预警系统、金融系统(高频交易、股票)等，大数据实时处理解决方案(流计算)的应用日趋广泛。Storm 能够处理源源不断流入的信息，并将处理结果实时写入存储。

4. MPP 框架

大规模并行处理(massively parallel processing, MPP)是一种海量数据实时分析框架。它是一种不共享框架，每个节点运行自己的操作系统和数据库等软件，节点之间的信息交互只能通过网络连接实现。MPP 框架被并行数据库广泛采用，一般通过 scan、sort 和 merge 等操作符实时返回查询结果。目前采用 MPP 框架的实时查询系统有 EMC Greenplum、HP Vertica 和 Google Dremel，这些都是实时数据处理领域非常有特点的系统，尤其是 Google Dremel 可以轻松扩展到上千台服务器，并在数秒内完成 TB 级别数据的分析。

5. Fusion Insight 框架

Fusion Insight 是华为公司开发的完全开放的大数据框架，可运行在任意标准的 x86 服务器(兼容 x86 指令集)上,无需任何专用的硬件或存储,并针对金融、运营商等数据密集型行业的运行维护、应用开发等需求打造了高可靠、高安全、易使用的运行维护系统和全量数据建模中间件,让企业可以更快、更准、更稳地从各类繁杂无序的海量数据中发现价值。

Fusion Insight 框架底层集成了 Hadoop、Spark、Storm 及 HPPDB 开源技术,支持数据集成、数据分析和数据服务全过程。Fusion Insight 框架由 4 个子产品 Fusion Insight HD、Fusion Insight MPPDB、Fusion Insight Miner 和 Fusion Insight Farmer,以及 1 个操作运维系统 Fusion Insight Manager 构成,其功能分别如下。

(1)Fusion Insight HD:大数据处理环境,是一个分布式数据处理系统,对外提供大容量的数据存储、分析查询和实时流式数据分析处理能力。

(2)Fusion Insight MPPDB:大规模并行处理关系数据库,采用 MPP 框架,支持行存储和列存储,提供 PB(1 PB=2^{50} B)级别数据量的处理能力。

(3)Fusion Insight Miner:数据分析平台,基于华为 Fusion Insight HD 的分布式存储和并行计算技术,提供从海量数据中挖掘出价值信息的平台。

(4)Fusion Insight Farmer:大数据应用容器,为企业业务提供统一开发、运行和管理的平台。

(5)Fusion Insight Manager:大数据的操作运维系统,提供高可靠、安全、容错、易用的集群管理能力,支持大规模集群的安装部署、监控、告警、用户管理、权限管理、审计、服务管理、健康检查、问题定位、升级和补丁等功能。

7.4.3　大数据的应用

地铁在每天的运营过程中会产生大量的运营数据和设备数据,采集到的数据种类繁多,格式互不统一,难以通过单一的子系统进行处理和应用。为了提高运行的安全性和运营效率,降低管理成本,更加合理地利用资源,降本增效,同时提升乘客满意度,减少乘客等待时间,地铁运营大数据系统应运而生。地铁运营大数据系统通过采集地铁各个子系统产生的运营、检修、设备状态等数据,进行统一的清洗、处理与转换,再对其进行统计分析,并对数据处理结果进行统一的大屏显示。

大数据应用场景及案例

地铁运营大数据系统主要分为四大功能模块。

(1)数据采集模块。对地铁运行过程中产生的客流数据、视频监控数据、地铁发车趟数、地铁每站早晚点情况、地铁列车运行关键部件的监控状态等数据进行采集,并实时传输到大数据系统。

(2)数据预处理模块。对采集到的地铁数据进行预处理,将各类型的数据转换成系统可识别的统一数据格式,并对数据进行清洗、压缩、合并、共享、保存等。

(3)大数据分析。通过人工智能、数据挖掘等技术对地铁大数据进行智能分析和学习,围绕地铁运营、检修、维护、综合保障等方面对数据进行集成、分析、挖掘、统计,并对各个子系统的数据流进行整合,形成统一的数据流链路。

(4)大数据可视化。对统计分析后的数据由繁化简,以各类图、表等方式进行多维展示,通过丰富的界面效果,实时、高效地展示数据价值。

通过地铁运营大数据系统对客流数据的分析,可以统计得到乘客日常出行中时间和空间上的分布规律,再结合运营计划、线路数据、轨道状况、车辆设备状态等数据,进行综合数据分析，优化相关算法，提升列车周转效率，减少乘客等待时间。同时，还可以对站点乘客进行预测分析，防止突发大客流对地铁运营产生严重影响。如遇到晚点情况，可以对晚点车次进行原因分析，提供解决方案，以改善晚点状况，提升乘客的出行体验。

地铁运营大数据系统在地铁的维护保养、故障诊断排除方面也发挥了重要作用。首先，地铁运营大数据系统会对地铁运营设备的运行情况、以往的故障信息以及各项检修任务的完成情况及时进行统计。当发生新的故障时，通过对数据流链路进行从上至下的统一分析，地铁运营大数据系统可以快速确定故障发生的原因和事件等级，同时智能地推荐故障应急处理方案，缩短故障检修排查时间，提升运营效率。其次，还可以通过数据分析，对运营过程中有可能发生的严重故障进行预测预警。在运维保养方面，地铁运营大数据系统将对关键设备的健康状态和剩余使用寿命进行数据记录与分析，协助规划检修保养任务，同时对备品备件情况进行自动规划，及时提醒备品备件的状态。

地铁大数据可视化是对大数据处理分析后的结果进行大屏展示。通过可视化，可以对各专业系统进行分类监控，更细致、直观地掌控设备状态和各项运营指标。地铁运营大数据系统大屏展示中的运营数据统计图表如图 7-17 所示。在该图表中，通过对不同地铁线路的运营统计，可以了解每条地铁线路当日所有车辆的运营里程、正晚点统计、服务可靠度、开行列数等信息。这些信息以各种图表的形式进行显示，数据直观、清晰、准确，易于理解。

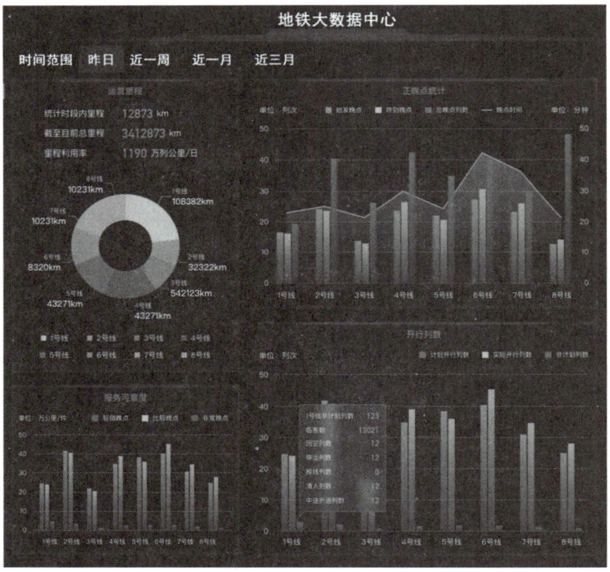

图 7-17　地铁运营大数据系统的运营数据统计图表

习题

一、选择题

1. 在数据库系统中，用户和数据库之间的接口是(　　)。

A. 开发工具　　B. 应用程序　　C. 数据库管理系统　　D. 计算机硬件

2. 下列选项中，不属于数据库特点的是（   ）。

A. 数据共享 B. 数据结构化

C. 数据冗余度很高 D. 数据独立性高

3. 学生社团可以接纳多位学生参加，但每位学生只能参加一个社团，从社团到学生之间的联系类型是（   ）。

A. 多对多 B. 一对一 C. 多对一 D. 一对多

4. 在关系 $R(R\#, RN, S\#)$ 和 $S(S\#, SN, SD)$ 中，R 的主关键字是 $R\#$，S 的主关键字是 $S\#$，则 $S\#$ 在 R 中称为（   ）。

A. 外部关键字 B. 候选关键字 C. 主关键字 D. 超键

5. 有 R、S 和 T 三个关系：

$R(A,B,C)=\{(a,1,2),(b,2,1),(c,3,1)\}$

$S(A,B,C)=\{(a,1,2),(d,2,1)\}$

$T(A,B,C)=\{(b,2,1),(c,3,1)\}$

则由关系 R 和 S 得到关系 T 的操作为（   ）。

A. 差 B. 自然连接 C. 交 D. 并

6. 下列不属于数据预处理的是（   ）。

A. 数据存储 B. 数据清洗 C. 数据统计 D. 数据标准化

7. 对于数据可视化的理解，下列说法中不正确的是（   ）。

A. 可以脱离数据 B. 可以揭示隐藏数据特征

C. 令人容易理解 D. 表达更加直观形象

8. 下列关于大数据的说法中正确的是（   ）。

A. 规模大的数据就是大数据

B. 数据库中存储的数据一定不是大数据

C. 大数据价值密度低，所以没有太大的挖掘价值

D. 大数据同样可以用数据库技术进行处理

9. 以下不是大数据框架平台的是（   ）。

A. Hadoop B. MATLAB C. Spark D. Storm

二、填空题

1. 在数据管理技术的发展过程中，数据独立性最高的阶段是________。

2. 数据模型按不同的应用层次分为________、________和________。

3. 关系中能唯一区分、确定不同元组的属性或属性组合，称为该关系的________。

4. 已知两个关系：

班级（<u>班级号</u>，专业，人数）

其中“班级号”为关键字；

学生（<u>学号</u>，姓名，性别，班级号）

其中“学号”为关键字。则两个关系的属性中，存在一个外部关键字为________。

5. SQL 也称为________。

6. 在使用 Python 的第三方库 NumPy 时，若要计算数组元素的中值，使用的函数是________。

7. NoSQL 数据库一般用于泛指________数据库。

三、问答题

1. 简述数据库、数据库管理系统、数据库系统的概念。

2. 解释关系模型中常用的术语：关系、属性、元组、主键、关系模式。

3. 设 $R(A,B,C)=\{(a_1,b_1,c_1),(a_2,b_2,c_1),(a_3,b_2,c_3)\}$，$S(A,B,C)=\{(a_2,b_2,c_2),(a_3,b_3,c_4),(a_1,b_1,c_1)\}$，计算 $R\cup S$、$R\cap S$、$R-S$ 和 $\pi_{(A,B)}(R)$。

4. 设表 7-1“学生关系”为 E，表 7-2“选课关系”为 R，进行如下关系运算：

(1) $S_1=\sigma_{成绩\geqslant 80}(R)$

(2) $S_2=\pi_{(姓名,出生日期)}(E)$

(3) $S_3=E \underset{E.学号=R.学号}{\bowtie} R$

5. SQL 查询语句的 SELECT、WHERE、FROM 子句与关系运算选择、投影、连接之间有什么联系？

6. 若要分析《红楼梦》的前八十回和后四十回是不是同一作者所写，需要使用哪些工具？具体流程是怎样的？

7. 大数据有什么特点？

第8章 人工智能基础与应用

本章导读

人工智能是研究使用计算机来模拟人的思维过程和智能行为的科学，它试图解释智能的本质，并制造出一种和人类智能相似的智能机器。人区别于机器，就是人能够学习、思考和创造，而人工智能科学就是以机器为载体，以数据为基础，通过人工智能算法进行分析，从而总结规律（思考），形成结论（创造）。

人工智能自诞生以来，在理论和技术层面均取得了长足发展。大数据和云计算等基础设施的日益完善，为人工智能的广泛应用提供了强有力的支撑。这不仅推动了人工智能技术的落地应用，更为人类经济社会的发展注入了强大的新动能。对新时代的大学生而言，掌握人工智能知识已成为适应时代发展、担当时代使命、培养跨学科思维的关键要素。

学习目标

◇了解人工智能的起源与研究领域。
◇理解机器学习的概念与分类。
◇掌握机器学习算法及其应用。
◇掌握人工神经网络的结构及深度学习模型。
◇了解大语言模型的概念和常用的人工智能工具。

8.1 人工智能概述

人工智能可以从“能力”和“学科”两个方面进行定义。从能力的角度看，人工智能是指相对人的自然智能，用人工的方法在计算机上实现的智能；从学科的角度看，人工智能是一门研究如何构造智能机器或智能系统，从而模拟、延伸和扩展人类智能的学科。

8.1.1 人工智能的起源与定义

人工智能最早于1956年由美国学者约翰·麦卡锡(John McCarthy)在达特茅斯会议上首次提出。人工智能的目的就是让机器能够像人一样思考,让机器拥有智能。人们对人工智能本质的不同理解和认识,形成了人工智能多种不同的研究途径。在不同的研究途径中,人工智能的研究方法、学术观点和研究重点有所不同,进而形成符号主义、连接主义、行为主义三大主要学派,分别从对人的逻辑思维模拟、大脑结构模拟和人类智能行为模拟三个方面对人工智能进行研究。符号主义以基于知识工程的专家系统研究为代表,连接主义以人工神经网络研究为代表,行为主义以行为动作的感知与控制研究为代表。

1. 符号主义学派

符号主义的代表人物是西蒙(Simon)、纽厄尔(Newell)等。符号主义认为,人工智能源于数理逻辑,主要思想是应用逻辑推理法则模拟人类的智能活动,从而实现对大脑功能的模拟。人是一个物理符号系统,计算机也是一个物理符号系统,因此,能用计算机来模拟人的逻辑思维。人类认知的基本单元是符号,认知过程是符号表示的一种运算,或者一种符号操作过程,智能行为是符号操作的结果。知识表示、知识推理、知识运用是人工智能的核心。基于用符号表示的知识和概念以及推理,采用启发式知识及启发式搜索实现对相关问题的求解,其代表性成果有机器证明、专家系统、知识工程等。

符号主义起源于逻辑学和哲学,其基本思想是,人类的认知过程是对各种符号进行推理运算的过程,落脚点在符号推理。关于物理符号系统,有一个著名的测试实验——图灵测试。图灵测试要解决的问题就是如何判定一台机器是否具有智能。该测试由三个参与者组成,分别是询问者A、人类回答者B和人工智能回答者C,如图8-1所示。他们分别在三个互相隔离的房间中完成测试。询问者A可以通过远程终端向参与回答的B和C提出任何问题,B和C作答并传回询问者A的终端,对于每个问题,询问者A均不知道答案的主人,并从两者中选出他认为是人类做出的答案。进行多轮测试后,如果在超过30%的问答中,人工智能的答案被认为是人类的答案,则该人工智能通过测试,并被认为具有人类智能。

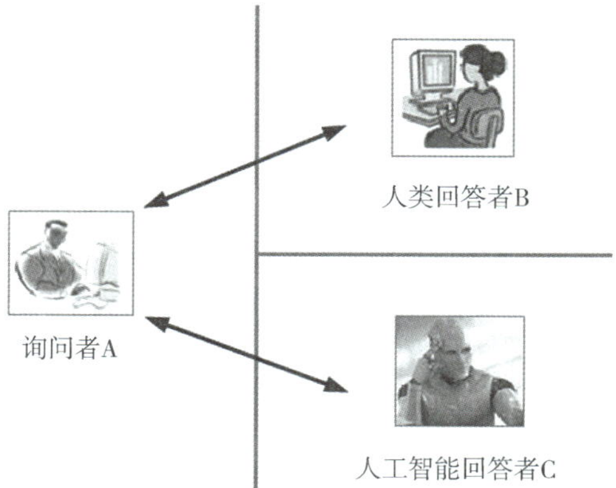

图8-1 图灵测试示意图

基于符号主义逻辑推理的人工智能发展的标志性事件有IBM公司的“深蓝”(Deep Blue)

超级计算机战胜国际象棋冠军卡斯帕罗夫，该事件是人工智能的里程碑，也是符号主义人工智能的巨大成就之一。符号主义追求的是如同数学定理般的算法规则，试图将人的思想、行为活动及其结果抽象化为简洁、深入而又包罗万象的规则定理，就像牛顿（Newton）将世间万物的运动蕴含于三条定理之中。但是，人的大脑是宇宙中最为复杂的组织结构，人的思想无比复杂而又广阔无垠，人类智能也远非逻辑和推理。

2. 连接主义学派

连接主义的代表人物是麦卡洛克（McCulloch）、匹茨（Pitts）等。连接主义认为，人工智能源于神经网络的连接机制，智能活动的基本单元是神经细胞，过程是神经网络的动态演化，神经网络的结构与智能行为密切相关，不同的结构表现出不同的功能和行为，人工智能应着重于对人的生理神经网络结构进行模拟。连接主义认为，人类的学习是在不停地把新的信息通过吸收或容纳与既有的概念、含义建立联系，从而让大脑里的知识结构变得越来越复杂，大脑里的这些信息通过复杂的网络路径在节点之间穿越。网络的多样性及网络内部间的联系的强弱是对学习最有影响的因素。连接主义的核心方法是构建人工神经网络（artificial neural network，ANN）及人工神经网络间连接机制的学习算法，实现对大脑功能的模拟。连接主义观点可以很好地解释使用人工神经网络所具有的智能能力。人工神经网络是大脑的简化模型，该模型认为大脑由大量带有权重的单元（神经元）一起组成，这些权重度量了单元之间连接的强度。对模型的试验解释阐明了诸如图像识别、语音识别、文本识别等的学习能力。其代表性成果包括 MP 神经元模型、感知机模型、BP 神经网络、深度神经网络等。

连接主义起源于神经科学，其基本思想是思维的基元是神经元，而不是符号处理过程，落脚点在神经网络与深度学习。得益于人工智能的算法、算力和数据三要素的齐备，连接主义学派近年来取得了长足进展，发展迅速。2009 年，多层神经网络在语音识别方面取得了重大突破；2011 年，苹果公司将 Siri 整合到 iPhone 4 中；2012 年，谷歌公司研发了无人驾驶汽车；2016 年，谷歌公司开发的具有“深度思维”的人工智能围棋程序 AlphaGo 击败围棋世界冠军、韩国棋手李世石，之后又战胜了围棋世界冠军、中国棋手柯洁；2018 年，DeepMind 公司的 Alphafold 人工智能程序破解了出现了 50 年之久的蛋白质分子折叠问题；应用深度神经网络模型的图像识别、手写体识别和语音识别等甚至超越了人类。但是，以仿生学为基础的连接主义的发展受到了脑科学发展的制约，因对大脑的认知依旧停留在神经元这一层次，目前并不知道什么样的神经网络能够产生预期的智能水准。

3. 行为主义学派

行为主义的代表人物是布鲁克斯（Brooks）。行为主义认为，人工智能源于行为动作的感知与控制，主要思想是应用控制论，采用进化的方式模拟人类行为活动中表现的智能。行为主义认为人的智能活动是通过现实世界与周围环境进行交互（感知和行为）来体现，实现自寻优、自适应、自组织、自学习等，是以“刺激—反应”为单位与环境建立的一种刺激联结的强化关系。它认为智能行为不需要知识、表示及推理，智能行为是对外界复杂环境的适应，而这种适应取决于感知和行动。人工智能只需要关注复杂环境下对行为的控制，让机器像人类智能一样逐步进化。行为主义观点推动了机器人的进步和发展，其代表性成果包括“感知—动作”模型、强化学习、类脑计算、生物智能算法等。

行为主义起源于进化生物学和控制论，其基本思想是智能取决于感知和行动，提出智能行为的“感知—动作”模式，落脚点在行为控制、自适应与进化计算。行为主义的代表性案例是谷歌的机器狗，其目标是实现人或动物能去的地方机器都能去。它能够完成恶劣环境中的特定运输任务；在未知的恶劣环境，如丛林、雪地、冰面或河床中行走时，能够识别并避开或越过树木、乱石堆等障碍；在遇到外界环境的突发性冲击时，能够迅速调整自身姿势，保持站立并继续前进。行为主义学派在诞生之初就具有很强的目的性，这也导致它的优劣势都很明显。其主要优势在于行为主义重视结果或机器自身的表现，实用性很强。不过也许正是因为过于重视表现形式，行为主义侧重于应用技术的发展，无法同其他两个学派一样，在某个重要理论获得突破后，迎来爆发式增长。

人工智能三大主要学派的起源、基本思想和落脚点是不同的，它们之间的区别如表 8-1 所示。这三大学派不断地探究和争议，促成人工智能雏形的建立，并孕育着新的发展。

表 8-1 人工智能三大主要学派的比较

三大主要学派	起源	基本思想	落脚点
符号主义	逻辑学、哲学	认知过程是各种符号进行推理运算的过程	符号推理
连接主义	神经科学	思维的基元是神经元，而不是符号处理过程	神经网络与深度学习
行为主义	进化生物学 控制论	智能行为是一种“感知—动作”模式	行为控制、自适应与进化计算

人工智能概念自 1956 年在达特茅斯会议上被正式提出来后，明斯基、尼尔森、图灵等科学家都对人工智能的定义做出过解释。但目前最常见的人工智能的定义有两个：一个是明斯基提出的，“人工智能是一门科学，是使机器做那些人需要通过智能来做的事情，是能够和人一样进行感知、认知、决策、执行的人工程序或系统”。另一个更专业一些的定义是尼尔森提出的，“人工智能是关于知识的科学，是研究知识的表示、知识的获取和知识的应用的一般规律、算法和实现方法的一门科学”。

如今，人们很容易相信人工智能已经变得像人类一样聪明了。例如，2018 年 5 月，得益于神经语音识别与合成技术的进步，谷歌发布了 Duplex AI，借助 Duplex 的自然语言对话，谷歌智能助理可帮助用户完成如餐厅预订、约定日程、商务活动等诸多任务。由于谷歌智能助理的声音几乎与人类一模一样，所以在整个过程中可以瞒过其对话伙伴，被认为是“人类”。尽管如此，人类不是机器，机器也不是人类，人工智能和人类智能有着本质的区别。

(1)非生物与生物的区别。人类智能是自主智能系统，除了理性智能，人类还具有难以评定的感性思维。通俗来说，人类会通过情绪爆发出不同层级的不同方向的能量，人类对事物的研究、看法和判定从来都不是以理性为唯一标准的。人工智能在现阶段还只处于理性智能层面，可以处理大部分用数学逻辑能判断的事物，然后按照最优化处理逻辑去思考、做事。

(2)人类是现实思维，有主观能动性，机器是固定思维，无法开发出自主情绪，即使现在有一些机器会表达情绪，那也只是人类写入的场景应对系统，并不是真正的主动情绪。

(3)从功能上看，人类具有对未来可能的重构能力。通过不断对外部信息的感知和思维表征、重构，不断地提出新的假设并反复验证，慢慢地接近事情的真相。而机器只能简单读取过往的记忆，如果这个记忆和眼前碰到的事情不一致，就只能不断地读取，直到找到完全一样的记忆，否则只能“报错”。

人工智能发展至今，其内涵已经极大扩展，它已发展为一门综合性的交叉学科，如图 8-2 所示，它不仅是计算机科学的一个分支，而且还涉及脑科学、认知科学、心理学、语言学、逻辑学、哲学等许多学科领域。

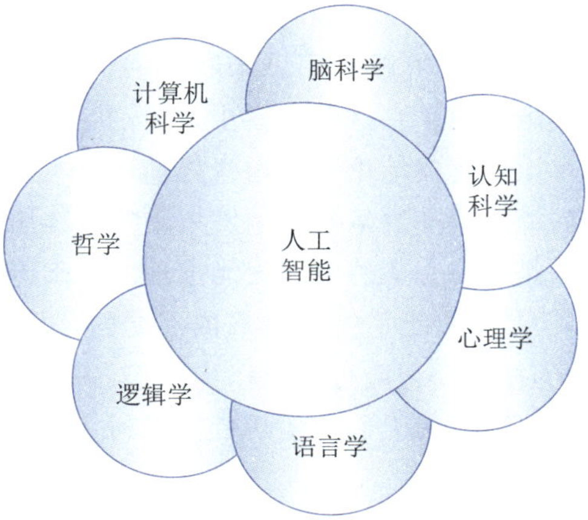

图 8-2　人工智能发展为一门交叉学科

随着云计算、物联网、大数据和深度学习方法的不断成熟，人工智能在感知和识别等方面取得了标志性成果，在语音识别、文本识别以及图像和视频识别等方面已经接近或者超越了人类。从宏观上来看，人工智能从理论到实际应用，呈现出“AI＋”的多元化发展方向。

8.1.2　人工智能的研究领域

人工智能的研究旨在模拟人类意识和思维的信息处理过程，涉及的领域极为广泛，它既需要揭示人脑的结构和人类智能的奥妙以及大脑处理信息的过程，还需要理解人工智能原理，应用计算机模拟人类的智能活动，开发智能机器或智能系统。因此，人工智能的研究领域可以从人工智能的研究内容和人工智能技术两个方面来阐述。

1. 人工智能的研究内容

人工智能需要让机器像人类一样具有思考和学习的能力，这种能力包括推理、解释、对话、理解，甚至还包含伦理、道德等层面，因此，人工智能的研究内容包括认知建模、知识表示、智能感知、智能推理、智能行动等。

(1)认知建模。认知建模是一种将人类的认知过程转化为数学模型的方法。它通过构建不同层次的模型来模拟人类对现实世界进行认知的过程，包括感知与注意、知识表示、记忆与学习、语言、问题求解和推理等方面。目的是探索和研究人的思维机制，特别是人的信息处理机制，为设计相应的人工智能系统提供新的体系结构和技术方法。

(2)知识表示。知识表示就是对知识的一种描述。把知识客体中的知识因子与知识关联起来，便于人们识别和理解知识。知识表示可以是一组规则，也可以是一种计算机能接收的用于描述知识的数据结构，并且能够根据存储在计算机中的知识按照某种规则推理演绎得到新的知识。

(3)智能感知。智能感知是指使计算机具备类似于人类使用其感官与外界交互的能力,从而能够理解和解释环境中的信息。智能感知研究如何用机器模拟、延伸和扩展人的感知或认知能力,包括机器视觉、机器听觉、机器触觉等,其中以机器视觉和机器听觉为主。机器视觉是指计算机能够识别并理解文字、图像等,机器听觉是指计算机能够理解语言、识别声音等。智能感知的最终目标是使机器能够像人类一样观察和感知世界,能够以人类易于理解的方式解释其决策的依据,并在失败时向人类发出警告或者分析失败的原因。

(4) 智能推理。智能推理是指计算机利用感知获得的信息,通过一系列逻辑推理和智能算法的处理,以求解问题并做出决策。在这个过程中,计算机能够理解和分析信息,并根据知识库和经验进行推导,最终得出合理的结论。通过智能推理技术,计算机能够更好地模拟人类的思维过程,从而在复杂的问题求解和决策制定中发挥重要的作用。

(5)智能行动。智能行动是指在智能感知和智能推理的基础上,利用分析结果主动或被动地采取行动。在智能行动中,人工智能系统可以根据不同的情境和需求,自主制定和执行任务,进而实现智能化、自动化的操作。智能行动可以应用于各种场景,如机器人、自动驾驶、智能家居、安防监控、智能交通等场景,为人们的生活带来便利并提高了工作效率。

2. 人工智能技术

人工智能的研究内容为认知建模、知识表示、智能感知、智能推理、智能行动,使得机器能够像人类一样具有思考和学习的能力。目前人工智能主要采用计算机视觉、语音处理、自然语言处理、机器学习、智能机器人等技术。这些技术取得的成效和应用促进了社会的发展。

(1)计算机视觉。计算机视觉是指使用计算机及相关设备对生物视觉的一种模拟。计算机视觉的主要任务就是通过对采集的图片或视频进行处理以获得相应场景的三维信息。计算机视觉的发展经历了文字识别、数字图像处理与识别、物体识别三个阶段。计算机视觉技术给人们的生活带来了很多便利,如遥感图像识别、印章、人像、指纹、手迹、虹膜等的处理和辨识,以及历史文字和图片档案的修复与管理、生物医学图像的识别、3D 图像的识别等。

(2) 语音处理。语音处理是以语音信号为主要研究对象,研究语音识别、语音合成以及语音理解等语音处理技术的总称。语音识别技术就是将输入的语音信号自动转换成书面文字,并对其进行识别和处理。语音识别包括对语音信号的音素、音节、声学体征或词以及说话人身份的识别。语音识别技术的应用主要包括语音拨号、语音导航、室内设备控制、语音文档检索等。语音合成是将书面文本自动转换成对应的语音特征。语音理解是利用知识表达和组织等人工智能技术进行语句自动识别和语意理解。

(3) 自然语言处理。自然语言处理是指通过机器对字、词、句、篇章的输入、输出、识别、分析、理解、生成等的操作和加工,实现人机信息交流。给机器输入一段自然语言文本,如果机器能够正确地回答输入文本中的有关问题,产生输入文本的摘要,用不同的词语和语句复述输入文本,以及把一种语言(源语言)翻译为另一种语言(目标语言),则认为机器理解了这段自然语言文本。自然语言处理的应用主要包括机器翻译、信息检索、自动问答、文本分类和信息提取等方面。

(4)机器学习。机器学习是将训练数据输入学习算法,学习算法根据输入的数据生成计算模型,再用另一组测试数据输入计算模型,由该计算模型输出判断结果的过程。人工智能的研究从以“推理”为重点到以“知识”为重点，再到以“学习”为重点，形成了一条自然、清晰的发展脉络。近年来，随着机器学习技术的兴起，人工智能的研究进入了以“学习”为重点的新阶段。这一阶段的特点是利用大量的数据和强大的计算能力来训练模型，使计算机能够通过学习自动提取和利用知识，而不仅仅依赖手工制定的规则和知识库。本书主要介绍基于机器学习的现代人工智能技术。

（5）智能机器人。智能机器人是指一种能够感知环境、理解语言、处理信息、做出决策并执行操作，从而完成各种复杂任务的机器人。智能机器人是一种先进的自动化系统，它能够理解人类语言，能够与操作者进行自然对话，可以根据环境变化和突发情况做出相应的反应，并在信息不充分和环境迅速变化的条件下完成操作者定义的所有动作。智能机器人的应用范围非常广泛，不仅为人类带来了巨大的便利，也为不同的领域提供了智能化解决方案。

8.2 机器学习

很多事情对人来说是简单的，但对计算机来说却很难做到。例如，根据照片识别性别或估算年龄，判断人是开心还是难过等，在计算机上实现还很困难。因为无法给出准确的逻辑判断条件来编写解决这些问题的程序，也就是无法使计算机具备这方面的知识。因此，研究计算机怎样模拟或实现人类的学习行为，以获取新的知识或技能，重新组织已有的知识结构使之不断改善计算机的性能，就是机器学习（machine learning），它是使计算机具有智能的重要途径。

8.2.1 机器学习的概念

机器学习的概念

机器学习是研究“学习算法”的一门学科，它用计算机模拟和实现人类的学习行为。应用机器学习解决实际问题时，首先将训练数据输给学习算法，学习算法根据输入的数据生成计算模型，然后再将另一组测试数据输给计算模型，由该计算模型输出测试结果，如图 8-3 所示。

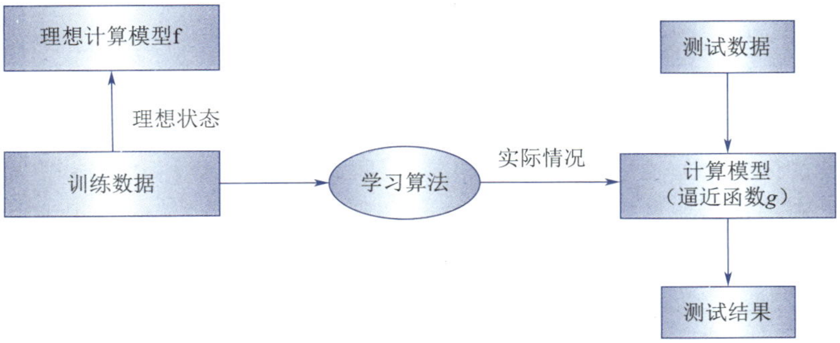

图 8-3　机器学习的概念

机器学习的理想状态是通过学习算法从训练数据集中得到一个理想计算模型 f，通过这个理想计算模型 f，可以将未知的测试数据准确地计算出结果。但实际情况是在理想计算模型 f 未知的情况下，通常只能用某个函数 g 去逼近理想计算模型 f。因此，在机器学习完成建模之后，需要对模型的效果做评价，通常采用准确率和其他一些评价指标对模型进行衡量。

机器学习的概念比较抽象，但人们每天都会用到它。例如，在使用搜索引擎时，学习算法会利用已有的搜索结果训练计算模型，然后利用这个训练好的计算模型处理新的用户查询；当用户滚动浏览视频时，学习算法会利用用户过去已观看的节目来训练计算模型，以预测用户可能感兴趣的节目，并提供更准确的节目推荐；电子邮件服务器帮助用户过滤垃圾邮件，也是基于机器学习算法实现的。当问题的解决方案很复杂时，如建立规则十分复杂或者规则无法描述，或者问题可能涉及大量的数据，而且数据没有明确的分布，或者数据分布本身随时间变化等，就需要采用机器学习解决。

机器学习来源于早期的人工智能领域，既是人工智能的一个重要分支，又是实现人工智能的重要手段。目前，机器学习有一个重要分支，称为深度学习（deep learning），它是一种基于深度神经网络的机器学习方法。图 8-4 说明了人工智能、机器学习和深度学习的关系。

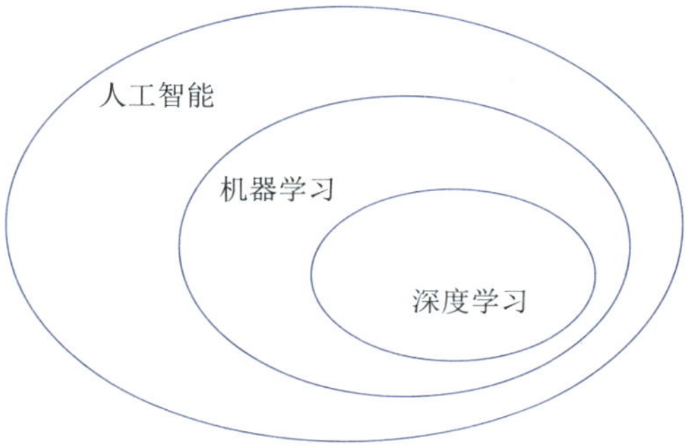

图 8-4　人工智能、机器学习和深度学习的关系

8.2.2　机器学习算法

根据机器学习的不同学习方式，机器学习可以分为监督学习（supervised learning）、无监督学习（unsupervised learning）和半监督学习（semi-supervised learning）三类。

1. 监督学习

监督学习使用已标注好的训练数据将已有知识应用于新数据，以预测未来事件。其训练数据集中的每个样本都由数据特征和期望结果（标签）组成。比如，给读者一沓动物照片，有人告诉读者这几张是大熊猫，那几张是小熊猫，另外几张是北极熊，当读者看了照片并了解了相应的类别后，就能区分大熊猫、小熊猫和北极熊。照片就是训练数据，“大熊猫”“小熊猫”“北极熊”就是标签。根据这些有标签的数据找到数据特征（输入）和标签（输出）之间的关系，这种学习方式就称为监督学习。

监督学习是先把有分类标签的训练数据（包括文本、图像等）转换成特征向量（训练数据的一种数学表示形式），连同分类标签输给学习算法，通过训练学习得到一个计算模型，然后使用这个计算模型对无标签的测试数据进行预测，得到测试结果。在本质上，监督学习的目标在于构建一个由输入到输出的映射，该映射用计算模型来表示。如何找到某个最好的映射，这就是监督学习的最大动机所在。

对监督学习来说，所构建的计算模型通常在训练数据集中进行学习和调整模型参数，而在测试数据集中进行预测验证。在学习过程中需要使用训练数据，训练数据集中的训练数据预期输出（标签信息）是事先人为给出的，如果计算模型的实际输出与预期输出不符（两者有差距），那么计算模型就需要重新调整模型参数，直至两者的误差在可容忍的范围之内。

监督学习的主要任务包括分类（classification）和回归（regressive）。分类是一种常见的监督学习任务，主要是将输入的数据根据其特征分为不同的类别。例如，在垃圾邮件识别中，监督学习算法通过学习已知的垃圾邮件和非垃圾邮件样本，将新接收的邮件自动分类为垃圾邮件或非垃圾邮件。回归则是用数学模型对训练数据进行拟合，以便对未知点进行预测。如预测房价、股票价格等。

分类预测的是样本类别，输出的是离散的类别值，回归预测的是样本对应的输出，输出的是连续的数值。

（1）分类问题。

分类学习算法主要有决策树、k 近邻、支持向量机等，下面介绍这些典型算法。

①决策树算法。决策树（decision tree）是一种简单又广泛使用的监督学习分类算法。其基本思想是通过训练有标签数据构建决策树进行分类。决策树是一棵树，包含一个根节点、若干个分支节点和若干个叶子节点。其中，每个分支节点表示对一个属性的测试，每个分支代表一个测试输出，每个叶子节点代表一种类别。

如表 8-2 所示的训练数据，每一行代表一个样本数据，分别从是否拥有房产、婚姻状况和年收入三个方面的特征来描述银行客户是否具有偿还债务的能力。通过构造如图 8-5 所示的决策树，利用不同的分支节点对应是否拥有房产、是否已婚、年收入等不同的属性并分别测试，可以得到最终的叶子节点，从而将所有样本根据其属性分成不同的类别。

表 8-2　决策树构建示例源数据

编号	拥有房产（是/否）	婚姻状况（单身/已婚/离婚）	年收入/千元	能偿还债务（是/否）
1	是	单身	125	是
2	否	已婚	100	是
3	否	单身	70	否
4	是	已婚	120	是
5	否	离婚	95	是
6	否	已婚	60	是
7	是	离婚	220	是
8	否	单身	85	是
9	否	已婚	75	是
10	否	单身	90	是

预测一个新用户（无房产，单身，年收入为 55 000 元）是否可以偿还债务，只要沿着所构建的决策树，根据这棵构建的决策树上的问题，将数据划分到合适的叶子上，从而判断这个新用户所属的类别，得到这个新用户无法偿还债务。

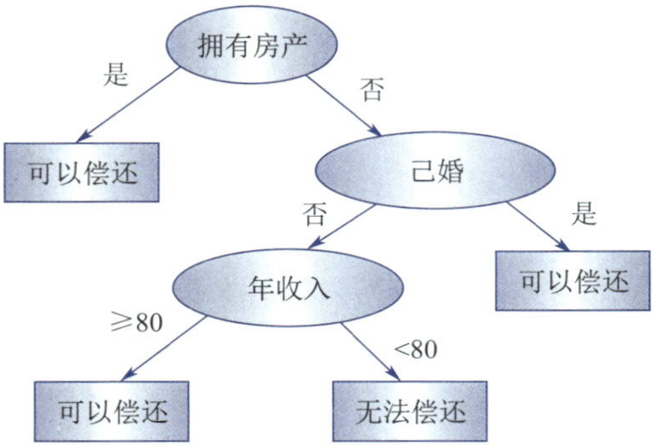

图 8-5　决策树示例

②k 近邻算法。k 近邻算法(k-nearest neighbors,kNN)的基本思想是在判别测试样本所属类别时,先计算待测试样本(标签未知)和有标签的训练样本数据集中每个样本的距离,然后取距离最近的 k 个样本,待测试样本所属类别(标签)由这 k 个样本的多数样本所属类别来决定(少数服从多数)。如图 8-6 所示,有两种类型的带标签的训练样本数据,其中方块代表标签为 1 的数据,三角形代表标签为 0 的数据。现输入一个测试样本(标签未知,用圆来表示),那么如何判定这个测试样本的标签到底是 1 还是 0 呢?

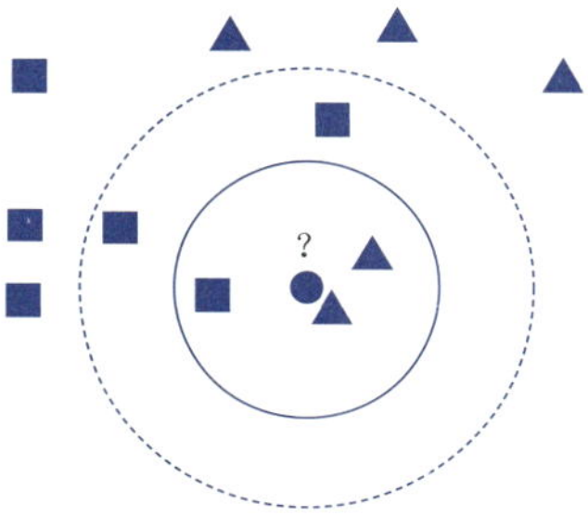

图 8-6　k 近邻算法示意

k 近邻算法的具体过程是在训练数据集中找到与测试样本最接近的 k 个样本数据,若 $k=3$,则对应图 8-6 的实线圆圈中最接近测试样本"圆"的 3 个训练样本,其中,有两个是三角形(标签为 0),一个是方块(标签为 1),那么判定测试样本数据"圆"的标签是 0(方块数少于三角形数,少数服从多数)。若 $k=5$,则对应图 8-6 的虚线圆圈中最接近测试样本"圆"的 5 个训练样本,其中,有两个是三角形(标签为 0),三个是方块(标签为 1),那么判定测试样本数据"圆"的标签是 1(三角形数少于方块数,少数服从多数)。

③支持向量机。支持向量机(support vector machine,SVM)是一种二分类模型,它将有标签的训练数据集中的样本映射为空间中的点,如图 8-7 所示,有两种类型的带标签的训练数据,其中空心点代表标签为 1 的数据,实心点代表标签为 0 的数据。其基本思想是找到一条线或一个面,把分别代表两个类别的实心点和空心点准确分开,依据的原则是空间中距离分类线或面最近的点(也称为支持向量)到这条线或面的几何间隔(也称为距离)最大。找到的这条线或这个面称为超平面或支持向量机。

测试样本时,将测试样本(标签未知)映射到和训练样本相同的空间中,并基于它落在超平面的哪一侧来判定该测试样本所属类别,如果测试样本落在超平面靠空心点那一侧,则判定测试样本的标签为 1;反之,判定测试样本的标签为 0。

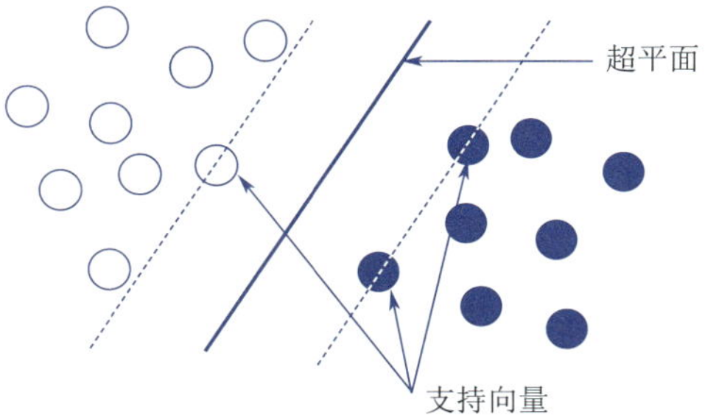

图 8-7 支持向量机原理示意

只有训练样本数据是线性可分时,才能找到一个超平面将训练样本正确分类。如果训练样本数据是线性不可分的,如图 8-8(a)所示,则无法找到一个线性分类面将图中的实心样本和空心样本分开。这时可以通过选择合适的映射函数将数据映射到高维空间,以解决在原始训练样本空间中线性不可分的问题。如图 8-8(b)所示,通过将原来在二维平面上的点映射到三维空间上,即可以利用一个线性平面将图中的实心点样本和空心点样本分开。

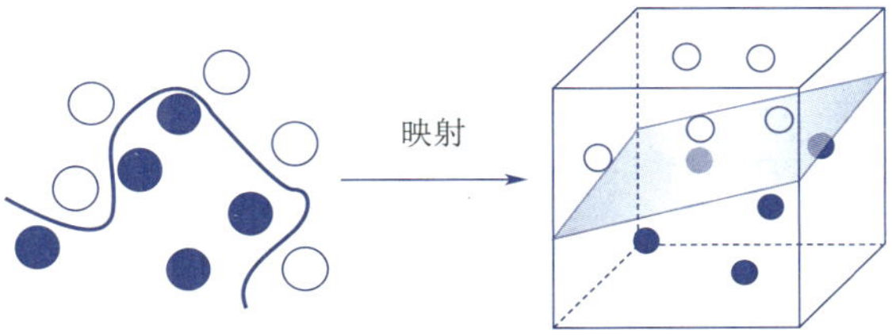

(a) 线性不可分　　(b) 三维空间

图 8-8 将线性不可分数据映射到三维空间

(2)回归问题。

在 7.3.2 节中讨论过一元线性回归问题,下面再看一个多元线性回归的例子。

例 8-1 广告收益预测。某公司为了推销产品,通过电视、网站和微信三种渠道打广告,不同渠道的广告费用及对应的产品销量如表 8-3 所示。试建立多元线性回归模型。

多元线性回归

表 8-3 广告费用及产品销量

电视/万元	网站/万元	微信/万元	销量/万个
230.1	37.8	69.2	22.1
44.5	39.3	45.1	10.4
17.2	45.9	69.3	9.3
151.5	41.3	58.5	18.5
180.8	10.8	58.4	12.9
8.7	48.9	75	7.2
57.5	32.8	23.5	11.8
120.2	19.6	11.6	13.2

续表

电视/万元	网站/万元	微信/万元	销量/万个
8.6	2.1	1	4.8
199.8	2.6	21.2	10.6

分析：将销量 y 表示为电视广告费用 x_1、网站广告费用 x_2、微信广告费用 x_3 的线性函数，即 $y=f(x_1, x_2, x_3)=k_1x_1+k_2x_2+k_3x_3+b$，使用 sklearn 库中的 LinearRegression 类构建线性回归分析模型。

程序如下。

```
from sklearn import linear_model as lm
X=[[230.1,37.8,69.2], [44.5,39.3,45.1],[17.2,45.9,69.3],\
[151.5,41.3,58.5], [180.8,10.8,58.4],[8.7,48.9,75.],\
[57.5,32.8,23.5], [120.2,19.6,11.6],[8.6, 2.1,1.],[199.8,2.6,21.2]]
y=[22.1,10.4,9.3,18.5,12.9,7.2,11.8,13.2,4.8,10.6]
linreg=lm.LinearRegression()                        #模型初始化
linreg.fit(X,y)                                     #模型训练
print(linreg.predict([[10,10,10], [20,20,20]]))     #模型预测
print(linreg.coef_, linreg.intercept_)              #输出回归系数和截距
```

程序运行结果如下。

```
[4.19230698 6.52913072]
[ 0.06334544 0.23743789 -0.06710096] 1.8554832371820176
```

结果表明，在电视、网站和微信各投入广告费用 10 万元时，产品销量为 4.192 3 万个；各投入广告费用 20 万元时，产品销量为 6.529 1 万个。也就是以下表达式的值。

```
>>>linreg.coef_[0]*10+linreg.coef_[1]*10+linreg.coef_[2]*10+linreg.intercept_
4.192306978879592
>>>linreg.coef_[0]*20+linreg.coef_[1]*20+linreg.coef_[2]*20+linreg.intercept_
6.529130720577166
```

经过模型训练以后，得到的线性回归模型为

$$y=0.063x_1+0.237x_2-0.067x_3+1.855$$

2. 无监督学习

无监督学习不需要人工标注的训练数据，它是基于统计的学习方法，通过对未知结果的数据进行分析来发现数据隐藏特征。相当于给读者一沓动物照片，不告诉读者照片是什么（“大熊猫”“小熊猫”“北极熊”），让读者自己对照片进行分类，将特征相近的照片归到一类，这就是聚类（clustering）。换句话说，无监督学习旨在从无分类标签的训练数据中探索和推断数据中的内在结构和关系，自行发现和理解数据中的潜在规律和逻辑，而不是通过人工标注的结果来训练模型。

无监督学习中最常见的任务是聚类，它根据事物之间的相似性，将相似的事物归为一簇

(cluster)。例如,电子商务网站对客户群进行划分,将具有类似背景与购买习惯的用户视为一簇,即可针对性地推出广告。

聚类就是将相似的事物放在一起。对大量未标注的数据集,按照某种特定的规则(如距离远近)将数据集划分成不同的簇,使得类别内的数据的相似性尽可能大,而同类之间数据的相似性尽可能小。在数据中的表现是,具有相似特征值的个体聚在一起的可能性大,反之可能性小。聚类操作时,由于无监督学习算法事先不知道数据属于哪个类别,因此只能通过分析数据样本在特征空间中的分布,如基于密度或基于统计学概率模型等,把相似度低的数据分开,把相似度高的数据分成一类。

下面以 k 均值聚类算法为例,介绍无监督学习算法。

k 均值聚类算法也称为 k-means 算法,字母 k 表示聚类的数量,而单词 means 表示每个类的数学期望。在 k-means 算法中,样本之间的距离就是样本相似度的直观表达。两个样本距离越近,样本具有的相似度就越高,两个样本就越可能在同一类中。

k-means 算法流程如下。

(1)随机选取 k 个样本,作为初始聚类中心。

(2)计算数据集中一个样本与选定中心的距离。

(3)比较这个样本与各中心的距离,将其归于距离最小的聚类中心所属聚类。

(4)依次计算并分配数据集中每一个样本,每个聚类中心和分配给它的样本就构成了一簇(类)。

(5)重新计算每个类别的聚类中心。

(6)重复步骤(2)~步骤(5),直到没有聚类中心再发生变化为止。

例 8-2 随机生成二维数据集,其中有 100 个样本,代表二维平面上的 100 个点。每个样本都有两个特征,第一个数据表示这个点的横坐标,第二个数据表示这个点的纵坐标,采用 k-means 算法进行聚类(k 取 3)。

分析:在 Python 中,可以使用 sklearn 库中的 KMeans 类来实现 k-means 算法。先导入 sklearn 库,再使用 KMeans()函数创建 KMeans 对象,然后使用 KMeans 对象的 fit()方法来拟合模型,使用 KMeans 对象的 predict()方法来预测每个数据点的聚类标签。KMeans 对象的 cluster_centers_属性表示每个聚类的中心点。对于 k-means 算法,每个聚类的中心点被定义为该聚类中所有数据点的平均值。因此,cluster_centers_ 是一个数组,每个元素都是一个聚类的中心点,形状为 (n_clusters, n_features),其中 ,n_clusters 是聚类的数量,n_features 是数据的特征数量。下面分析以下简单的程序。

```
>>>from sklearn.cluster import KMeans
>>>import numpy as np
>>>data=np.array([[0,0],[0,2],[1,0],[5,0],[5,2]])  #5 个点构成的数据集
>>>kmeans=KMeans(n_clusters=2)             #创建 KMeans 对象,并指定聚类数量为 2
>>>kmeans.fit(data)                        #使用数据集拟合模型
KMeans(n_clusters=2)
>>>print(kmeans.predict(data))             #预测每个数据点的聚类标签
[0 0 0 1 1]
>>>print(kmeans.cluster_centers_)          #打印出聚类中心点
```

```
[[0.33333333 0.66666667]
[5.          1.        ]]
```

结果表明，前 3 个数据点构成第一个聚类，聚类中心点位于((0+0+1)/3,(0+2+0)/3)，即(0.333 333 33,0.666 666 67)；后 2 个数据点构成第二个聚类，聚类中心点位于((5+5)/2,(0+2)/2)，即(5,1)。

程序如下。

```
from sklearn.cluster import KMeans
import matplotlib.pyplot as plt
import numpy as np
#生成 100 个二维数据，其中的元素是[-2,5)范围的均匀分布随机数
X=np.random.uniform(-2,5,size=(100,2))
kmeans=KMeans(n_clusters=3)          #初始化聚类器实例，聚类数量为 3
kmeans.fit(X)                        #使用数据 X 训练 KMeans 模型
labels=kmeans.predict(X)             #预测 X 中每个点的聚类标签
#绘制聚类结果的散点图，点的颜色由其聚类标签决定
plt.scatter(X[:,0], X[:,1],c=labels)
#绘制每个聚类的中心点，用红色的星形标记，大小为 500
plt.scatter(kmeans.cluster_centers_[:,0],kmeans.cluster_centers_[:,1],\
    s=500,c='red', marker='*')
for i in range(3):
    #在聚类中心点添加标签，中心点 x 坐标向右移动 0.2 个单位，使标签更清晰
    plt.text(kmeans.cluster_centers_[i,0]+0.2, kmeans.cluster_centers_[i,1],\
  '聚类'+str(i+1), fontsize=12, fontproperties='SimSun')
plt.show()                            #显示绘制的散点图
```

将数据集中的 100 个样本数据依据 k-means 算法聚类后，结果如图 8-9 所示，由图中可以看出，100 个样本数据被分成 3 个聚类，每个聚类的聚类中心用一个五角星表示，并用文本标注这个聚类的序号。同一个聚类中的各个数据间的距离较小，而不同类的数据之间的距离较大。

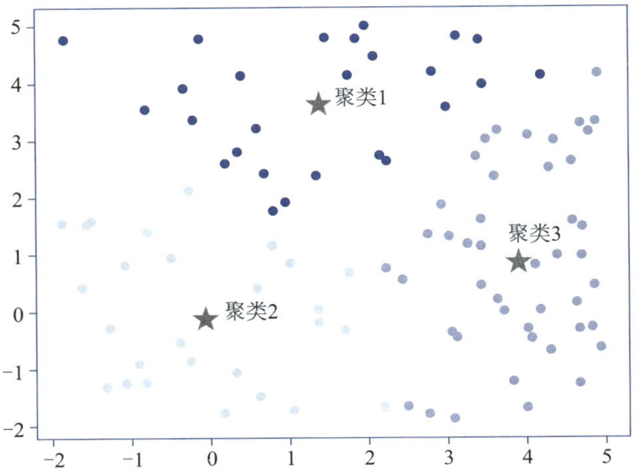

图 8-9　k-means 算法的结果

3. 半监督学习

半监督学习是监督学习和无监督学习相结合的一种学习方法，它自动利用好大量无分类标签的训练数据以辅助少量有标签的训练数据进行学习。半监督学习基于这样的假设，它认为数据分布具有一定的结构或模式，而不是完全随机的。通过结合少量的有标签数据（这些数据提供了局部的、具体的类别信息）和大量的无标签数据（这些数据提供了整体的、丰富的分布信息），半监督学习算法能够更有效地学习和推断数据的内在结构和关系。

实际上，这种假设在很多现实场景中都是合理的。例如，在图像分类任务中，可能只有少量的已标注图像和很多未标注的图像。这些未标注的图像虽然不能直接表示每个像素点的类别，但它们可以提供关于图像整体分布和结构的宝贵信息。利用这些信息，半监督学习算法可以在有限的标注数据下实现更好的分类性能。

半监督学习具有很强的现实需求，因为现实应用中的大量数据没有标签，同时获取标签也很困难，需耗费大量的人力与物力。例如，医院有大量医学影像，但所有病灶都标注的影像只占少数，大量的影像是没有标注的；又如，在大量互联网应用中，无标注的数据是极为庞大的，但要求用户对数据进行标注则相对困难。可见，用高质量的标注数据去训练合适且精确的模型在很多现实场景中难以实现，而只使用无标注数据的无监督学习又表现不佳。因此，半监督学习是一个有潜力的机器学习领域，它为在数据标签不足情形下实现高效识别、搜索、推荐等复杂任务提供了一种有效的解决方案。

8.3 深度学习

深度学习通过构建多层神经网络来学习并提取数据中的特征，它通过组合数据低层特征形成更加抽象的高层表示属性类别或特征，以发现数据的分布式特征，模仿人脑的机制来解释数据。2016 年，AlphaGo 战胜人类顶尖围棋选手，成为人工智能突破性进展的标志性事件，也让人们意识到深度学习的巨大潜力。

机器学习包含深度学习，深度学习是机器学习的一个分支。由于使用深度神经网络模型和算法的机器学习比较特殊，所以单独命名这类机器学习为深度学习。深度学习采用“端到端”的全自动模式，学习过程中无须人为干预，能够自动从训练数据中提取到有利于解决问题的特征。同时，神经网络的结构多变，可以根据问题的复杂程度灵活调整网络结构，更复杂的网络结构需要更多更丰富的训练数据去拟合参数，同时对算力的要求也高一些。相反地，传统机器学习最重要的工作就是特征工程，由于特征工程要求必须人工筛选（挑选）什么特征有利于问题的解决，因此对人工专业性要求较高，这也是制约传统机器学习发展的瓶颈之一。

8.3.1　人工神经元

人工神经网络是指一种模拟人脑神经组织进行信息处理的计算模型。人脑是由大量的神经元和神经元之间复杂的联系机制组成的网络系统。模拟人脑首先需要模拟神经元。

1. 生物神经元的结构

神经元又称为神经细胞，是大脑处理信息的基本单元。现代人的大脑约由 10^{11} 个神经元组成，每个神经元与其他神经元之间约有 1 000 个连接，形成错综复杂又灵活多变的神经网络。

神经元以细胞体为主体，有许多向周围延伸的不规则树枝状纤维构成的神经细胞，其形状很像一棵枯树的枝干，主要由细胞体、树突、轴突和突触 4 部分组成，如图 8-10 所示。

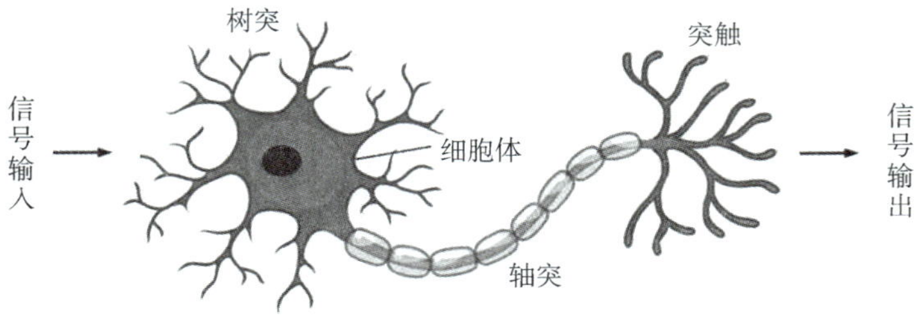

图 8-10 生物神经元的结构

生物神经元的结构复杂而精细，每个部分都有其独特的功能和作用，共同完成神经元之间信息的接收、传递和处理。细胞体是神经元的主体部分，由细胞核、细胞质、细胞膜等组成。它负责维持神经元的代谢活动，提供能量，并整合来自树突的信息；树突是神经元的输入端，负责接收来自其他神经元的信号；轴突是神经元的输出端，负责将神经冲动（信号）传导至其他神经元；突触是神经元与神经元之间进行信息传递的结构，它允许一个神经元的轴突末梢与另一个神经元的树突或细胞体建立连接，从而实现信号的传递。

生物神经元通过输入端的树突接收从其他神经元传递过来的信号，当超过阈值时（细胞进入兴奋状态），通过轴突输出这些信号；当低于阈值时（细胞进入抑制状态），没有信号输出。

2. 人工神经元的数学模型

每个生物神经元接收来自周围神经元的信号输入，这些信号并非简单地求和，而是被分配了不同的权重（weight）。假定 1 个神经元接收周围 5 个神经元的输入$\{x_1, x_2, x_3, x_4, x_5\}$，对应的权重是$\{w_1, w_2, w_3, w_4, w_5\}$，则该神经元的输入信号之和可以表示为

$$w_1x_1+w_2x_2+w_3x_3+w_4x_4+w_5x_5=\sum_{i=1}^{5}w_ix_i$$

对生物神经元来说，只有“有”（兴奋）和“无”（抑制）两种输出状态。当输入信号超过一定阈值 θ 时，产生电信号向外输出。这在数学上可以表示为

$$y=\begin{cases}1, & w_1x_1+w_2x_2+w_3x_3+w_4x_4+w_5x_5>\theta \\ 0, & w_1x_1+w_2x_2+w_3x_3+w_4x_4+w_5x_5\leqslant\theta\end{cases}$$

如果进一步用单位阶跃函数 $u(z)$ 来表示，则上式可以表示为

$$y=u(z)$$

其中，$z=w_1x_1+w_2x_2+w_3x_3+w_4x_4+w_5x_5-\theta$，称为该神经元的加权输入。这就是一个生物神经元的数学模型，而人工神经元的数学模型则是参照生物神经元的数学模型进一步设计得到的。

人工神经元是人工神经网络的基本处理单元，一般是一个多输入、单输出的非线性单元，其模型结构如图 8-11 所示，假设该神经元是网络中的第 i 个神经元，它的 n 个输入为 $X=\{x_1, x_2, \cdots, x_n\}$，每个输入 x_j 被赋予相应的权重 w_{ij}，求这些输入的加权和再加上偏置值 b_i。这

里的 b_i 实际上就是第 i 个神经元的阈值取负号，即 $-\theta_i$，符号改变，但本质上是一样的。最后将得到的结果 u_i 作为激活函数(activation function) $f(u_i)$ 的输入，得到第 i 个神经元的输出值为

$$y_i = f(u_i) = f\left(\sum_{j=1}^{n} w_{ij}x_j + b_i\right)$$

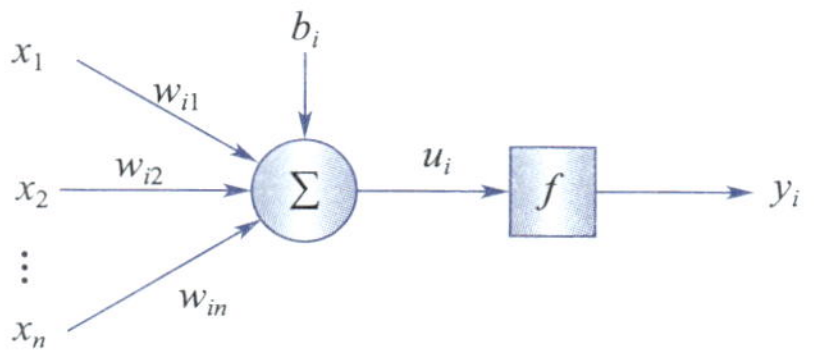

图 8-11　人工神经元的模型结构

不同于生物神经元的单位阶跃函数，人工神经元的激活函数可以自行设计。神经网络在使用之前需要进行训练，训练的过程实际上就是不断修正和调整各个权重和偏置值的过程。

3. 激活函数

人工神经元的设计加入了人为设计的激活函数，那么激活函数有什么作用？对于一个没有激活函数的神经元，每一层节点的输入都是上层节点输出的线性函数，那么无论神经网络具有几层，其输出都是输入的线性组合；如果引入非线性的激活函数，就可以使神经网络任意逼近任何非线性函数，从而应用到各类非线性任务中。

常用的激活函数有 5 种，分别是阶跃函数、符号函数、Sigmoid 函数、双曲正切函数和 ReLU 函数。

(1)阶跃函数：当输入大于 0 时，输出 1；当输入小于或等于 0 时，输出 0。其定义如下：

$$f(x)=\begin{cases}1, & x>0\\ 0, & x\leqslant 0\end{cases}$$

(2)符号函数：当输入大于 0 时，输出 1；当输入小于或等于 0 时，输出 −1。其定义如下：

$$f(x)=\begin{cases}1, & x>0\\ -1, & x\leqslant 0\end{cases}$$

阶跃函数或符号函数的输出只有两个值，这使得它们非常适合于二分类问题。

(3)Sigmoid 函数：当输入趋近于正无穷时，输出无限接近于 1；当输入趋近于负无穷时，输出无限接近于 0。它具有平滑性和渐进性并保持单调性。其定义如下：

$$f(x)=\frac{1}{1+e^{-\alpha x}}$$

式中，α 可以控制其斜率。Sigmoid 函数能够把输入的连续实数值变换成 0～1 区间的输出。

(4) 双曲正切函数：当需要神经元输出在 −1～1 区间时，可以选择双曲正切函数。其定义如下：

$$f(x)=\frac{1-e^{-\alpha x}}{1+e^{-\alpha x}}$$

(5) ReLU 函数：当输入大于 0 时，输出等于输入；当输入小于或等于 0 时，输出 0。其定义如下：

$$f(x)=\begin{cases}x, & x>0\\ 0, & x\leqslant 0\end{cases}$$

ReLU 函数其实就是一个取最大值函数 $\max(0,x)$，其构造简单，收敛速度快，在很多深度学习任务中表现出良好的性能，是目前应用较为广泛的激活函数。

不同的激活函数有着不同的特点，在设计神经网络时，可以根据网络的结构和任务特点来选择合适的激活函数。

4. 神经元与感知机

人工神经元模型也称为感知机(perceptron)，它是一种形式最简单的神经网络模型，主要用于解决二分类问题，即将数据集分为两个类别。二分类问题在日常生活和工作中有着广泛的应用，例如，判断一封邮件是正常邮件还是垃圾邮件，信用卡交易是正常交易还是欺诈交易，医学图像是正常组织还是异常组织等。

在感知机中，有多个输入(输入向量)，产生一个输出。输出采用激活函数，如果输入大于某个阈值，则将该输入向量分为一类，否则分为另一类。图 8-12 所示为一个感知机模型，其中，x_1、x_2、x_3 是三个外部输入，代表影响决策的三个因素；y 是模型的输出，代表决策结果。在实际问题中，每个因素的影响是不同的，因此可以给这些因素指定权重，表示不同的重要性。例如，指定 x_1 的权重为 0.6，x_2 和 x_3 的权重均为 0.2。最后，还需要指定一个阈值，这里假定阈值为 0.7，偏置值为 −0.7。如果 x_1、x_2、x_3 三个因素的答案都成立或都不成立，则很容易得到结果为 1 或 0。但只有一部分因素成立，另一部分因素不成立时，如何确定输出结果？下面分析其决策过程。

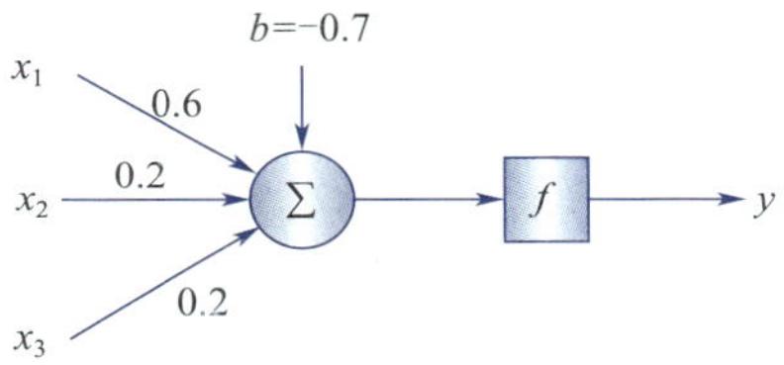

图 8-12 感知机模型

根据感知机模型，感知机的输出为

$$y=f(0.6x_1+0.2x_2+0.2x_3-0.7)$$

其中，

$$f(x)=\begin{cases}1, & x>0\\0, & x\leqslant 0\end{cases}$$

针对不同的输入向量 $\{x_1,x_2,x_3\}$，感知机的输出值 y 如表 8-4 所示。结果表明，感知机能够处理线性可分问题，即感知机能够找到一个线性函数，将两类不同的数据完全分开。如果数据不是线性可分的，即无法用一个线性函数将两类数据完全分开，那么感知机就无法进行分类。在这种情况下，可能需要使用更复杂的模型，如多层感知机(多层神经网络)。

表 8-4 感知机的输出值 y

x_1	x_2	x_3	y
0	0	0	0
0	0	1	0
0	1	0	0
0	1	1	0

续表

x_1	x_2	x_3	y
1	0	0	0
1	0	1	1
1	1	0	1
1	1	1	1

这里的权重和阈值都是预先设置的，模型没有办法根据数据的情况进行学习，因此这只是对感知机模型的一个直观解释。神经网络可以根据训练数据通过学习来调整神经元之间的连接权重和每个神经元的阈值（神经网络的参数），使得最终输出层能够最好地拟合训练数据。

8.3.2 人工神经网络

根据人工神经网络中人工神经元的连接方式的不同，人工神经网络可划分为两种不同类型的结构。一种是前馈型人工神经网络，即各神经元接受前一层的输入并输出给下一层，没有反馈；另一种是反馈型人工神经网络，即存在一些神经元的输出经过若干个神经元后，再反馈到这些神经元的输入端。前馈型人工神经网络的连接方式简单，是应用广泛、发展迅速的人工神经网络，后面介绍的误差反向传播（backpropagation，BP）神经网络和卷积神经网络都是前馈型人工神经网络。

1. 神经网络的结构

前馈型人工神经网络的结构由输入层、隐藏层和输出层组成。输入层和输出层一般只有一层，隐藏层也称为中间层（可以有多层）。多层神经网络结构如图 8-13 所示，其中只有相邻层节点之间有连接，同一层以及跨层节点之间相互无连接。

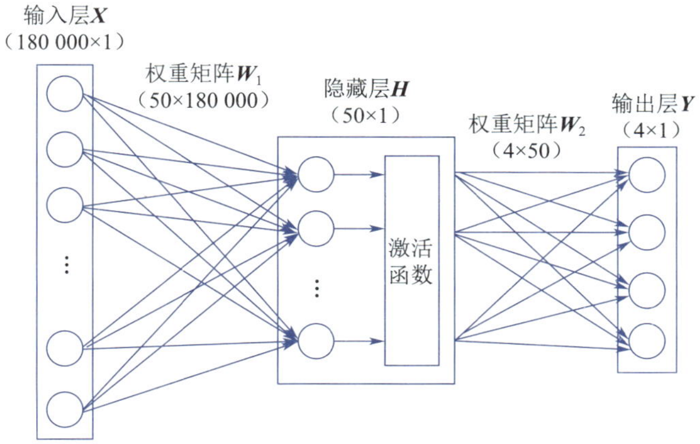

图 8-13 多层神经网络结构

第一层称为输入层，输入层的作用是将训练数据加到多层神经网络中，输入层神经元的输入输出关系是线性关系。输入层的数据维度与输入数据的特征息息相关，以猫、狗、狐、兔图片分类为例。假设有一沓猫、狗、狐、兔图片，把每一张图片送进一个机器里，机器需要判断这张图片的内容是猫、狗、狐还是兔。假定每一张图片都是 300×200 像素的彩色照片，那么输入层输入的是一张 300×200×3=180 000 像素的彩色图像，即 180 000×1 的特征向量。

最后一层称为输出层，输出层输出多层神经网络训练后的结果，输出的维度应根据具体的应用要求来设计。猫、狗、狐和兔图片分类的输出层的维度需要定义成 4，因为需要输出猫、狗、狐、兔 4 个类别，如输出 0、1、2、3，分别表示猫、狗、狐和兔。

图 8-13 中连接最后一个隐藏层和输出层的是权重矩阵 $\boldsymbol{W}_2$ 和偏置向量 $\boldsymbol{b}_2$，通过矩阵运算 $\boldsymbol{Y}=\boldsymbol{W}_2\times\boldsymbol{H}+\boldsymbol{b}_2$，可计算出输出值，其中，$\boldsymbol{H}$ 表示最后一个隐藏层的输出向量。如果设定最后一个隐藏层有 50 个神经元(即输出向量的维度为 50×1)，分类结果为 4 个类别，则 $\boldsymbol{W}_2$ 就应该是一个 4×50 的权重矩阵。连接输入层和隐藏层的是权重矩阵 $\boldsymbol{W}_1$ 和偏置向量 $\boldsymbol{b}_1$。由输入层 $\boldsymbol{X}$ 计算得到隐藏层的输入特征向量 $\boldsymbol{H}$ 就是执行矩阵运算 $\boldsymbol{H}=\boldsymbol{W}_1\times\boldsymbol{X}+\boldsymbol{b}_1$，其中，$\boldsymbol{H}$ 是 50×1 的矩阵。在猫、狗、狐、兔图片分类的例子中，$\boldsymbol{W}_1$ 就应该是一个 50×180 000 的权重矩阵。隐藏层中的各个神经元的输入输出关系一般为非线性函数，即激活函数，对隐藏层中的各个神经元的输入特征向量进行非线性变换的部分，称为激活层。如果激活函数只是一个线性函数，即使隐藏层的深度加到 n 层，多层神经网络的每一层输出都是上层输入的线性函数，与没有隐藏层的效果相当。也就是说，只有激活层引入非线性函数作为激活函数，多层神经网络的输出才不再是输入的线性组合，可以逼近任意函数，这种多层神经网络才有意义。

2. 神经网络的学习算法

神经网络的学习算法主要是用来调整网络中的权重和偏置值，使得网络能够对输入数据进行准确的预测或分类。其中，最常用的一种学习算法是 BP 算法。采用 BP 算法的前馈型人工神经网络称为 BP 神经网络算法。

BP 算法是一种监督式学习算法，其基本原理是通过计算输出层与期望输出之间的误差，将该误差反向传播到神经网络的每一层，根据误差调整各层的权重和偏置值，使得整个神经网络的预测输出不断接近期望输出。这个过程通常包括前向传播和反向传播两个阶段。

在前向传播阶段，输入数据被送入神经网络的输入层，然后逐层经过隐藏层处理，最后到达输出层产生预测输出。每一层的神经元都将其输入与权重相乘并加上偏置值，然后通过激活函数产生输出。

在反向传播阶段，首先计算输出层的误差(预测输出与期望输出之间的差异)，然后将该误差反向传播到前一层，根据链式求导法则计算每一层神经元的误差梯度(误差函数对各个参数的偏导数形成的向量)，并根据这些梯度来更新权重和偏置值，使误差逐渐减小。这个过程一直进行到神经网络的输入层为止。

通过不断地迭代前向传播和反向传播过程，神经网络能够逐渐学习从输入到输出的映射关系，并对新的输入数据进行准确的预测或分类。

在每次迭代中，权重和偏置值沿着误差函数梯度的反方向(误差函数下降最快的方向)进行更新，这就是梯度下降法的基本思想。除此之外，还有一些其他的神经网络学习的优化算法，如随机梯度下降法、动量法、Adam 算法等。这些算法在更新权重和偏置值时采用了不同的策略，以适应不同的应用场景和需求。

8.3.3 深度学习模型

由于 BP 神经网络算法具有收敛速度慢、需要大量带标签的训练数据、容易陷入局部最优等缺点，因此 BP 神经网络只能包含少许隐藏层，从而限制了其性能，影响该网络模型的实际应用。为此，通过增加神经网络隐藏层的层数，利用数学和工程方法组合底层特征以形成更加抽象的高层特征，从而能够发现数据的分布式特征表示，并实现特征的自动提取。这种具有多层隐藏层的神经网络称为深度神经网络或深度学习模型。

深度学习模型可以分为监督深度学习模型和无监督或半监督深度学习模型。主流的监督深度学习模型主要包括深度神经网络(deep neural networks，DNN)、卷积神经网络(convolutional neural networks，CNN)、循环神经网络(recurrent neural network，RNN)和递归神经网络(recursive neural networks，RNN)等。主流的无监督或半监督深度学习模型主要包括受限玻尔兹曼机(restricted Boltzmann machine，RBM)、深度置信网络(deep belief network，DBN)、生成对抗网络(generative adversarial network，GAN)和自编码器(auto encoder)等。

下面以卷积神经网络为例来介绍深度学习模型的工作原理。

1. 卷积神经网络的结构

卷积神经网络就是一种包含卷积和池化计算且具有深度结构的前馈型人工神经网络。典型的卷积神经网络结构如图 8-14 所示，它是由多个卷积层(convolutional layer)和池化层(pooling layer)叠加之后再加上全连接层(fully connected layer)构成的。卷积神经网络前面部分的卷积和池化操作相当于进行特征提取，后面部分进行全连接操作相当于将前面提取的特征进行整合，并转化为最终的输出结果。

由于全连接层与 8.3.2 节介绍的多层神经网络结构和原理相同，故在本节中不再赘述。下面主要介绍卷积层和池化层的工作原理。

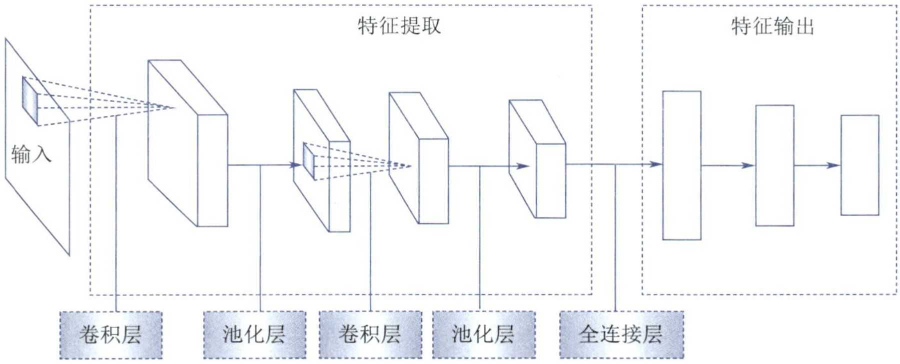

图 8-14　卷积神经网络结构

2. 卷积层的工作原理

卷积层通过卷积核对输入信息进行卷积运算，从而实现特征提取。一个卷积神经网络往往有多个卷积层。在基于卷积神经网络的数字图像识别过程中，第一个卷积层会直接接收图像像素级的输入，以提取其与卷积核相匹配的特征，并传递给下一层。接下来每一层都以前一层提取出的特征作为输入，与本层的卷积核进行卷积运算，提取更加抽象的特征。

卷积是一种计算方式，有一个卷积窗口在输入矩阵上从左到右、从上到下进行滑动，每次滑动进行一次互相关运算(将输入矩阵和卷积核对应位置元素相乘再相加)并得到一个数值，在卷积核滑动计算完成后会得到一个用于表示图像特征的特征图(feature map)。下面是用一个 3×3 的卷积核对 4×4 的灰度图像求卷积，卷积的移动步长为 1，最后得到 2×2 的特征图，卷积计算过程如图 8-15 所示。

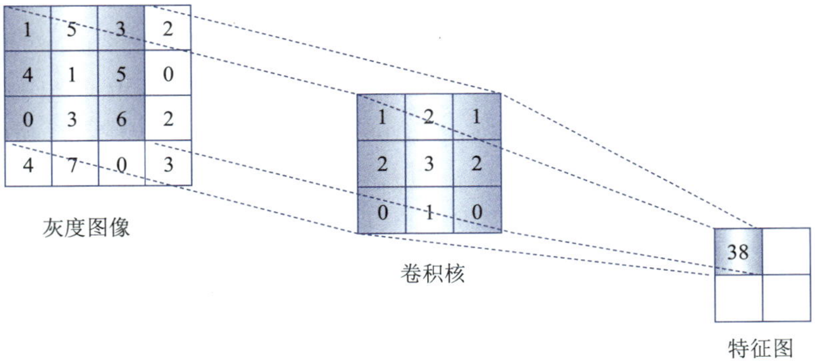

图 8-15　卷积计算过程

特征图左上角元素是:[1×1+5×2+3×1]+[4×2+1×3+5×2]+[0×0+3×1+6×0]=38。

同理，特征图右上角元素是:[5×1+3×2+2×1]+[1×2+5×3+0×2]+[3×0+6×1+2×0]=36;左下角元素是:[4×1+1×2+5×1]+[0×2+3×3+6×2]+[4×0+7×1+0×0]=39;右下角元素是:[1×1+5×2+0×1]+[3×2+6×3+2×2]+[7×0+0×1+3×0]=39。

如果用 Python 程序实现，程序如下。

```
import numpy as np
def conv(image, kernel, stride):                        #卷积操作
    imageRow, imageColumn=image.shape                   #图像矩阵的行数和列数
    kernelRow, kernelColumn=kernel.shape                #卷积核的行数和列数
    #计算特征图的形状
    featureMapShape=((imageRow-kernelRow)//stride+1,(imageColumn-kernelColumn)//
stride+1)
    featureMap=np.zeros(featureMapShape, dtype=np.int32)   #特征图初始化为 0
    for i in range(0, imageRow-kernelRow+1, stride):
        for j in range(0, imageColumn-kernelColumn+1, stride):
            #对当前位置的图像子矩阵和卷积核进行点积求和
            featureMap[i//stride, j//stride]=np.sum(image[i:i+kernelRow,j:j+
kernelColumn]*kernel)
    return featureMap
image=np.array([[1,5,3,2],[4,1,5,0],[0,3,6,2],[4,7,0,3]])   #4×4 灰度图像
kernel=np.array([[1,2,1],[2,3,2],[0,1,0]])              #3×3 卷积核
stride=1                                                #卷积步长为 1
print('卷积后特征图为:\n',conv(image, kernel, stride))
```

程序运行结果如下。

卷积后特征图为:
[[38 36]
[39 39]]

例 8-3 输入一个 5×5×3(高度×宽度×色彩通道)的数字图像,卷积核窗口为 3×3×3,偏置值设为 1。为了让输入图像的全部像素能被滑动窗口捕捉,输入图像的最外围扩充了一层边界像素填充,填充值均为 0,卷积核的步长为 2,RGB 数字图像的 3 个输入矩阵如图 8-16~图 8-18 所示,每个通道的卷积核如图 8-19~图 8-21 所示,求经过卷积计算后输出的特征图的输出矩阵。

0	0	0	0	0	0	0
0	0	1	1	2	2	0
0	0	1	1	0	0	0
0	1	1	0	1	0	0
0	1	0	1	1	1	0
0	0	2	0	1	0	0
0	0	0	0	0	0	0

图 8-16　数字图像 R 通道输入矩阵 A1

0	0	0	0	0	0	0
0	1	1	1	2	0	0
0	0	2	1	1	2	0
0	1	2	0	0	2	0
0	0	2	1	2	1	0
0	2	0	1	2	0	0
0	0	0	0	0	0	0

图 8-17　数字图像 G 通道输入矩阵 A2

0	0	0	0	0	0	0
0	2	0	2	0	2	0
0	0	0	1	2	1	0
0	1	0	2	2	1	0
0	2	0	2	0	0	0
0	0	0	1	1	2	0
0	0	0	0	0	0	0

图 8-18　数字图像 B 通道输入矩阵 A3

1	1	−1
−1	0	1
−1	−1	0

图 8-19　R 通道卷积核 B1

−1	0	−1
0	0	−1
1	−1	0

图 8-20　G 通道卷积核 B2

0	1	0
1	0	1
0	−1	1

图 8-21　B 通道卷积核 B3

(1)选取矩阵 A1[1:3, 1:3]和卷积核 B1 做互相关运算,得到通道一的结果值为 1。

(2)选取矩阵 A2[1:3, 1:3]和卷积核 B2 做互相关运算,得到通道二的结果值为−1。

(3)选取矩阵 A3[1:3, 1:3]和卷积核 B3 做互相关运算,得到通道三的结果值为 0。

(4)将步骤(1)~步骤(3)中三个通道的结果值相加,再加上偏置值 1,得到特征图的输出矩阵 C[1][1]的值为 1。

因为卷积核的步长为 2,所以同样可以选取矩阵 A1[1:3, 3:5]和卷积核 B1 做互相关运算,选取矩阵 A2[[1:3, 3:5]和卷积核 B2 做互相关运算,选取矩阵 A3[1:3, 3:5]和卷积核 B3 做互相关运算,将这三个通道的结果值相加,再加上偏置值 1,得到特征图的输出矩阵 C[1][2]的值为 0。同理可分别求出 C[1][3]、C[2][1]、C[2][2]、C[2][3]、C[3][1]、C[3][2]、C[3][3]的值为−3、−6、1、1、4、−3、1。最后得到卷积计算后的特征图输出矩阵 C 如图 8-22 所示。

1	0	−3
−6	1	1
4	−3	1

图 8-22 特征图输出矩阵 C

在卷积神经网络中,卷积核中的元素是需要通过训练确定的,称为参数。这里要解释一个重要的概念——参数共享(parameter sharing)。所谓参数共享,就是对一幅输入图像或特征图,在进行卷积的过程中,其每个位置都是用同一个卷积核去进行运算的,即每个位置和同一组参数进行相乘,然后相加。

对卷积神经网络来说,参数共享有什么意义?通过以下例子来说明。如果输入一幅像素为 1 000×1 000 的灰度图像,其输入为 1 000 000 个点,在输入层之后如果是相同大小的一个全连接层,那么将产生 1 000 000×1 000 000 个连接,也就是说,这一层就有 1 000 000×1 000 000 个权重参数需要去训练;如果输入层之后连接是卷积层,该卷积层有 6 个卷积核,卷积核的尺寸为 5×5,那么总共有(5×5+1)×6=156 个参数需要去训练(括号中的 1 代表同一个卷积核的偏置值)。由此可见,与全连接层相比,卷积层需要训练的参数少了很多,从而降低了网络的复杂度,提高了训练效率。

卷积层的作用主要体现在两个方面,一是提取特征,二是减少需要训练的参数,降低深度网络的复杂度。

3. 池化层的工作原理

在卷积层进行特征提取后,输出的特征图会被传递至池化层进行特征选择和信息过滤。池化层包含预设定的池化函数,其功能是将特征图中单个点的结果替换为其相邻区域的特征图统计量。池化也有一个滑动窗口在图像中进行滑动计算,这一点跟卷积类似,不过池化层中没有需要训练的权值。池化层选取池化区域与卷积核扫描特征图的步骤相同,由池化大小、步长和填充控制组成。

池化的一个作用是可以做进一步的特征提取,减少权值参数的个数;池化的另一个作用是使网络的输入具有平移不变形,即对输入的微小变化不敏感。池化通常可以分为三种方式,最大池化、平均池化和随机池化。最大池化是指提取池化窗口区域内的最大值;平均池化是指提取池化窗口区域内的平均值;随机池化是指提取池化窗口区域内的随机值,其中最常用的是最大池化。

例 8-4 已知一个特征图的输入矩阵 A 如图 8-23 所示，现采用最大池化，池化大小为 2×2，步长为 2 的池化方式，求池化后的特征图输出矩阵。

1	1	2	4
5	6	7	8
3	2	1	0
1	2	3	4

图 8-23　特征图输入矩阵 A

(1)因为池化大小为 2×2，所以选取矩阵 A[1:2,1:2]中的最大数 6 作为特征图输出矩阵 B[1][1]的值。

(2)因为采用步长为 2 的池化方式，所以下面选取矩阵 A[1:2,3:4]中的最大数 8 作为特征图输出矩阵 B[1][2]的值。

(3)同理，可以求出特征图输出矩阵 B[2][1]、B[2][2]的值分别为 3、4。最后得到池化后的特征图输出矩阵 B 如图 8-24 所示。

6	8
3	4

图 8-24　特征图输出矩阵 B

如果用 Python 程序实现最大池化，程序如下。

```
import numpy as np
def maxPooling(inputMatrix, poolSize):  #实现最大池化操作
    inputShape=inputMatrix.shape          #获取输入特征图的形状
    #计算输出特征图的形状
    outputShape=(inputShape[0]//poolSize, inputShape[1]//poolSize)
    outputMatrix=np.zeros(outputShape, dtype=np.int32)  #初始化输出特征图
    for i in range(0, inputShape[0], poolSize):          #遍历每一个池化窗口
        for j in range(0, inputShape[1], poolSize):
            #提取当前池化窗口内的子矩阵
            poolRegion=inputMatrix[i:i+poolSize, j:j+poolSize]
            maxValue=np.max(poolRegion)                  #找到子矩阵中的最大值
            #将最大值放入输出特征图的对应位置
            outputMatrix[i//poolSize, j//poolSize]=maxValue
    return outputMatrix
inputMatrix=np.array([[1,1,2,4],[5,6,7,8],[3,2,1,0],[1,2,3,4]])
pooledMatrix=maxPooling(inputMatrix,2)
print('池化后特征图为:\n',pooledMatrix)
```

程序运行结果如下。

```
池化后特征图为:
[[6 8]
[3 4]]
```

注意 以上程序要求输入矩阵大小是池化大小的倍数，步长也是取的池化大小，当然这是一种较简单的池化形式。在实际的卷积神经网络中，池化操作的步长一般要小于池化区域的边长，这样能使相邻池化区域有一定的重叠，常见的情况是池化步长等于池化区域的边长减1，例如，池化区域为2×2，步长可以设为1。感兴趣的读者可以参考实现卷积的程序来修改以上程序。

4. 卷积神经网络与普通多层神经网络的区别

卷积神经网络与普通多层神经网络的区别在于，卷积神经网络包含了一个由卷积层和池化层构成的特征提取器。卷积和池化极大简化了模型复杂度，减少了模型的参数。卷积层中的神经元连接不是全连接，而是后一层的每个神经元连接前一层的一部分相邻的神经元。此外，卷积神经网络还用到了权值共享，即同一卷积层中的同一个卷积窗口的权值是共享的。

卷积神经网络最早用于手写数字识别，近年来在图像识别、语音识别、通用物体识别、运动分析、自然语言处理等方面均有应用。

8.3.4 常用深度学习框架

深度学习框架是帮助用户进行深度学习的开源软件工具，它的出现降低了深度学习应用的门槛，用户不需要从复杂的神经网络开始编写程序，而可以根据需要使用高层次的抽象来定义神经网络结构、处理数据、优化模型参数等。各种开源深度学习框架层出不穷，各具特点，适用于不同的应用场景。

1. TensorFlow 框架

TensorFlow 是一个由谷歌公司开发的开源深度学习框架，支持 Python、C++等多种编程语言，提供了丰富的深度学习算法库来开发机器学习应用，采用静态计算图的方式进行计算，使得模型训练和部署非常高效。TensorFlow 还提供了简洁灵活的 API 及完善的生态体系，使得开发人员能够轻松地构建、训练和部署深度学习模型。

2. PyTorch 框架

Torch 是一个基于 Lua 语言的机器学习框架，其中包括了用于构建和训练神经网络的工具。PyTorch 是 Facebook 人工智能研究院（FAIR）基于 Torch 开发的开源深度学习框架，PyTorch 框架的底层和 Torch 框架一样，但提供了 Python 语言接口。PyTorch 框架的动态计算图使模型定义和训练过程中可以进行即时的调试和修改，从而加速了开发过程。PyTorch 框架还提供了大量的工具和库，如 torchvision、torchtext 等，使得开发人员能够方便地进行数据处理、模型训练和部署。

3. Keras 框架

Keras 是一个基于 Python 语言的高级神经网络 API，可以作为 TensorFlow、Theano 或 CNTK 的前端，易于快速构建深度学习模型。Keras 框架的优点在于其易用性，使得开发人员能够将重点放在构建和训练神经网络模型上，而不用过多关注底层细节，Keras 框架是深度学习入门者的较好选择。

4. Caffe 框架

Caffe 是一个由美国加州大学伯克利分校开发的开源深度学习框架，支持卷积神经网络、循环神经网络等多种深度学习模型，并且提供了易于使用的接口，方便定义和修改网络结构。Caffe 框架具有部署简单、运行速度快的特点，主要应用于计算机视觉和模式识别领域。

5. Theano 框架

Theano 是早期的深度学习框架，于 2008 年在加拿大蒙特利尔大学诞生，最初用于生成高效的数值计算代码。Theano 框架使用了一种称为符号化的方法来定义计算图，计算图可以在编译时进行优化。Theano 框架还支持 GPU 加速计算，使得大规模的深度学习训练变得更快。目前 Theano 框架虽已停止更新，但它对后续深度学习框架的发展产生了重要影响。

6. MXNet 框架

MXNet 是由亚马逊公司开发的开源深度学习框架，支持多种编程语言，如 Python、C++等。MXNet 框架采用了动态图的方式进行计算，具有高效、灵活等特点。MXNet 框架还提供了丰富的 API 和工具，使得开发人员能够轻松地构建、训练和部署深度学习模型。

7. CNTK 框架

CNTK 是一个由微软公司开发的开源深度学习框架，采用了高性能的计算库，可以在不同的硬件平台上实现高效的训练和推断。支持各种神经网络模型，包括卷积神经网络、循环神经网络等，并提供了易于使用的 API 和脚本语言来定义和训练模型。

8.4 大语言模型与 WPS AI

大语言模型(large language model，LLM)是一种基于深度学习的自然语言处理技术，它通过学习大量的语言数据来理解和生成自然语言文本。大语言模型作为自然语言处理领域的重要突破，为人类提供了一种更加智能、高效的语言交互方式，成为人工智能研究的焦点。WPS AI 作为金山办公的智能办公助手，集成了大语言模型的功能，为用户提供智能化的文档处理、数据分析和演示文稿制作，提升了办公效率，并推动了办公方式的变革。

8.4.1 大语言模型概述

1. 什么是大语言模型

在机器学习领域，大模型通常是指拥有大量参数的深度学习模型。这些模型通常由数十亿甚至数千亿个参数组成。大模型可以处理各种类型的数据，如文本、图像或音频，其应用范围不限于语言处理，也可以用于图像识别、语音处理等。

大语言模型是一种专门用于处理和理解自然语言的特定类型的大模型，它通过大量的文本数据训练，可以捕捉到语言的统计规律，掌握语言的结构、语义和语法规则，从而理解和生成人类语言。所以大语言模型是大模型在自然语言处理领域的应用和专门化的体现。常用的大语言模型有 OpenAI 的 ChatGPT、百度的文心一言、科大讯飞的讯飞星火、阿里巴巴的通义千问等。

2025 年新年伊始，中国 AI 企业深度求索（DeepSeek）公司的开源大模型 DeepSeek 引起国内外广泛关注。DeepSeek 是一款功能强大、易于使用的基于大语言模型的智能服务。它以多模态支持、中文优化、轻量化部署和开放生态等特点，赢得了广大用户的喜爱和认可。通过 DeepSeek 平台，用户可以轻松实现智能对话、翻译、写作、编程等多种功能，为工作和生活带来便利。DeepSeek 的工作原理主要基于深度学习技术，特别是 Transformer 架构。它通过大量语料数据的预训练，形成深度神经网络模型。当用户输入问题或请求时，DeepSeek 将问题输入到模型中，模型根据自身的知识库和训练经验，生成相应的回答或执行相应的任务。用户可以通过 DeepSeek 官网（https://www.deepseek.com）或 APP 访问 DeepSeek 平台。

大语言模型有以下三个特点。

（1）模型的规模巨大。一方面，大语言模型的参数数量巨大，达到上亿级别甚至更多的参数，例如，GPT-3 模型拥有 1 750 亿个参数，这使得模型能够学习和表示非常复杂的模式，为语言生成和理解任务提供了强大的支持；另一方面，训练数据的规模巨大。大语言模型通常在大规模的文本数据上进行训练，这种数据可以来自互联网、书籍、新闻等各种渠道。这些多样化的数据来源为模型提供了丰富的训练素材，有助于提高其语言理解和生成能力。

（2）模型的泛化能力强。大语言模型在训练时采用了来自各种领域的数据，因此它们能够处理多种类型的任务。这种跨领域的训练方式使得大语言模型具有很强的泛化能力，即它们可以处理新的、未见过的任务，而不需要针对每个任务进行单独的训练。例如，在大规模文本数据上训练的模型可以用于各种自然语言处理任务，如文本生成、语言翻译、智能客服等。

（3）模型采用预训练加微调的学习方法。首先，大语言模型利用大规模的无监督数据来预训练模型，使其学到语言的通用知识。这样，模型就能够理解语言的基本结构和语义信息。预训练阶段通常使用巨大的语料库，通过自监督学习的方式来训练模型，自动为无标签数据产生标签；其次，在微调阶段，模型会在特定任务的有监督数据集上进行训练。这些数据集通常较小，但标注了与任务相关的标签。通过微调，模型可以进一步学习特定任务的知识和规则，从而适应特定任务的训练数据。这样，模型就能够更好地完成特定任务。这种方法不但提高了模型的性能，而且提供了自然语言处理的新范式。

2. 大语言模型的工作原理

大语言模型使用了一个巨大的神经网络，称为转换器（transformer）。如前所述，GPT-3 模型拥有 1 750 亿个参数，是一个非常大的神经网络。转换器是一种在大语言模型中广泛使用的深度学习模型，其主要特点是使用了自注意力机制，这种机制允许模型在处理序列数据时考虑到序列中所有元素的上下文关系，有助于模型捕捉文本中的长距离依赖关系和复杂模式，从而提高其预测准确性和生成文本的质量。与传统的卷积神经网络和循环神经网络相比，转换器具有更好的并行性和更高的计算效率，在处理长文本时表现更加出色。

转换器模型主要由编码器（encoder）和解码器（decoder）两部分组成，其结构如图 8-25 所示。

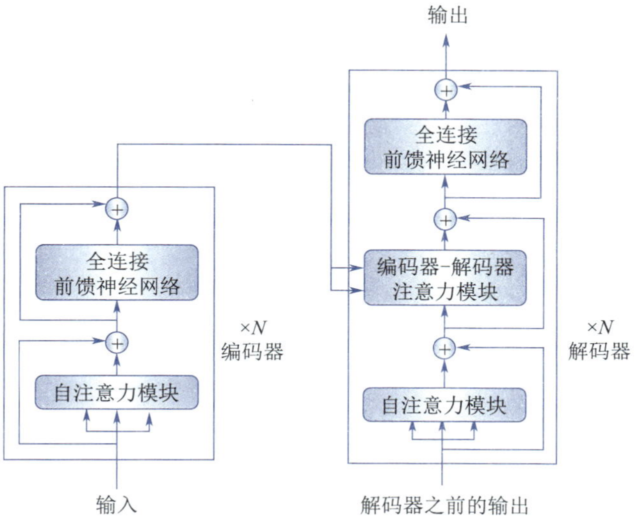

图 8-25　转换器模型的结构

编码器由多个相同的层组成，每一层都有两个子层。第 1 个子层是自注意力模块，它可以考虑到输入序列中所有元素的上下文关系；第 2 个子层是一个前馈神经网络。编码器首先通过自注意力机制对输入序列进行编码，捕捉序列中的依赖关系和上下文信息。然后通过一个前馈神经网络对自注意力模块的输出进行非线性变换，得到编码器的输出。编码器的输出是一个包含输入序列所有信息的向量序列，这些向量将作为解码器的输入。

解码器也由多个相同的层组成，每一层有三个子层。第 1 个子层是自注意力模块，但它在处理当前元素时，只考虑到该元素及其之前的元素，不考虑其后的元素，这种机制称为掩码自注意力；第 2 个子层是编码器-解码器注意力模块，它使解码器可以关注到编码器的输出；第 3 个子层是一个前馈神经网络。解码器的任务是使用编码器-解码器注意力模块，对编码器的输出和解码器之前的输出进行交互，以生成当前位置的输出。最后，通过一个前馈神经网络对编码器-解码器注意力模块的输出进行非线性变换，得到最终的输出。

3. 大语言模型的应用

目前，大语言模型已经广泛应用于各个领域和行业，下面是一些具体的例子。

（1）教育领域：大语言模型可用于个性化学习、智能教学助理、教育内容生成、学习分析和管理、智慧课堂等任务。例如，大语言模型可以根据学生的学习情况和兴趣爱好，生成并推荐个性化的学习计划和学习资源，提高学生的学习效果；可以根据教学需求，自动生成教案、课件、试题等教育资源，减轻教师的工作负担，提高教学效率；可以对学生的学习数据进行收集和分析，帮助教师更好地进行精细化的教学管理。

（2）电子商务领域：大语言模型可用于智能推荐、客户服务等任务。例如，通过训练大量的用户数据和商品数据，大语言模型可以预测用户的购买偏好和行为习惯，为用户推荐合适的商品和服务。通过大语言模型与用户进行自然语言对话，解答用户的问题、提供产品信息、处理退换货等，从而可以极大地提高客户服务的效率和质量。

（3）医疗领域：大语言模型可用于辅助诊断、病历分析、医学文献挖掘、药物研发、患者科普教育等任务。例如，通过训练大量的医学数据，大语言模型可以辅助医生进行疾病诊断和治疗方案制订，提高诊治质量和效率；大语言模型可以自动分析病历数据，提取关键信息，并进行统计和分析，帮助医生为患者制订更个性化的治疗方案。

（4）金融领域：大语言模型可用于金融分析、风险分析、客户分析、智能客服等任务。例如，通过训练大量的金融数据，大语言模型可以预测股票价格走势、分析市场趋势，为投资者提供决策支持。同时，大语言模型也可以用于智能化客户服务，提升客户体验。

（5）工业制造领域：大语言模型可用于代码生成和自动化测试、智能故障诊断、供应链优化、产品设计等任务。例如，大语言模型可以自动生成可编程逻辑控制器（PLC）等工业控制系统的代码，简化了应用程序的设计过程，提高了生产流程的自动化程度；可以通过分析生产数据，识别出生产过程中的异常情况，预测设备的故障，并提供相应的解决方案；可以收集并分析供应链数据，预测市场需求和供应变化，从而优化库存管理和生产计划；可以收集并分析用户反馈和市场需求，为产品设计提供数据支持。

总之，大语言模型在各个领域和行业都有广泛的应用前景，随着技术的不断发展和优化，其应用范围将得到不断扩大，深度也将得到提升。

8.4.2 WPS AI

WPS AI 的应用

WPS AI 将大语言模型能力嵌入 WPS Office 的文字、表格、演示等组件中，用户可以在使用 WPS Office 进行日常办公操作时，直接利用 WPS AI 的强大功能来提升工作效率和质量。

1. WPS AI 的主要功能

WPS AI 围绕内容创作（artificial intelligence generated content，AIGC）、智慧助手（copilot）和知识洞察（insight）三个战略方向进行发展，通过集成大语言模型和其他人工智能技术，不断提高智能化水平，为用户提供更加智能、高效、便捷的办公体验。

在内容创作方面，WPS AI 能够自动生成、改写、总结、润色、翻译各类文档内容，即用户在使用 WPS Office 进行文档编辑时，可以更加便捷地生成高质量的文本内容，节省大量时间和精力；在智慧助手方面，WPS AI 通过自然语言处理和人机交互技术，帮助用户自动完成文档编辑、表格制作、演示文稿制作等任务，提高用户的工作效率；在知识洞察方面，WPS AI 通过大数据分析和挖掘技术，帮助用户发现文档中的关键信息和价值，为用户的决策提供有力支持。

2. WPS AI 的唤起

要使用 WPS AI 功能，首先要在计算机上安装 WPS AI 版本的 WPS Office 软件并取得 WPS AI 的使用权限，然后启动 WPS Office，使用 WPS AI 前要快速唤起 WPS AI。

（1）利用 WPS AI 选项卡唤起 WPS AI。

在 WPS Office 主窗口单击 WPS AI 选项卡，可以方便地访问和使用 WPS AI 的各种功能和工具。WPS AI 选项卡通常包含多个子选项卡或面板，具体内容会因 WPS Office 软件版本的不同而有所差异。

在不同的 WPS 组件中，WPS AI 选项卡也会显示不同的内容。

①WPS 文字的 WPS AI 选项卡的内容如图 8-26 所示。其中，“内容生成”选项用于让 AI 根据

主题生成文档内容;“分析全文”选项用于让 AI 帮助用户理解文章,提炼核心要点,提供更便捷的阅读体验。

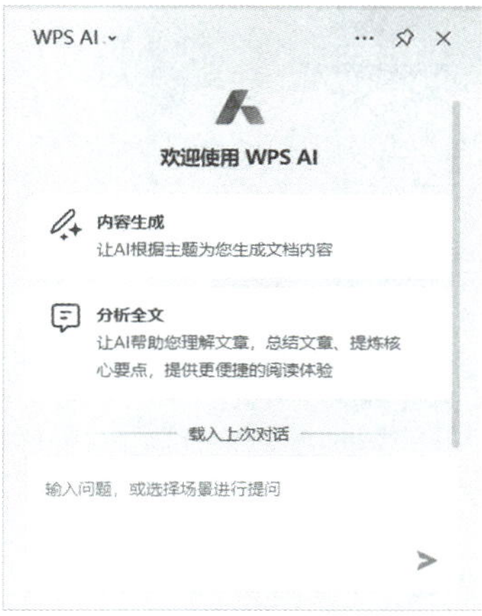

图 8-26　WPS 文字的 WPS AI 选项卡的内容

另外,也可以向 AI 提一般性的问题,比如“世界上最高的山是什么山?”这类知识问答题;“爸爸没法举起他的儿子,因为他很重,谁重?”这类逻辑推理题;还有鸡兔同笼、百钱百鸡等经典数学题等,当然得到的答案是否正确,需要仔细甄别。

②WPS 表格的 WPS AI 选项卡的内容如图 8-27 所示。其中,利用“打字操作表格”选项,用户只需描述想要的效果(例如,“A1 单元格变成红色”“A1 单元格变成白色字”等),AI 就会帮助完成相应的操作;利用“AI 生成公式”选项,用户只需给出指令,告诉 WPS AI 想要的结果,即可完成公式计算。例如,“计算 B 列中大于 10 的数字之和”“显示 B 列的最大数”等。

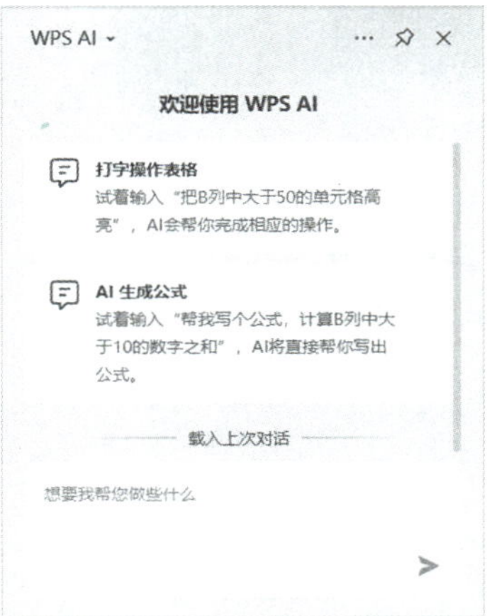

图 8-27　WPS 表格的 WPS AI 选项卡的内容

③WPS 演示的 WPS AI 选项卡的内容如图 8-28 所示。其中,“智能创作”选项可以根据用户输入的主题,一键生成内容丰富和美观效果兼具的幻灯片,实现高效创作;“排版美化”选项可以快速更换模板风格、色彩搭配和字体方案,提升美化效率;“生成演讲备注”选项支持一键生成全文演讲备注功能,并可自动插入备注,助力轻松表达。

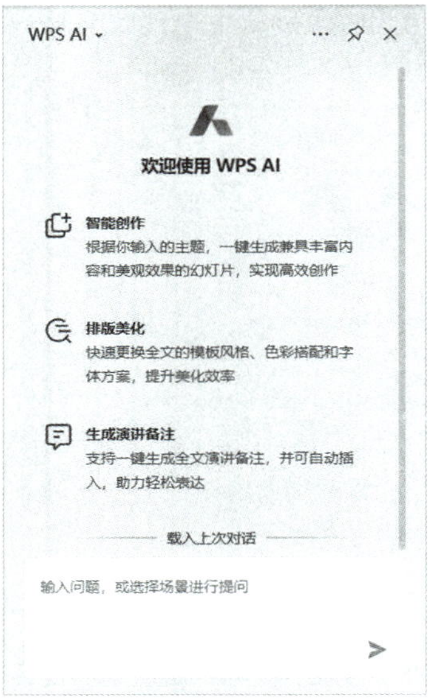

图 8-28　WPS 演示的 WPS AI 选项卡的内容

(2)其他唤起方式。

在不同的 WPS 组件中，还有不同的快捷操作方式来唤起 WPS AI。

在 WPS 文字的文档编辑区输入@ai 并按 Enter 键可以唤起 WPS AI，打开如图 8-29 所示的 WPS AI 对话框，接下来就可以选择对应的 AI 功能进行提问。

图 8-29　WPS AI 对话框

在 WPS 表格中，可以选中一个单元格，然后在单元格中输入"="，此时单元格的下方出现 WPS AI 图标(见图 8-30)，双击 WPS AI 图标或在单元格中输入"=AI"并按 Enter 键，可在单元格下方弹出 WPS AI 对话框(见图 8-31)，可以在该对话框中输入 AI 指令，完成想要实现的操作。

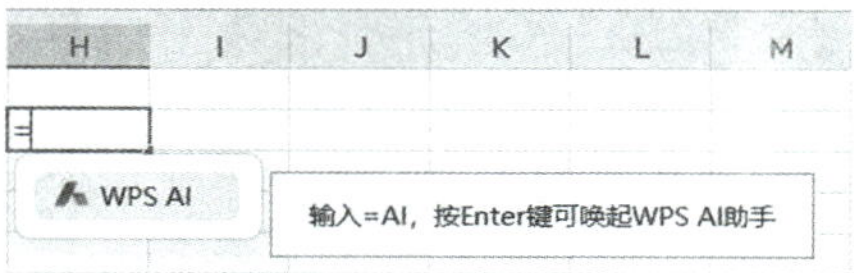

图 8-30　单元格下方的 WPS AI 图标

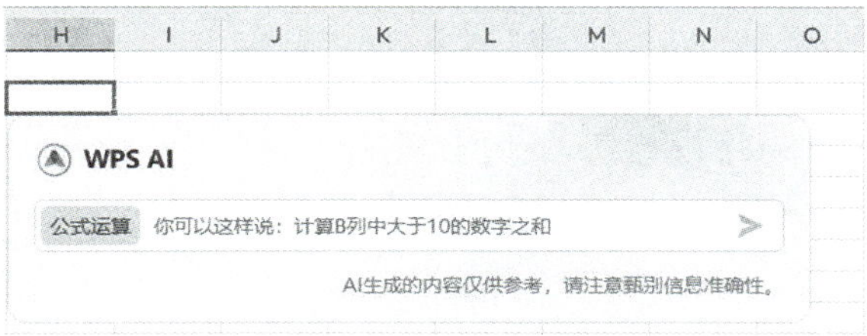

图 8-31　单元格下方的 WPS AI 对话框

在 WPS 演示中，新建一个空白演示文档，在新建文档界面，单击“智能创作”中的“WPS AI”按钮，然后在打开的演示文稿里单击 WPS AI 标签，在右侧的 WPS AI 对话框中选择对应的功能块，例如，想要一键生成演示文稿，就可以选择“一键生成幻灯片”命令，然后根据提示输入主题，一键生成整个演示文稿。

3. WPS AI 的应用实例

已知员工信息如图 8-32 所示，利用 WPS AI 完成以下操作。

(1)填充每一位员工的出生日期、性别和年龄。

(2)将 1988 年(含)以后出生的员工的姓名标红。

(3)求所有员工的平均年龄。

(4)分别统计男、女员工的人数。

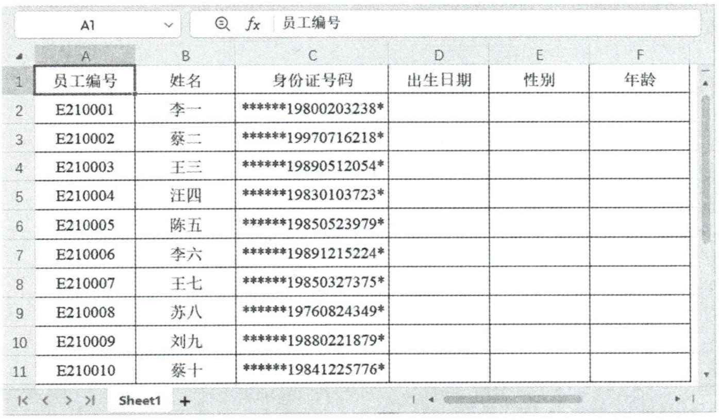

员工编号	姓名	身份证号码	出生日期	性别	年龄
E210001	李一	******19800203238*			
E210002	蔡二	******19970716218*			
E210003	王三	******19890512054*			
E210004	汪四	******19830103723*			
E210005	陈五	******19850523979*			
E210006	李六	******19891215224*			
E210007	王七	******19850327375*			
E210008	苏八	******19760824349*			
E210009	刘九	******19880221879*			
E210010	蔡十	******19841225776*			

图 8-32　员工信息

操作步骤如下。

(1)创建或打开工作表，在 D2 单元格中输入“=”，双击 WPS AI 图标，打开 WPS AI 对话框，在指令框中输入“求出生日期”，按 Enter 键确认，此时会看到生成的“出生日期”公式，单击“完成”按钮完成计算，再双击单元格的填充柄向下填充对应的行数即可。

同理，可以通过身份证号码提取“性别”和“年龄”，操作方法与上面一致，分别输入“填写性别”“计算年龄”两条指令即可。

(2) 在 WPS 表格主窗口单击 WPS AI 选项卡，选择“打字操作表格”选项，输入指令“将 1988 年(含)以后出生的员工的姓名标红”，单击“完成”按钮完成操作。

(3)在 F12 单元格中输入“=”，双击 WPS AI 图标，打开 WPS AI 对话框，在指令框中输入“求平均年龄”，按 Enter 键确认，此时会看到生成的“求平均年龄”的计算公式，单击“完成”

按钮完成计算。

(4) 在 G12 单元格中输入"="，双击 WPS AI 图标，打开 WPS AI 对话框，在指令框中输入"统计男员工人数"，按 Enter 键确认，此时会看到生成的"统计男员工人数"的计算公式，单击"完成"按钮完成计算。同理，可以统计女员工的人数。

习题

一、选择题

1. 人工智能的目的是让机器能够(　　)。

A. 具有完全的智能　　B. 和人脑一样考虑问题

C. 完全代替人　　D. 模拟、延伸和扩展人的智能

2. 以下不属于人工智能的学派的是(　　)。

A. 符号主义　　B. 机会主义　　C. 行为主义　　D. 连接主义

3. 下列算法中，属于无监督学习的是(　　)。

A. 决策树　　B. kNN　　C. SVM　　D. k 均值

4. 下列关于神经元的描述中，错误的是(　　)。

A. 每个神经元可以有一个输入和一个输出

B. 每个神经元可以有多个输入和一个输出

C. 每个神经元可以有 0 个输入和多个输出

D. 每个神经元可以有多个输入和多个输出

5. 输入图片大小为 200×200，依次经过一层卷积(卷积核大小为 5×5，输入矩阵周围填充圈数为 1，步长为 2)，池化(卷积核大小为 3×3，填充圈数为 0，步长为 1)，又一层卷积(卷积核大小为 3×3，填充圈数为 1，步长为 1)之后，输出特征图大小为(　　)。

A. 95×95　　B. 96×96　　C. 97×97　　D. 98×98

6. 对于一个图像识别问题(如在一张照片里找出一只猫)，可以更好地解决这个问题的神经网络是(　　)。

A. BP 神经网络　　B. 感知机　　C. 多层感知机　　D. 卷积神经网络

7. 以下不属于深度学习框架的是(　　)。

A. TensorFlow　　B. PyTorch　　C. Keras　　D. CNKI

8. 以下属于大语言模型的是(　　)。

A. ChatGPT　　B. 文心一言　　C. WPS AI　　D. 以上都是

二、填空题

1. 1950 年，图灵提出了著名的________，推动了人工智能的发展。

2. 符号主义认为人工智能源于________，是应用逻辑推理法则模拟人类的智能活动。

3. 半监督学习是指试图让学习算法自动地利用好大量________数据以辅助少量有标签数据进行学习的一种方法。

4. 深度学习是指使用________模型的机器学习方法。

5. 人工神经网络的结构由输入层、________和输出层组成。

6. 卷积神经网络与普通神经网络的区别在于，卷积神经网络包含了一个由卷积层和________层构成的特征提取器。

7. 转换器模型是一种深度学习模型，其主要特点是使用了________机制。

三、问答题

1. 人工智能有哪三大主要学派？它们各自的基本思想和落脚点分别是什么？

2. 简述机器学习的过程。

3. 机器学习有哪些类型？各有哪些主要的学习算法？

4. "分类"与"聚类"的区别是什么？

5. 在人工神经元的设计过程中，为什么要加入激活函数？有哪些常用的激活函数？

6. 典型的卷积神经网络由哪几个部分组成？在卷积神经网络中，卷积层的作用是什么？

7. 对于例 8-4，如果采用平均池化，池化大小为 2×2，步长为 2 的池化方式，池化后的特征图输出矩阵是什么？

8. 大语言模型的"大"是指什么？

参 考 文 献

[1] 教育部高等学校大学计算机课程教学指导委员会. 新时代大学计算机基础课程教学基本要求[M]. 北京:高等教育出版社,2023.

[2] 刘卫国. 大学计算机[M]. 5 版. 北京:高等教育出版社,2022.

[3] 刘卫国. Python 语言程序设计:含视频教学[M]. 2 版. 北京:电子工业出版社,2024.

[4] 策勒. Python 程序设计:第 3 版[M]. 王海鹏,译. 北京:人民邮电出版社,2018.

[5] 库罗斯,罗斯. 计算机网络:自顶向下方法:原书第 7 版[M]. 陈鸣,译. 北京:机械工业出版社,2018.

[6] 谢希仁. 计算机网络[M]. 8 版. 北京:电子工业出版社,2021.

[7] 王良明. 云计算通俗讲义[M]. 3 版. 北京:电子工业出版社,2019.

[8] ERL T,MAHMOOD Z,PUTTINI R. 云计算:概念、技术与架构[M]. 龚奕利,贺莲,胡创,译. 北京:机械工业出版社,2014.

[9] 卡马尔. 物联网导论[M]. 李涛,卢冶,董前琨,译. 北京:机械工业出版社,2019.

[10] 华为区块链技术开发团队. 区块链技术及应用[M]. 2 版. 北京:清华大学出版社,2021.

[11] 杨保华,陈昌. 区块链原理、设计与应用[M]. 2 版. 北京:机械工业出版社,2020.

[12] 刘卫国. 数据库基础与应用:Access 2016:含视频教学[M]. 2 版. 北京:电子工业出版社,2022.

[13] 宋晖,刘晓强. 数据科学技术与应用:基于 Python 实现[M]. 2 版. 北京:电子工业出版社,2021.

[14] 周勇. 计算思维与人工智能基础[M]. 北京:人民邮电出版社,2019.

[15] 吴飞. 人工智能导论:模型与算法[M]. 北京:高等教育出版社,2020.

[16] 吕鉴涛. 人工智能算法 Python 案例实战[M]. 北京:人民邮电出版社,2021.